心络学

朱美云 / 著

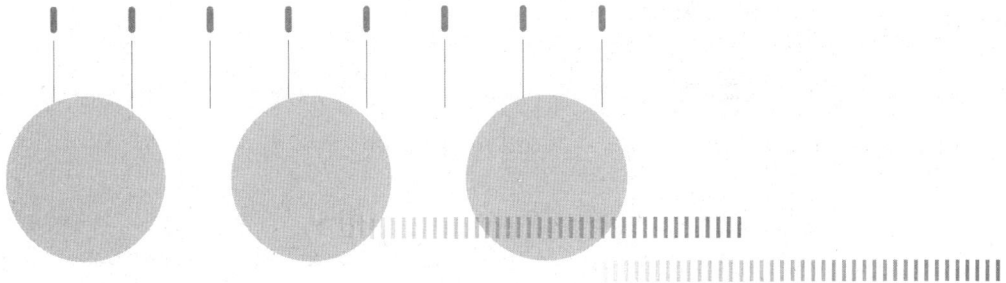

重庆出版社

图书在版编目（CIP）数据

心络学 / 朱美云著. -- 重庆：重庆出版社，2025.
5. -- ISBN 978-7-229-20057-2

Ⅰ. B84-49

中国国家版本馆CIP数据核字第20257N5S94号

心络学
XIN LUO XUE
朱美云 著

责任编辑：刘　喆　周明琼
责任校对：李小君
装帧设计：刘沂鑫

▲重庆出版社 出版

重庆市南岸区南滨路162号1幢　邮政编码：400061　http://www.cqph.com
重庆市鹏程印务有限公司印刷
重庆出版社有限责任公司发行
全国新华书店经销

开本：710mm×1000mm　1/16　印张：24.5　字数：400千
2025年5月第1版　2025年5月第1次印刷
ISBN 978-7-229-20057-2
定价：78.00元

如有印装质量问题，请向重庆出版社有限责任公司调换：023-61520646

版权所有　侵权必究

序一
"人系统"的重要现实意义
——序朱美云《心络学》

韩布新

朱美云先生总结长期心理咨询实践成果，于2000年提出了"心络系统"说。"心络系统"是朱先生所称心理系统。心络系统的主要构成要素包括欲望、性格、认知、能力、情绪情感、行为及习惯、注意、记忆、兴趣、态度、意志等。

朱先生新著《心络学》又提出"人系统"说。"人系统"建基于"心络系统"。每个人都是"三合一"系统，即"生理系统+心络系统+外界系统"统一体，又称"人系统"。基于"人系统"，可提出"系统人"，即"生理人+心理人+社会人"统一体。基于"系统人"，可提出人的"系统功能"，即"生理功能+心理功能+社会功能"统一体。全新认识"人"，人们能看到一个整体、系统、受内外因素交互影响的自己。

"人系统"理论有重要的现实意义。

在生物医学理念的心理治疗中，医生视人为生物体。他们往往把人的焦虑、抑郁等情绪归因于生物体神经递质改变，所以治疗通常借助药物改善神经递质。持精神分析理念的心理治疗师视人为"潜意识"体，故其工作都在"潜意识"领域，如通过自由联想、催眠、解梦等挖掘"潜意识"，并努力将其提升到意识层面。持认知主义观点的心理治疗师视人为"认知"体，即人的问题不过是认知反应，故其工作是指出来访者认知有误或扭曲，并要他们应具合理理念等。持行为主义观点的心理治疗师视人为"行为"体，故其要矫正或塑造来访者行为。持人本主义观点的心理治疗师，视来访者为自我实现受挫、需要别人共情的失败者，故其工作就是倾听、共情和陪伴。

持"人系统"观念者视人为"生理人+心理人+社会人"统一体，首先关注来访者的心理系统（其重点是欲望、性格、能力、认知、行为及习惯、兴趣、态度、意志等），然后关注他们的生理系统（重点是疾病因素、机体功能状态等）和外界系统（重点是个人事件因素和环境因素等）；即从"人系统"的整体、系统、交互影响观点综合看待、分析、判断、应对来访者心理问题与疾病。其中特别强调消除症因和改善与增强功能。这就是心络学提倡的系统性治疗、功能性治疗、对因治疗和对人治疗。这无疑优于传统的"对症治疗"。

怎样进行心理健康建设？

一般认为是要加强人的认知建设，通常就是强调人们要树立正确的世界观、人生观和价值观，或经常开展思想学习活动。

有人认为就是要健康大脑。如何健康大脑？有的认为要经常做脑部保健操，或经常训练思维；有的则认为要经常吃补脑品或补脑药。

如果按"系统人"观念开展心理健康建设，则须系统性努力。"心理人"要修塑欲望适度、性格良好、能力兼备、认知完善（包括有良好"三观"）、情绪稳定、行为适当、注意能动、记忆保持、兴趣浓厚、态度积极、意志健全、感知正常。"社会人"要修塑人际和谐、社会适应。"生理人"要修塑躯体健康。这些要点背后，都有具体详细内容（见心络学心理健康标准）。这就是心络学主张的操作性"系统心理健康"。

该怎样教育孩子？让孩子成天读书，无穷无尽、没完没了地做作业，以高分和名校为目标。结果心理人、社会人甚至生理人不健康者甚至残废者不断增多。

"人系统"理论主张系统性教育，统一为"生理人教育+心理人教育+社会人教育"。其中，心理人教育涵盖欲望教育、性格教育、能力教育、认知教育（包括知识、智力、思想等）、情绪教育、行为及习惯教育、兴趣教育、意志教育、人际关系教育、态度教育、关注教育、记忆教育、感知教育等，以促进生理人、心理人、社会人全面健康。如此系统教育"系统人"，和只重分数、名校的教育有天壤之别。

所以说，朱美云先生提出的"人系统"理论有重要的现实意义。

是为序。

2023年1月5日

作者简介：

中国科学院心理研究所二级研究员、博导、学位委员会主任，中国科学院大学心理系教授；中国心理学会原理事长、临床心理学注册工作组常委，中国老年学与老年医学学会副会长，中国心理卫生协会首批注册督导师，国家老龄委专家委员会委员；国际中华应用心理协会原秘书长、七分会（认知老年学）主席，亚洲心理协会主席。

序二

系统心理的探索者和应用者
——序朱美云《心络学》

郑日昌

我是在学术研讨会上认识朱美云先生的，听过他在多场研讨会上的一些发言，也看过他写的一些书，很佩服他在心理咨询领域的一些开拓和创新。

近来朱美云先生说他的新著《心络学》准备出版，希望我能为该书写序。

看了《心络学》一书的目录以及心络学的有关介绍，我再次被他的探索精神打动。他在心理咨询实践中，不但探索了整个心理系统，而且总结出了系统心理的结论。

第一，他用系统性思维探索了"人"，得出了"人系统"和"系统人"的结论。也就是说："人"实际是一个系统，即是"生理系统+心理系统+外界系统"的统一体；"人"实际是一个"系统人"，即是"生理人+心理人+社会人"的统一体。

第二，他用系统性思维探索了人的心理，得出了心理是"欲望+性格+能力+认知+情绪+行为+注意+记忆+兴趣+态度+意志等"心理要素的统一体的结论。而且他认为，这些心理要素都是相互作用、相互影响的。也就是说，心理实际也是一个系统，即"心理网络系统"。

第三，他用系统性思维探索了"心络系统"中的各个心理要素，得出了这些心理要素也各自都有自己系统的结论，于是形成了本能系统论、欲望系统论、人格（性格）系统论、认知系统论、能力系统论、情绪系统论、行为系统论、注意系统论、记忆系统论、兴趣系统论、态度系统论、意志系统论等。

在朱美云先生看来，人的心理就是由大小系统构成的相互影响的系统心理。因为这些，所以朱美云先生就认为心络学属于系统性心理学。

从上可看出，他是一位系统心理的富有成果的探索者。

朱美云先生不仅探索系统心理，而且还大量应用。在他的《点通心理治疗学》和《朱氏点通疗法》中，有大量成功治愈的案例。这些案例，都有经系统性分析而产生的"病因结构图"，都有经系统性治疗而产生的"系统治疗图"。也就是说，他的整个分析和治疗都是系统性的。

就在《心络学》中，他也强调了系统心理的应用性。在该书的"心络要素观"的每个要素系统中，都有"作用与影响""问题与应对"这样的能直接为心理咨询和治疗服务的内容。

朱美云先生还将它的系统性心理观点应用到了心理咨询和治疗所涉及的其他很多方面，从而形成了心络学的系统的人际交往观、婚恋观、教育观、命运观、幸福观、人生观等。

朱美云先生在心理咨询实践中，不断探索和总结人的心理，提出了系统心理的观点，并不断在实践中应用这些观点且不断进行再提升。所以，在我个人看来，他是一位系统心理的探索者和应用者。

是为序。

2023年1月5日

作者简介：

曾任北京师范大学心理系副主任，辅仁应用心理发展中心主任、博导。

是中国心理学会理事以及临床与咨询心理学专业委员会副主任、中国心理卫生协会常务理事、中国社会心理学会常务理事、中国性学会常务理事、教育部高等学校心理健康教育专家指导委员会委员、教育部中小学心理健康教育咨询委员会副主任、教育部国家教育考试中心兼职研究员、人社部全国人才流动中心人才测评师专家委员会主任、全国人力资源服务标准化技术委员会（SAC／TC292）委员、卫健委心理治疗师考试专家委员会委员、中国保健学会心理保健师专家委员会主任、中国心理卫生杂志副主编、美国匹兹堡大学访问学者、英国彻斯特大学客座教授、澳大利亚新南威尔士大学客座教授。

序三
中国本土心理学的一面旗帜
——序朱美云《心络学》

毛富强

朱美云先生告诉我，他断断续续写了二十二年的《心络学》终于写完了，现准备出版，希望我能为此书作序。

我是 2012 年 10 月赴美国纽约参加全球华人心理与健康国际学术会议暨国际华人医学家心理学家联合会第四届会员代表大会时初识朱美云先生的，至今不觉已经十年了。朱美云先生的人品和学问均是值得我学习的楷模。我非常荣幸能借序言谈谈自己对朱美云先生《心络学》的看法。

一、心络是对精神障碍心理病因学的中国贡献

我本人是天津医科大学精神医学教授、博士生导师，教育部精神医学教学指导委员会委员，曾和中国心理卫生协会原理事长马辛教授共同主编教育部本科规划教材《精神病学》。

在多年的精神病学教学科研和临床中，目前"生物—心理—社会"综合医学模式依然没有得到贯彻落实，依然普遍存在着重视精神障碍的生物学病因和药物治疗，轻视心理社会病因和心理治疗的现象。

朱美云先生的《心络学》是以中国优秀传统文化为指导，借鉴现代心理学的理论和方法，提出的具有中国特色的精神障碍病因理论体系，是为精神障碍心理病因与心理治疗贡献的中国智慧。

二、心络是在实践中不断探索的结果

朱美云先生的心理咨询，要对每一个个案进行具体的病因分析，有的还要画出详细的病因图。在对大量病案的病因进行探索研究后，他发现：每个心理病案的症因，都呈现出某种结构性。继续探索研究后，他的面前不断积累了各种各样的图案。这些图案，使人们能清晰地看到心理问题的来龙去脉。于是他最后得出了一个结论：每个心理病案的背后，都有一个病因结构。

探索研究的结果还让他发现：每种心理病案的背后都存在着某种形式的病因结构，但不同的心理病案，其病因结构是不一样的。

每种心理病案的病因结构虽各有其特点，但都离不开一些基本的心理要素，如欲望要素、性格要素、认知要素、能力要素等。

那么，在所有心理病案的背后，是否存在着基本的病因结构呢？朱美云又经过长期反复地探索、总结、验证，最后形成了"心理病因基本结构图"。反复在实践中应用此图，他发现：这个网络结构实际就是心理的网络结构；这个网络系统实际就是心理的网络系统。于是他就将该图命名为"心理网络图"。

从此，心络术语以及心络图，便不断出现在网络上的各种文章中。对于有些热爱点通疗法的人来说，可谓是耳熟能详。

不管人们怎样看待"心络"，对于朱美云来说，这就是他在实践中不断探索的结果。

三、心络学、点通疗法等也是不断探索的结果

朱美云在"心络"基础上，继续结合心理咨询实际，不断探索，先后形成了心络学的心络观、心理病理观、心理症分类观、心理治疗观、心理健康观。在这五观基础上，他创立了中国的系统性心理治疗法——朱氏点通疗法，并于2009年10月由宁夏人民出版社出版同名专著。

朱氏点通疗法实施的是对因治疗、系统性治疗、功能性治疗，这和传统的对症治疗有根本性的不同。于是在此基础上，他又继续探索，逐步形成了"点

通心理治疗学"，并于 2020 年 6 月由重庆出版社出版同名专著。

朱氏点通疗法中有一种技术叫"悟言点击"。悟言是很精练的能让来访者感悟的语言。在"悟言点击"基础上，朱美云再度探索，形成了"诗歌点击""诗文点击"，最后形成了"朱氏诗文疗法"，并于 2012 年 9 月由西南师范大学出版社出版同名专著。

现在，《心络学》也已全部完稿，准备出版。

上述这一切，都是朱美云先生不懈探索的结果。有一些人，或者因为无知，或者因为嫉妒，对朱美云先生的《心络学》进行抹黑和诋毁。"功不唐捐，玉汝于成"，相信朱美云先生的心络学将在心理治疗实践中闪耀出真理的光辉，为更多的心理咨询师和来访者照亮前进的方向。

我很欣赏朱美云先生不断探索的精神。但愿中国有更多的心理学人具有这样的精神，为中国的心理学建设奉献自己的力量！

是为序。

2022 年 12 月 25 日

作者简介：

天津医科大学精神卫生与心理学系主任、教授、博士生导师，教育部精神医学教学指导委员会委员，中国心理卫生协会认证督导师、森田疗法应用专业委员会副主任委员、心理治疗与心理咨询专业委员会委员、内观疗法学组组长。

目录 contents

001　**序一　"人系统"的重要现实意义**
　　——序朱美云《心络学》　韩布新

005　**序二　系统心理的探索者和应用者**
　　——序朱美云《心络学》　郑日昌

007　**序三　中国本土心理学的一面旗帜**
　　——序朱美云《心络学》　毛富强

第一章　绪论

- 001　第一节　心络学的概念与定位
- 003　第二节　心络学理论源起
- 009　第三节　心络学的体系与特点
- 011　第四节　心络学的方法与意义

第二章　心络学的心络观

- 015　第一节　心络的基本概念
- 020　第二节　心络的基本构成
- 021　第三节　心络的基本特性
- 042　第四节　心络的相邻系统
- 043　第五节　心络呈现的"人系统"
- 048　本章小结

第三章　心络学的心络要素观

- 051　第一节　本能系统论
- 059　第二节　欲望系统论
- 067　第三节　人格系统论
- 073　第四节　认知系统论
- 081　第五节　能力系统论
- 088　第六节　情绪系统论

095　第七节　行为系统论
101　第八节　注意系统论
109　第九节　记忆系统论
117　第十节　兴趣系统论
123　第十一节　态度系统论
131　第十二节　意志系统论
138　第十三节　感知系统论
153　第十四节　人际关系系统论

第四章　心络学的心理病理观

165　第一节　心理症是心络部分问题影响所致
168　第二节　心理症是心络要素传导影响所致
169　第三节　心理症是生理系统对心络影响所致
169　第四节　心理症是外界系统对心络影响所致
170　第五节　心理症存在主次症结

第五章　心络学的心理症分类观

174　第一节　心络症
199　第二节　心身症
200　第三节　身心症
202　第四节　物心症
203　第五节　心综症

第六章　心络学的心理治疗观

209　第一节　治疗前提：把握症因，全面系统
212　第二节　治疗关键：找到症结，点通症结
215　第三节　治疗策略：整体治疗，分步推进

217　　第四节　治疗要求：改善生理，协和外界
220　　第五节　治疗保障：信任配合，克己坚持
222　　第六节　治疗类型：五种类别，三个层次

第七章　心络学的心理健康观

225　　第一节　心理健康的概念
226　　第二节　心理健康的标准

第八章　心络学的压力观

235　　第一节　压力的概念与来源
236　　第二节　压力的种类与反应
237　　第三节　压力的程度与测试
239　　第四节　压力的影响与应对

第九章　心络学的交往观

244　　第一节　交往是人的欲望和利益的满足
247　　第二节　交往是人的认知和情感的交流
249　　第三节　交往是人的性格与兴趣的相投
250　　第四节　交往是人的压力与不适的排解
251　　第五节　心络学交往观的维度和分类

第十章　心络学的婚恋观

253　　第一节　婚恋是相互欲望的满足
261　　第二节　婚恋是相互心络要素的基本平衡
268　　第三节　婚恋是双方"系统人"的接纳或互补

第十一章　心络学的教育观

285　　第一节　教育应是生理人的教育

290　　第二节　教育应是心理人的教育

318　　第三节　教育应是社会人的教育

第十二章　心络学的社会观

323　　第一节　社会是人的复杂集合体

330　　第二节　社会是人与人和团体与团体的互动体

339　　第三节　社会是人与人和团体与团体的矛盾统一体

第十三章　心络学的命运观

343　　第一节　心络决定命运

348　　第二节　机遇决定命运

351　　第三节　身体决定命运

第十四章　心络学的幸福观

354　　第一节　幸福的概念和来源

355　　第二节　幸福的分类和根据

356　　第三节　幸福的要素与关系

第十五章　心络学的人生观

362　　第一节　人生目的

366　　第二节　人生价值

366　　第三节　人生方式

369　　第四节　人生态度

371　　参考文献

375　　后　　记

376　　编后语

第一章 绪论

第一节 心络学的概念与定位

一、概念

心络学是关于心络的系统、结构、要素、特性、与人及社会的关系的学说。这一定义,明确了心络学研究的对象、内容和任务。

笔者在长期的心理咨询实践与研究中发现,心理是一个网络般的系统,有一定的结构,有很多的要素,有显著的特性,与人和社会都关系密切。这个网络般的系统,就是心理网络,简称心络。心理咨询师应该了解和明白这些,否则对心理问题与疾病的分析、判断就很容易进入片面的误区,更无法进行对因治疗。

从宏观上看,心理是"人系统"("生理系统+心理系统+外界系统"的统一体)中的一个子系统,是"人"的重要组成部分,受制于"人系统"。同时,作为"人系统"的组成部分,它也会反作用于"人系统",极大地影响"人系统"。所以从宏观上看,心理是"人系统"的反映或产物,是"人系统"的功能。

从中观上看,心理自身是一个完整宏大的系统,由种种心理要素组成。各心理要素受整个系统的影响,又反作用于整个心理系统。所以从中观上看,心理是"心络系统"的反映或产物,是"心络系统"的功能。

从微观上看，各心理要素又各自是一个完整宏大的系统，由种种因子组成。这些心理要素，每个都会直接影响人的整体心理状态，也会直接形成人的某种心理状态。所以从微观上看，心理是各"心络要素"的反映或产物，是各"心络要素"的功能。

从宏观到中观，从中观到微观，整个心络系统就像是一个宇宙系统。所以，心络系统也可以被称作"心理宇宙"。

心络系统也像是一幢建筑，有自己的结构，其中有基础，有支柱，有层次，有整体的形状。将它画下来，可以形成一张平面结构图，即心理网络图，简称心络图（图1-1）。

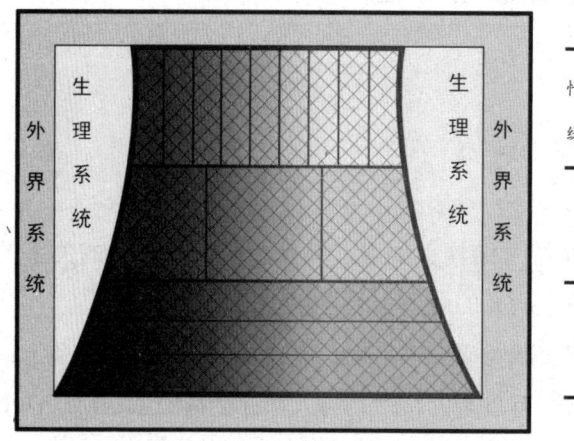

图1-1 心络图

心络系统是由众多心理要素组成的。这些心理要素因各自都是一个完整的系统，各自直接影响人的整个心理状态，又直接形成人的某种心理状态，所以它们都是心络学关注、研究的重要对象和内容。

心络系统有鲜明的特性。这些特性是各心理要素特点的共性的集中，并会反过去影响各心理要素。人的心理特性，既可能是整个心络系统特性的反映，也可能是某些心理要素特点的反映。明白心络系统的特性和各心理要素的特点，对于心理咨询、治疗和保持心理健康，具有重要的意义。

心络系统是"人系统"的一部分，所以必然和人有密切的关系。我们平常看到的人，是一个有相貌、有形体的"生理人"。通过心络学，我们会看到人还是一个有欲望、有性格、有各种想法和情绪情感的"心理人",还是一个受外界系统种种影响的"社会人"。尤其会看到,完整的"人"其实是"系统人",即"生理人+心理人+社会人"的统一体。而作为"系统人",必然会涉及心理疾病(包括种类、病因及治疗)、心理健康、心理压力、婚恋、教育、社会、命运、幸福、人生等众多的问题。这些问题,都是心理咨询和治疗及健康工作中经常面对的问题。本书将专门从心络学的角度去论述这些问题。笔者希冀从这些论述中,也许能使读者看到人的本质、心理本质、心病本质等本质问题的某些方面。

二、定位

心络学揭示了心络的系统、结构、要素、特性以及相邻系统。在心络系统方面,它详细剖析了本能系统、欲望系统、认知系统、人格系统、能力系统、情绪系统、行为系统、注意系统、记忆系统、兴趣系统、态度系统、意志系统、感知系统、人际关系系统。可以说它既是心络学,也是系统性心理学。

在与心络系统相关方面,心络学提出了系统的心理病理观、心理症分类观、心理治疗观、心理健康观、压力观、交往观、社会观。从这个角度上看,心络学也是关于心理治疗、心理咨询、心理健康方面的论述。

根据心络理论,心络学提出了系统的婚恋观、教育观、命运观、幸福观、人生观等。所以心络学还是关于婚恋咨询、教育咨询、命运咨询、幸福咨询、人生咨询等方面的论述。

第二节 心络学理论源起

心络学的理论根据与西方心理学流派的根据是显著不同的。它根植于中国传统文化,是经实践总结而来。在理论形成的过程中,也借鉴了西方心理学的系列术语及部分理论与方法。

一、中国传统文化

心络学的理论基础是中国传统文化，其中主要有天人合一观、整体系统（综合）观和能动变通观等。

（一）天人合一观

天人合一观是中国传统文化中一个非常重要的观念，这种思想在中国古代典籍《周易》《黄帝内经》中就有充分的体现。

"天"的含义有很多解释。冯友兰先生认为主要有五种：第一种是"物质之天"，即天空；第二种是"主宰之天"或"意志之天"，即宗教中所说的"至上神"；第三种是"命运之天"，即人们所说的运气；第四种是"自然之天"，即大自然；第五种是"义理之天"或"道德之天"，即一些政治家、哲学家、思想家设定的社会道德法则。纵观各种关于"天"的理论，无非两类：一是自然的天，二是精神的天。

"天人合一"的含义也有很多解释。张岱年先生认为，天人合一有两层含义：天人本来合一；天人应归合一。"天人本来合一"也有两层含义：天人相通；天人相类。"天人相通"意义也有两层：第一层，认为天和人不是相对峙之二物，而是一个息息相通的整体；第二层，认为天是人伦道德的本原，人伦道德原出于天。"天人相类"意义也是两层：天人形体相类；天人性质相类。

总之，天人合一，就是"天合于人"或"人合于天"。

现在很多人都认为：天人关系，若从自然与人的关系来看，就是客观与主观、物质与精神、存在与意识之间的关系；若从社会与人的关系来看，就是群体与个体、理性与感性、公德与私欲之间的关系。

总结起来：天和人是一个相互作用的统一的整体，且是这个整体中的两个部分或两个要素。天人关系，就是指人与自然、人与社会应是统一和谐的关系。延伸来说，就是主观与客观、感性与理性、个人利益和社会法则等都是统一和谐的关系。

根据天人合一观，心络学认为：人的心络系统、生理系统都应与外界系统（自然界和人类社会构成的物系统）和谐统一，心络系统、生理系统都与外界系统密不可分；人是心络系统、生理系统和外界系统（心身物系统）的统一体。基于此，心络学的心理病理观认为：人的某些心理问题是由外界系统（物系统，包括自然界和人类社会）导致的，是两者不和谐的产物，即"天人不合一"的产物。这种因外界系统导致的心理问题，心络学的心理症分类观将其定义为物心症。对此类症结，心络学的治疗观认为应对当事人进行体验推拿，即体验现实的种种环境、情景、角色等。

天人不和谐会导致物心症，所以心络学的心理健康观主张：心理健康的重要标志是心物和谐。为了防治和治疗物心症，点通心理治疗除要应用体验推拿技术外，还要应用修塑技术中的"社会适应"修塑。

（二）整体系统（综合）观

《序卦传》说："有天地然后有万物，有万物然后有男女，有男女然后有夫妇，有夫妇然后有父子，有父子然后有君臣，有君臣然后有上下"。即人与天地宇宙不仅是合一的、统一的，而且是一个不可分割的整体，是一个有着相互联系的系统。《周易》中八卦、六十四卦的构成和排列结构，都充分体现了整体与系统的观念。

《黄帝内经》把人体与自然、五脏与六腑等联系起来，并把它们作为一个整体去对待，不仅体现了天人合一的观念，也充分体现了整体与系统的观念。按中医的整体观与系统论，诊病、治病以及养生等方面，都要考虑"天"与"人"这个整体与系统。就人体而言，要把它作为一个整体与系统来对待。就人体内部的经络而言，其也是一个整体与系统，即经络系统。从宏观上看，有大的整体与系统；从微观上看，有小的整体与系统。总之，要从整体出发，要把部分放在整体中去考虑。

纵观中国传统文化，整体观和系统论的特色是很突出的。从先秦的"天人合一"论到宋明的"万物一体"论，都是整体观和系统论的反映。可以说，整体思维和系统思维是中华民族的一大思维方式。

整体思维与系统思维的一个重要特点是综合，从某种意义上讲，也可称之为综合观。这种重综合的思维方式与西方的重局部或单因子分析的思维方式是显著不同的，所以笔者在表述时称之为"整体系统（综合）观"。

整体系统（综合）观主张：看事物要从整体上、系统上、综合因素上去看；要注重事物的整体、要素、结构及其功能。

整体系统（综合）观要求人们在分析和解决问题时，要做到以下这些：

（1）要从整体上去全面考虑，而不是只从局部或单因子上去考虑。

（2）在考虑整体的同时，要考虑整体中的各个要素及其特点与作用，因为整体都是由各个各具特色与作用的要素构成的，且这些要素都会影响整体。

（3）在考虑整体和要素后，要考虑整体系统中各部分的结构（包括要素间的结构），因为不同的结构会产生不同的结果，从而极大地影响整体。

（4）在考虑整体、要素和结构后，还要考虑这些要素、结构相互影响后会产生什么功能：各要素相互作用会产生新的与各要素本身不同的功能，不同的要素结构会产生不同的功能，整体的功能源自整个系统综合作用后产生的综合功能。

根据整体系统（综合）观，心络学认为人的心理本身是一个相对独立的整体，是一个系统，即心络系统。这个系统是由欲望、性格、认知、能力、情绪情感、人际关系等众多要素构成的。这些要素本身具有一定的心理功能。当它们组合在一起时，又会产生新的心理功能。它们组合的结构不同时，产生的新功能也将不同。总之，心络系统的状态是这些综合因素及结构特点综合影响的结果。而且，心络系统还要受到生理系统和外界系统的影响。这三个系统相互作用后，又会产生新的心理功能。

心络学的心理病理观认为：心理问题的原因往往是多方面的，呈结构性的；寻找症因时不仅要看到心络系统中各要素及其相互影响，还要看到生理系统和外界系统对心络系统的影响以及这三个系统的交互影响；要真正弄清症因，就必须从整体出发，进行全面的大系统、小系统的分析，找出隐藏在诸多症因中的主要、次要症结，最后还要形成系统的心理"病因结构图"。

基于整体系统（综合）观，心络学的心理治疗观认为：应全面、系统、有点有面、多技术、多方面地予以治疗；心理治疗不但要解决心络系统中欲望、认知、性格、能力、情绪、行为、人际关系等诸多要素导致的问题，而且要解决生理系统和外界系统导致的问题；不但要同时应用欲望调节、体验推拿技术，而且要同时应用悟言点击、健康修塑与境界修塑等技术；不但要消除症状，而且要消除症因症结；不但要整体治疗（面上），而且要分步推进（点上）。总之，要进行整体的、系统的、综合的治疗。为能全面系统地开展治疗，还要制作"系统治疗图"。

心络学的心理症分类观认为：从心、身、物这个大系统看，心理症往往都是心综症（由心理因素、生理因素、外界因素综合影响而成）；从心身这个小系统看，心理症是心身症和身心症（由心理因素导致的躯体化障碍、由生理因素导致的心理症）；从心物这个小系统看，心理症是物心症（由外界因素导致的心理症）；从心络这个子系统看，心理症往往是心络综合征（由欲望、性格等多种心络要素综合影响而成）。

心络学的心理健康观认为：从心、身、物这个大系统看，心理健康应是整体的系统的健康，即应是心络和谐、心身和谐、心物和谐的统一；从心身这个小系统看，心理健康应是心身和谐；从心物这个小系统看，心理健康应是心物和谐；从心络这个子系统看，心理健康则应是心络和谐；从心络各要素看，心理健康应是欲望、性格等要素的健康。

总之，根据整体系统（综合）观，心理症的查因应进行系统性的分析；心理症的治疗应是系统性的治疗；心理症的分类应是系统性的分类；心理的健康应是系统性的健康；心理健康的建设以及心理症的预防都应是系统性的。

（三）能动变通观

能动变通观也是中国传统文化中的一个重要观念。

《易经》就是一部"变经"。在易经中，爻变则卦变，卦变则义变。其中阴阳变化为八卦，八卦再变化为六十四卦。所以"生生之谓易"，就是说，易，就是生生不息，变化无穷。许多学者都认为，变通是《易经》的生命、《易经》的灵魂。要想长久，就得通达，要想通达，就得变化，这就是《易经》所谓的"变则通，通则久"。中国传统文化中的能动变通观告诉我们：世界万事万物都不是一成不变的，而是能动变化的。

根据能动变通观，心络学认为：人的心络系统也在不断地变化。其中的欲望要素、认知要素、性格要素、能力要素、情绪要素、行为要素、兴趣要素、意志要素等，不但本身是会变化的，而且还会因相互影响而变化。所以心络学认为心络系统具有可变性和传导性的特点。

基于心络系统具有可变性和传导性的特点，点通模式在分析症因时是一案一析。如同是焦虑表现，咨询师依然要根据每个病案的具体情况做具体的病因结构图。就一个具体的病案而言，咨询师还应因时、因地、因情况不同而去具体地判断来访者症因的变化。

因为症因分析是能动变化的，所以点通治疗也是能动变化的，法无定法，有效即法。在具体应用四大技术（调欲法、推拿法、点击法、修塑法）时，还需根据实际情况灵活应用：有时是在调中推、点、修，有时是在推中调、点、修，有时是在修中调、推、点，能动变化。

法无定法，有效即法，就是说，在治疗过程中，对同一个人，也不能固定只用某种方法，而应根据具体情况选用针对性强的最适合方法。不管什么方法，都可以用，只要有效，就是好方法。因为同一个人，在不同情况下，也不一定能接受同一种方法，或者说，同一方法，也不一定能产生同样的疗效。因为人的心理是随时变化的，尤其是当外界情况有所变化时，所以治疗的方法也应是不断变化的。总之，治疗都是具体的治疗，都是以万变应万变。

二、实践总结与研究

心络学是总结与研究大量心理咨询案例而提出来的。笔者在对一个个案例的分析中发现，心理问题与疾病，都表现为一定的情绪、行为和躯体症状。在这些症状背后，往往都有欲望因素、认知因素、性格因素、能力因素，有的还有兴趣因素、态度因素、意志因素、注意因素、记忆因素、感觉知觉因素、人际关系因素等。分析、总结、研究这些因素与症状的关系，以及因素之间的关系，会发现它们都存在着网络般的关系，都有着某种结构。这就得出了"心络""心络结构"的结果。将这些结果应用于心理咨询实际，然后再进行总结和研究。如此无限循环，便逐步形成了"心理网络系统"。再分析、总结、研究这个系统和人的关系、和外界系统的关系，便逐步形成了"人系统"。在中国传统文化指导下，心络学就在实践中根据这些结果而逐步形成了。

三、西方心理学

笔者在从事心理咨询之前和过程中，阅读了大量西方心理学著作，深受其影响。在心理咨询前期，即在点通疗法还没出现前，应用的全都是西方心理学的理论和方法。所以在心络学、点通疗法、点通心理治疗学的总结研究过程中，笔者都借鉴了西方心理学的一些理论和方法，尤其是应用了西方心理学的一系列术语。所以，西方心理学也成了心络学的一个依据。

第三节 心络学的体系与特点

一、体系

从总的方面看，心络学包括心络观、心络要素观（各要素各自成系统）、心理病理观、心理症分类观、心理治疗观、心理健康观、压力观、交往观、婚恋观、教育观、社会观、命运观、幸福观、人生观、哲学观等*。

从分支方面看，心络学包括点通心理治疗学、朱氏点通疗法、朱氏诗文疗法等。

点通心理治疗学是一种系统性的心理治疗学，它的体系是"四治一体"，即"对因治疗＋系统性治疗＋功能性治疗＋心治为主、药治为辅"为一体的治疗。

朱氏点通疗法是一种系统性的心理治疗法，它的治疗技术是"调欲法＋推拿法＋点击法＋修塑法"四法一体。

朱氏诗文疗法是针对心络系统中各心理要素所导致的心理问题与疾病，以诗文方式进行治疗的方法。

所以，心络学体系是系统性心理学、系统性心理治疗学、系统性心理治疗法为一体的体系。

---

* 注：这些"观"，以后有可能形成"学"，如心理病理学、心理健康学等。

二、特点

（一）系统性

心络学有宏观的系统（生理系统、心络系统、外界系统的统一），有中观的系统（如心络系统），有微观的系统（如欲望、人格、认知等心理要素系统）。它们既是统一体，又各自独立；既相互影响，又各有自己的特点。大、中、小系统，环环紧扣，纲目清晰，内在关系密切。该学说能让学习者、应用者、教育者、研究者一目了然，使他们既能宏观把握，又能微观深入。这种系统性是心络学的显著特点，心络学也可看作一种系统性心理学。

（二）网络性

心络系统内的各个心理要素之间，是网络般的关系。每个心理因子内的各个成分之间，也是网络般的关系。心络系统和生理系统以及外界系统之间，也是如此。大网络中有小网络，小网络中还有更小的网络，这是心络学又一显著的特点。

（三）实践性

心络学是长期心理咨询实践的产物，它来自实践，用于实践，并验证于实践。它的基础，是大量的实际个案，尤其是大量成功的个案。也就是说，它是笔者在研究、总结大量个案的基础上经历了漫长时间后才形成的。从心络学的实际内容上看，该学说很接地气，通俗易懂，实用性强，是直接为心理咨询、治疗、健康教育的实践服务的，其适用对象是心理咨询师、心理治疗师、心理学教育者、研究者和爱好者。所以，实践性是心络学的突出特点。

（四）独创性

"心络"这个概念，"心络系统"这个系统，都是笔者在2000年时第一次提出来的。心络学所揭示的心络系统、各心理要素系统以及"人系统"，都是笔者完全独创的。心络学所涉及的范围，包括心理系统、心理要素系统、心理病理、心理症分类、心理治疗、心理健康、心理压力、婚恋、教育等，较以往的理论也更为广博，也是创新性的。

第四节 心络学的方法与意义

一、方法

心络学的研究方法，主要如下：

（一）个案研究法

心络学的一系列理论，都是从大量个案的总结研究中得出来的。笔者通过研究个案症状的形成原因，得出了一系列心理要素及其系统的理论、心络理论、心理结构理论、心络学的病理观、心理症分类观等；通过研究个案的治疗及其结果，就得出了心络学的治疗观、健康观以及一系列的治疗技术。可以说，没有对个案的研究，就没有心络学，个案研究是心络学诞生和成长的肥沃土壤。

（二）系统分析法

心络学的研究是从系统的整体的角度去看各个心理要素，从各个心理要素的角度去看系统。以这样的方法指导实践，就能对心络系统有宏观、中观和微观的把握。

系统是各种关系的集合。所以心络学的研究总是有"关系的视角"：既看心理系统和各个心理要素之间的关系，也看各个心理要素之间的关系，还看它们与"人系统"的关系以及与心理疾病、心理健康、心理压力、婚恋、教育等众多方面的关系。这可谓是"系统分析法"中的"关系分析法"或"联系分析法"。

（三）实践验证法

心络学中所有的理论或结论，都是从实践中来的，且都必须回到实践中去。如此不断循环，反复修正。这是心络学研究最重要的方法。心络学从提出到最终完成，耗时 22 年。

二、意义

（一）让人们对"心""心理"有了新的视角和视野

"心"是什么？"心理"是什么？

在古代，人们认为"心"是心脏，"心理"是心脏的功能。

直到神经科学出现以后，人们开始认为"心"是大脑，心理是大脑的功能。

心络学认为："心"和"心理"都是人对世界的反映或产物，都是人的精神活动、内容及现象的代名词。它们的内涵非常丰富，外延非常广大。"心理"既是心脏的功能，是大脑的功能，是生理系统的功能，还是心络系统的功能，更是"人系统"的功能。

从生理系统看，身体的任何系统和器官（包括心脏和大脑）出问题，都会导致一定的心理反应。从这个角度看，心理是生理系统的反映或产物（包括心脏和大脑的反映或产物），也是生理系统的功能表现（包括心脏和大脑的功能）。

从心络系统看，任何心理要素（如欲望、性格、认知、能力、情绪、行为、兴趣、意志、感觉、知觉等）出问题，都会导致一定的心理反应。从这个角度看，心理是心络系统的反映或产物，是心络系统的功能。

从外界系统看，任何外界因素（如自然环境、社会文化、人际关系等）都可能导致人一定的心理反应。从这个角度看，心理是外界系统的反应或产物，是外界系统的功能。

"人系统"是"生理系统＋心络系统＋外界系统"的统一体。所以说，心理也是"人系统"的反映或产物，是"人系统"的功能。

从关于"心"的大量汉语中，也能看到心络学所揭示的"心"的丰富内涵。

1. 指心脏的

心肌、心房、心室、心包、心口、心尖、心肝、心日、心胸、心跳、心虚、心音、心慌、心血来潮、心有余悸、心惊肉跳、心腹之患等。

2. 指大脑的

心理、心算、心中有数、心力交瘁、心照不宣等。

3. 指心络系统中心理要素以及要素综合的

（1）指欲望、愿望的：心愿、心意、心去难留、心甘情愿、心驰神往、有心栽花花不开、无心插柳柳成荫等。

（2）指认知、想法的：心得、心思、心术、心口如一、心手相应、心领神会、心明眼亮等。

（3）指情绪、情感的：心绪、心情、心气、心切、心寒、心酸、心火、心浮、心静、心潮澎湃、心烦意乱、心急如焚、心平气和、心旷神怡、心花怒放、以心换心等。

（4）指性格、个性的：心软、心硬、心刚、心细、心性等。

（5）指注意、关注的：心不在焉、心无二用、心猿意马、心迹等。

（6）指愿望、情绪及情感综合的：心曲、心声、同心同德、心灰意懒等。

（7）指愿望、认知综合的：心安理得、心服等。

（8）指愿望、认知、情绪、情感综合的：心爱、心病、心事、心灵、心心相印、心满意足、万众一心、心狠手毒、心怀叵测等。

（9）指认知、情绪综合的：心神不定等。

（10）指胸怀、境界综合的：心境、心宽等。

（11）用比喻来表现的：心田、心地、心海、心路、心弦等。

从上述汉语中可看出，"心"表示多种心理要素以及综合含义的最多，其中表示愿望、认知、情绪、情感及其综合含义的又最多。其次是表示心脏的。表示大脑的最少。所以说，心络学让人们对"心""心理"有了新的视角和视野，即让人们不仅看到了"心"中的心脏和大脑的含义，而且还看到了愿望、认知、情绪、情感等含义以及它们种种综合的含义。

（二）让人们对人有了全面的新的认识

说到人，人们一般会首先想到或谈到性别、相貌、身材、年龄，即主要是"生理人"，很少有人能想到或谈到完整的"心理人"和"社会人"，更少有人能想到或谈到"系统人"。尤其是在心理咨询、治疗、健康管理等工作中，几乎都没有"系统人"的概念和视角。这就使这些工作陷入了片面的误区。如一些医生只看到生理人因素，总是让人吃药，几乎不考虑"心理人"因素和"社会人"因素；又如有些心理咨询师、治疗师，只看到"心理人"中的"认知人"，总是在强调改变认知，没看到"心理人"中的"欲望人""性格人""能力人""意志人"等，更没有看到完整的"生理人"和"社会人"。所以他们的工作成效就不理想。

心络学提出的心络系统，使人们看到了系统的"心理人"，提出的"人系统"，使人们看到了完整的"系统人"（"生理人＋心理人＋社会人"的统一体），能使人们对人、对自己有全面的新的认识。

（三）为心理咨询、治疗、健康和研究拓展了新的视野

心络学能让人们用系统的整体的观点去看心、看心理、看人，即不仅要看到大脑的作用和影响，还要看到生理系统的作用和影响；不仅要看到生理系统的作用和影响，还要看到心络系统和外界系统以及整个人系统的作用和影响；不仅要看到心络系统的作用和影响，而且还要看到本能系统、欲望系统、人格系统、能力系统、认知系统等各个心理要素系统的作用和影响。这就为心理咨询、治疗、健康和研究拓展了新的视野。

心络学能让人们用网络的联系的观点去看心、看心理、看人，即不仅要看到认知和心理的联系作用与影响，还要看到心络系统中欲望、人格、能力、情绪情感等各心理要素的相互联系作用与影响；不仅要看到生理系统和心络系统的相互联系作用与影响，还要看到心络系统和外界系统以及整个人系统的相互联系作用与影响。这也为心理咨询与治疗、健康管理和研究拓展了新的视野。

仅就心理咨询、治疗和健康管理来说，咨询师有了系统的相互联系的理论观点，就能系统性地去分析病因、开展治疗、进行心理健康建设。

第二章　心络学的心络观

人类的心灵是一片神秘的世界，更是一个广阔无垠的宇宙，笔者称之为心理宇宙。为了弄清这片世界，人类探索了几千年。这片世界究竟像什么样子？它有些什么东西？这些东西有何特性？相互之间有何关系？在人的生活和命运中，在人类世界变化万千的进程中，它究竟起着怎样的作用？……几千年来，人类知之甚少。

笔者在长期的心理咨询实践中，对此进行了不懈的探索和研究，终于有了一些发现和总结。根据这些发现和总结，笔者初步勾勒出了它的概貌，描绘出了它的结构，概括出了它的特性，总结出了它的作用，并将之命名为心理网络。

第一节　心络的基本概念

笔者在大量的心理咨询实践中发现：心理问题的原因往往是复杂多样的，呈现出某种结构性。如果将个案的病因画出来，会形成一张心理病因网络图，即病因结构图。

案例1

一名大学生老是心慌、心悸、发热、浑身不适，有时还尿频尿急，因此休学在家，成天待在空调房里不愿出门。他曾多次去医院进行过"抢救"。多家医院检查的结果都是无躯体疾病，其中一家医院认为他可能有心理问题。这位大学生也去某医院的精神科看过，被诊断为疑病症，服了不少药。他还去一些心理咨询所咨询过，均无效果。该名大学生总认为自己是得了难以治疗的重病，并以一些医书上的说法以及从网上下载的许多相关资料为证，反复去一些医院检查治疗，又总是对这些医院的检查治疗持怀疑态度。经人介绍来到笔者心理咨询所，经过近两月治疗才痊愈。

笔者经全面了解后认为，来访者的问题有这样一些主要原因：一是常有疑病感觉；二是喜欢对生理现象作疑病解释；三是特别容易接受负性暗示，思维方式习惯于趋向负性；四是过分关注自己的身体；五是缺乏很多基本的常识；六是严重缺乏人际交往；七是过分依赖母亲；八是非常害怕疾病；九是多种能力低下，尤其是适应能力；十是缺乏相应的角色意识和责任感，惯于逃避现实。笔者经全面分析后认为，来访者的这些病因之间是有一定联系的，将其画出来，就会呈现出这样一种心理病因结构图（心理病因网络图），简称病因结构图（图2-1）。

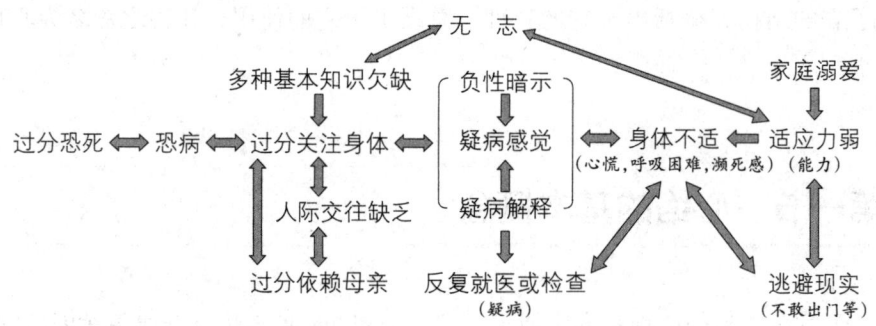

图2-1　病因结构图：为何总是怀疑自己得了重病

每种心理问题的背后都存在着某种形式的病因结构，且不同的心理问题，其病因结构也是不一样的。

案例2

一位大学副教授无法工作，每天睡觉都很困难，原因是他总觉得有一具"死尸"在眼前晃动，让他十分恐惧。他认为这具"死尸"应该是不存在的，但自己又确实看见了。他认为就算有死尸，也是不值得害怕的，但事实上自己做不到不害怕。

大约在一个月前，这位副教授去参加了岳母的葬礼。在殡仪馆，他看见了一具停放在一旁的死尸。当时他想：这具死尸会不会坐起来？顿时，一阵恐惧涌上心头，但一会儿就什么事也没有了。过了几天，他就开始梦到死尸，并且每到黄昏或晚上，眼前就不时会出现死尸，由此夜夜恐惧难眠。再过一段时间，即使在白天给学生讲课时，这位副教授的眼前也会不时晃动着死尸！他去医院诊疗，被告知患了恐怖症，吃了一些药，但没用。也有人说他是中了邪。他不信鬼神，也不信那些打鬼驱神的所谓法式，但在痛苦万端的情况下，也只好接受了家人"跳端公"的建议。但这些做后也没用。他甚至说："谁能治好这个病，我就把自己财产的一半给谁。"这位副教授来到了笔者的心理咨询所。经一次治疗，这位副教授便摆脱了困扰。

笔者认为，来访者的问题原因主要有：一是总认为自己不应害怕，因自己不信鬼，也从没见过鬼，但实际又很害怕，于是存在着严重的意识与潜意识的冲突；二是童年时长期害怕与鬼有关的事情，如不敢过听人说出现过鬼的山梁，不敢去屋后的坟山等；三是很小的时候就具有对鬼神的恐惧，因那时母亲信鬼，又听老人和小伙伴们讲过很多鬼的故事，加之来访者一直都比较胆小，容易接受别人的暗示；四是小时候就存在着内心的冲突，一方面害怕鬼，一方面对鬼又半信半疑，因父亲从来不信鬼，说根本没有鬼。随着年龄的增长，来访者也认为不可能有鬼，所以不信鬼也不怕鬼，但童年对鬼神的恐惧依然存留在潜意识里。所以，笔者认为，来访者的心理病因结构大致如图 2-2。

从上面两个案例看，这两位来访者的心理病因结构是不一样的。事实上，每个心理问题的心理病因结构都是不同的。

当然，每种心理问题的病因结构虽各有其特点，但都离不开一些基本的心理要素。如上述两例，就分别涉及了这样一些心理要素：欲望要素（前者想身体健康，不要生病，后者想正常工作和睡觉），人格要素（前者多疑、敏感、内向，后者胆小、易受暗示），认知要素（前者总认为自己得了重病，后者总认为自己不应怕死尸），能力要素（前者适应能力、人际交往能力低，后者承

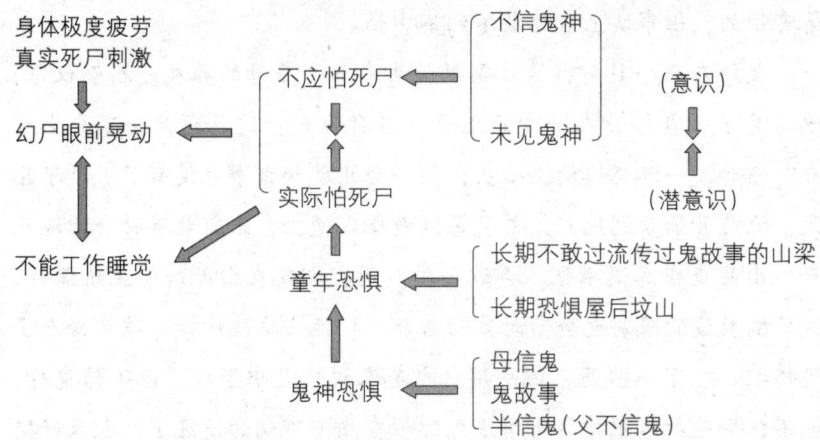

图 2-2 病因结构图：教授眼前老有"死尸"晃动该怎么办

受恐惧的能力低），情绪要素（前者忧虑担心的情绪重，后者恐惧痛苦的情绪重），行为要素（前者行为退缩、逃避现实，后者行为紧张、不知所措），注意要素（前者主要关注的是得了什么重病，后者主要关注的是怎样才能不见"死尸"和不怕"死尸"），感知要素（前者有疑病感觉，后者有幻视）等。

那么，哪些是心理问题的主要心理要素呢？笔者将自己当时所做的数百个个案进行了研究，于是总结出了"心络要素"，也就有了心络图。

虽然不同心理问题的病因结构各有其特点，但大多数问题来源于一些共同的心理要素，如欲望、人格、认知等，这些心理要素又互相有一定的关系，所以心理问题就呈现出了一些共同结构。那么，在所有心理问题的背后，是否存在着一个基本的病因结构呢？

笔者认为，心理存在着像网络或经络一样的系统结构，或者说，心理也是一种网络系统结构。心理的一切反映都是这个系统的反映，如每个人都有这样那样的本能、需要和欲望，都有这样那样的认知、人格、能力、情绪、行为、注意、记忆、兴趣、态度、意志、感知、人际关系等，而它们都是相互联系、相互影响并有机地存在于一个统一体中的，分别研究这些基本心理要素，它们又各自有自己的小系统。

基于这些，笔者认为，研究人的心理，就应从心理的整个系统及结构中去研究。即便要研究其某个心理要素，也应从整个系统及结构中去研究，绝不能孤立地去研究。这种研究，就是笔者所提倡的"系统性研究"。心络以及心络学就是这种"系统性研究"的结果。

从狭义上讲，心络是指心理病因的基本结构，这是笔者根据大量来访者案例总结出来的；从广义上讲，心络是指人的心理结构。

长期以来，主流心理治疗领域关于心理病因有各种各样的说法。其中最主要的说法是：造成心理问题的因素有三类，一类是生物学因素，一类是社会因素，一类是心理因素。对于心理病因结构的探讨，还未见成熟的理论。

学界关于人的心理结构有各种各样的假说。

许多心理学家和精神病学家都认为：人的心理结构是由认知、情感和意志三部分组成的，或者说，认知、情感、意志是人心理结构中并列的三个基本范畴。仅就其中的认知而言，也有其自身的结构。皮亚杰认为认知结构为一个动态的转换体系，即知识既不是人天生的，也不是客观存在于外界的，而是认知主体在认知过程中，与认知客体交互作用的结果。心理结构的这种"三分法"在理论上和心理咨询与治疗的临床实践中都具有重要的意义，产生了深远的影响。

弗洛伊德认为，人的心理结构为三层：潜意识、前意识和意识。心理的深层结构为潜意识，中层结构为前意识，表层结构为意识。从人格的角度看，人格的构成为本我、自我和超我。心理问题产生的原因，从心理结构上看，是潜意识和意识的冲突；从人格结构上看，是本我、自我、超我的相互失调或矛盾。弗洛伊德的观点在心理咨询与治疗的实践中具有一定的实用价值。

王均震根据弗洛伊德的无意识、荣格的集体无意识、弗洛姆的社会无意识、布留尔的集体表象理论，总结出了"新心理结构"。"新心理结构"认为，无意识的层次为集体无意识、社会无意识、个体无意识；意识的层次为集体意识、社会意识、个体意识；过渡层次为前意识。"新心理结构"还认为，集体无意识是人类共有的，是原始意象原型的总和；社会无意识是人类局部团体共有的，是社会意象原型的总和；个体无意识是个人所有的，是人格原型的总和。每一种原型可以说都是数量庞大的。这种综合的观点非常具有理论的价值，但在心理咨询与治疗的实践中，较难产生明显的实用价值。

心络学的心络观不排斥上述的各种假设，而且认为这些假设都有其特定意义，但它们又具有局限性。

心络学的心络观认为，心理问题从具体表现上看是症状性的，但从产生的系列原因上看，则是复杂多样、相互联系并呈结构性的。每一种心理问题的背后，都有一种病因结构。这种具体的病因结构其实就是心理病因基本结构的一种反应。也就是说，每种心理问题的病因结构都是心理病因基本结构的反应；心理病因基本结构能演变为无数的具体的病因结构。

心理病因基本结构或曰人的心理结构，犹如中医经络学说中的经络结构，从整体上看，是一个大系统；从各部分看，是一个个单独的小系统；大小系统之间以及大小系统的内部因素之间又都是相互影响的。

简言之，心络既是心理病因基本结构，也是心理结构。当这种结构中的某些方面出问题后，就表现为某种形式的心理病因结构。心理病因基本结构是心络的第一含义，心理结构是心络的第二含义。

需要强调的是，心络学的这种探索和总结的结果，也并非就是全面的、正确的。但因其来自实践，又经过长时间的临床印证，所以笔者认为这种结果也是有一定理论价值和临床意义的。

第二节　心络的基本构成

心络学认为，心络由主干、次干、末干和网络线四部分组成，每一部分都有一定的要素。

主干的要素有各种本能、需要、欲望。这些本能、需要和欲望都与人的生理、心理和一定的社会要素密切相关。因为欲望最具代表性，所以笔者便将主干各要素统称为欲望。欲望是心络的核心要素。人的很多问题包括心理问题都是与欲望相关的问题。

次干的要素有人格、认知和能力。

人格包括个性和气质。这里所说的人格与心理学界通常所说的人格概念有点出入，即仅指个性和气质，其中主要指个性。

认知包括很多方面，如观念、意识、思维方式、智力、想象、知识等。其中主要是指观念和思维方式。观念中包括了思想、品德、价值观、人生观、世界观等。因此，这里所说的认知，与心理学界通常所说的认知概念也有些出入。

能力包括自理能力、适应能力、生存能力、承受能力、耐受能力、应对能力、交际能力、竞争能力、创造能力等众多的与人的生存和发展密切相关的能力。在这里，能力从传统的人格概念中独立了出来。

末干的要素有情绪与情感、行为、注意、记忆、兴趣、态度、意志、感知等。

其他则是由主干、次干、末干延伸出来的如植物神经般的网络线。网络线的要素有人际关系、压力和不适。

整个心络是庞大而复杂的。

需要特别说明的是，上述分类以及概念的分类运用是根据心理咨询与治疗的实际需要，也就是便于来访者理解接受而提出的。这与当下心理学界的，尤其是教科书中所说的概念有一定差异。笔者一贯提倡"让心理学走向民间"，一再呼吁应让"圈（心理学圈）内用心理学"成为"社会用心理学"，所以就将一些概念的外延缩小，使之变得更容易让大众理解、明白和接受。如将人格的内容限于个性，并将能力和兴趣等从人格中分离了出来，各成为单独的一部分。又如认知中包含了认知结构，而把感知、注意、记忆等从认知中分离出来，各成为单独的一部分。心络学是源于实践并为实践服务的，所以它的概念运用和某些提法要考虑大众易懂的需要，因此就和理论界有些出入。

第三节　心络的基本特性

心络学认为心络具有多种特性；各种特性的总和，就是人的心络性；人们所谓的人性，其实就是心络性或心络性的一部分。

笔者在大量分析研究来访者的心络后发现，心络具有以下特性：

一、动力性

人的心络具有动力性。这种源自心络的动力，叫心络动力，是人的根本动力。

产生心络动力的心络要素主要有欲望*，其次有人格、认知、能力、情绪或情感、兴趣等。心络动力的总能量等于心络各要素动力之总和。

（一）心络要素动力

1. 欲望动力

欲望动力是因欲望而产生的动力。欲望动力是心络动力中最核心的动力。

一个人喜欢打球（有兴趣的动力），球技还很好（有能力的动力），每天都要关注球赛的消息（有注意的动力），朋友们不时邀他去打球（有人际关系的动力）。他认为打球是人生中很有意义的事情（有认知的动力），但不想以打球为生（无此欲望的动力），而想以计算机编程为生（有此欲望的动力），结果选择了计算机编程方面的职业，并把主要精力和时间都花在了计算机方面。

纵观人们的种种选择和努力，我们会发现，其最核心的动力往往都是欲望的动力。金钱能产生动力，是因为人们有金钱欲；权力能产生动力，是因为人们有权力欲。如果人们没有了金钱欲和权力欲，这些动力就会荡然无存。来自欲望的动力，我们可称之为一级动力。

2. 人格动力

人格动力是因性格或气质因素而产生的动力。

心理学家阿德勒认为，人的心理动力主要是来源于自卑。这种由自卑而产生的动力，便是一种人格动力。在现实生活中，有人说，自信就是力量，有人说，勇敢就是力量，甚至有人说，狂妄就是力量。这些人所说的力量，均是来自人格的力量。

一个大学生一贯争强好胜，各科成绩都很优秀。他从来不想在体育方面发展（无欲望动力），也从不喜欢体育（无兴趣动力），也从不关注体育方面的消息（无注意动力），但为了争强好胜（性格的动力），在校运动会召开前的日子里，每天拼命练习跳高和跳远。

3. 认知动力

认知动力是因认知因素而产生的动力，有的来自思想或观念或信念，有的

---

*注：包含了本能和需要。在心络学的"欲望"概念中，都包含了本能和需要，且几乎都只用"欲望"这一概念来表达。

来自判断或决定，有的来自积极的认知模式。这些认知动力分别为思想、观念、信念的动力，判断或决定的动力，积极认知模式的动力等。

一个人想成为伟大的政治家，但经过全面分析判断后认为是不可能的，而认为成为一个伟大的哲学家则是完全可能的，于是在哲学研究方面倾注了全部的时间和精力，并始终不渝。这个人的动力便是来自认知。

一些人总能把危机变成机遇，把不利转为有利，甚至把失败变为成功，其动力就源自积极的利导思维模式。在认知动力中，最为强大的是信念的动力。

4. 能力动力

能力动力是因能力因素而产生的动力。人一旦有了某种突出的能力，其在这方面就可能产生一定的动力。所以，竞争能力强的人，往往有竞争的动力；创造能力强的人，往往有创造的动力；表现能力强的人，往往有表现的动力。

5. 情绪动力或情感动力

情绪动力或情感动力，是因情绪或情感因素而产生的动力。在现实生活中，关于情绪或情感的力量的例子到处可见，如爱国的力量、爱情的力量、愤怒的力量、嫉妒的力量、疯狂的力量等。人们所谓的勇气，其实就是一种情绪，而这种情绪就能产生巨大的力量。

6. 兴趣动力

兴趣动力是因兴趣因素而产生的动力。梵高在极端穷愁潦倒的情况下，甚至在住进精神病院的日子里，也坚持作画，其动力就与作画的强烈兴趣密切相关。许多科学家献身于科学事业，其动力有相当一部分是来自对科学的兴趣。许多文学家毕生创作，其动力有相当一部分是来自对文学的兴趣。无数事实证明，强烈的兴趣往往会变成强大而持久的心理动力。

人格动力、认知动力、能力动力、情绪动力或情感动力、兴趣动力，我们可称之为二级动力。

二级动力与一级动力紧密相关，有些二级动力就是一级动力的延伸或就是一级动力的不同表现形式。如梵高作画，其兴趣动力就与其想成为画家的欲望动力紧密相关，也可以说其兴趣就是欲望的延伸或是欲望的一种表现。

一级动力是心络动力中最根本的动力，它往往会演变为或表现为二级动力。

一个人由于终日梦想成为教育家（欲望动力），所以非常热爱教育事业

（兴趣动力）。由于不断地追求，他成了教育界具有很高教学水平和很强教育研究能力的著名教师（能力动力）。基于此，他认为，只要自己不懈努力，完全能成为一个教育家（认知能力）。从此以后，他更加好胜、要强（人格动力）。

除欲望、认知、人格、能力、情绪或情感、兴趣外，其他心络要素也具有一定的动力性。由于这些心络要素的动力性相对而言要弱一些，所以可把这类动力称为三级动力。

（二）各心络要素动力的作用关系

各心络要素的动力是互相影响的。如：一个人想成为画家（欲望），并喜欢画画（兴趣），于是成天都在努力画画。这个人画画的动力显然来源于欲望的动力和兴趣的动力。但后来认为画画不好找工作，甚至可能会造成自己的生存困难（认知），认为学会计有前途（认知、欲望），尽管自己不想学也不喜欢，但最终还是选择了学会计。让其放弃画画并选择学会计，虽从本质上讲是另一种欲望动力（想有前途）在起作用，但从直接原因上看，是认知动力影响的结果。

心络动力有时表现为单一要素的动力，如兴趣的动力；有时表现为多种要素动力的组合，如既有兴趣的动力，又有人格的能力，还有认知的能力以及能力的动力等。

人们的同一种行为，其动力源主要来自心络，但在具体的动力源方面，有可能相同，但更可能不同。如：拼命写作的人，其动力主要源于心络，但在具体的动力源方面，就有诸多不同：有的是想成为作家，其动力源于欲望；有的是以此来表现自己或揭露社会，其动力源于人格中较强烈的自我中心或反社会性；有的认为写作是一种神圣的事业，其动力源于对写作的肯定性认知；有的是因自己擅长写作，其动力源于写作能力强；有的是因对社会或某些人强烈不满，其动力源于强烈的情绪或情感；有的是因为喜欢写或写起来就感到愉快，其动力源于个人的兴趣；更多的人是既有欲望的动力，又有认知的动力，还有兴趣的动力。如果这些人不想成为作家，不想用写作来表现自己、揭露社会，或认为写作是一件糟糕无用的事情等，那他们就不会拼命写作了。

纵观整个人类，无论是群体，还是个体，其动力都是来自心络。由此观之，我们会发现，那些没有欲望的人、没有良好人格和认知的人、缺乏能力和兴趣的人、情绪低落或情感淡漠的人，往往都是没有什么动力的人，往往也是一些有心理问题的人。因此，笔者主张，每个人都应尽最大的努力来激发自己的心络动力，每个团体或社会都应尽最大的努力来激发团体或社会的心络动力。

当然，除了心理需要带来的动力，心络动力也与生理需要和社会需要紧密相关。

那么，怎样才能使个人或团体或社会的心络动力达到最大值呢？笔者认为，一是各要素的动力都要具备，即既要有欲望的一级动力，也要有人格、认知、能力、情绪情感、兴趣的二级动力，还要有行为、注意、意志、人际关系等的三级动力。如果缺了其中任何一项动力，都不可能达到最大值。二是各要素的动力分别都要达到最大值。如果每项心络要素的动力都具备，但每项或多项要素的动力都不强，那心络动力也达不到最大值。

（三）心络动力的特点

心络动力具有统一与矛盾的特点。

心络动力的统一性和矛盾性使人的许多方面具有两面性。动力也可能成为阻力或压力；动力和阻力是相生相伴的。这也是人们说的在一定条件下，动力就是压力，压力就是动力。

从心络动力性可以看出，心理活动不应只看作是脑对客观现实的反映。心理是心络的集中反映。这样，在实际咨询中，我们就能从心络的各要素着手，切实进行来访者心理建设，找心理问题的多种原因。

二、传导性

心络学认为，心络的各部分及其要素都具有不同程度的传导性。这种传导性表现为六个方面：

（一）心络某些要素随其他要素的变化而变化

案例

重庆某著名中学的一位高三学生，多年来都总想考第一。当连续两次没考第一后，她就认为自己不行了，并由此开始自卑。以后一遇考试，她就不知所措，结果以失败告终。由于考试多次失败，她要求自己更加认真、更加刻苦，可上课就是无法集中注意力，反复记一些东西总是记不住。于是她逐渐对学习失去了兴趣，后又变为了厌学、恐学、怕老师同学、怕教室和怕学校，再后来就变为不想读书了，不时逃学或请假待在家里睡觉、看电视。该学生被父亲强行押回学校读书后，痛苦欲绝。该学生既往成绩优异，可她最终只考上了重庆的一所非重点大学。在这所她认为满是"人渣"的大学里，该学生总是消极懒散，得过且过，总是挂科。大二时她一次挂了六科，且确无能力再读下去，转而选择退学。她在家里一待就是六年，成天除了睡觉看电视外，就是骂这恨那。她几乎不和任何人交往，恨父母和一切人，也恨学校和整个社会，多次扬言要去炸中学就读的学校。她还感觉所有人都在轻视她，所有人都在和她过不去，甚至觉得好多人都想害她。

从上述案例主人公的情况看，她首先是主干部分的欲望要素发生了变化，即欲望受挫（总想考第一而有两次没考到）。这一要素的变化，使次干部分的各要素发生了变化：认知要素（认为自己不行了）、人格要素（开始自卑）、能力要素（以后只要考试都失败）；继而使末干部分的要素发生了变化：注意要素（注意力无法集中），记忆要素（反复记一些东西总是记不住），兴趣要素（对学习读书没兴趣了），情绪要素（厌学、恐学、怕师生和学校、恨父母和一切人及社会），行为要素（逃学、居家），态度要素（消极），意志要素（懒散），感知要素（感觉别人在轻视她、想害她）；最后还使网络线部分的人际关系要素（不和人交往）发生了变化。

心络的这种传导性，如果用一个流程图来表示，大致是这样：欲望不能满足或受挫→认知上认为他人恶劣或社会黑暗或趋于负性，人格上表现为过分自卑或过分自尊，相应能力逐渐降低或逐渐增强→情绪焦虑、恐惧、抑郁、愤激等，行为退缩或有攻击性，注意力无法集中或过分集中，记忆下降或病态地增强，兴趣减退或转向，态度消极或改变，意志消沉或病态地顽强，感觉过敏或迟钝，知觉方面有幻觉或错觉等→人际关系出现问题或障碍，心理压力大，有诸多的身心不适等。这种传导性也可表现为反方向的，从而形成互为因果式的循环。

从心络的传导性看，绝大多数心络要素都可能成为传导源。但从整个心络系统看，欲望是最基础、最根本的传导源，人格、认知、能力是主要传导源（在这三者中，人格又是最主要传导源）。

心络的传导性具有重要的意义：当我们知道个体某一心络要素变化时，就能敏锐地去考虑或估计它对周围相关心络要素以及对整个心络要素产生什么样的影响，从而准确地把握当事人的整个心态。就像气象研究人员发现某一气候特征变化时，就能很快地预测出将有什么气候现象出现一样。不知道或不明白心络传导性的人，往往会孤立地看待心络要素的变化，而不能从这一心络要素的变化中去推知相应的变化，进而当相应的变化出现时，他们也往往不能理解。

需要说明的是，心理变化并不是都必须要经过多层次传导。事实上，有些心理变化只有一个层次，如某种认知的变化，仅仅引起了某一情绪的变化，而并没有引起其他的变化；甚至没有层次，即只在同一层次内变化，如某一情绪的变化，仅仅引起了某一行为的变化，而并没有引起其他的变化。

（二）反应或变化只是问题的传导性反应

笔者曾经着手一个案例。来访者刘某的人际关系不好，但问题的根源不是他人际关系本身有问题，而是其他心络要素的传导所带来的表象。刘某认为人都是自私的、虚伪的、不可信的，因而是不值得交往的。这种认知要素产生的传导性，使之表现为对人没有好感，继续传导，使之表现为对人不感兴趣，再继续传导，使之表现为对人态度冷淡，终极传导，便使之表现为突出的人际关系不好。笔者对刘某进行心理治疗的工作重点不是让他搞好人际关系，而是改变他对人的不良认知。

明白了心络的这种传导性，我们就不会被传导反应所迷惑或误导，就能从某种心理变化或反应入手，切实把握其变化或反应的真正原因。如果是做心理咨询或治疗，就能从表面问题入手去发现和抓住深层次的问题，使咨询或治疗不只是停留在表面问题上。

面对某种心理反应，要判断其是本身因素还是其他因素的传导反应，有时是很容易的，因为它们之间有明显的因果关系；有时却是很困难的，因为它们之间的因果关系不明，甚至是互为因果。

（三）反应或变化多种而根源只是一种

案例

高中学生游某老是疯狂打游戏，老是害怕化学品之类的东西，总是怕见老师，坚决不去上学，也拒绝与人交往。从症状上看，是游戏成瘾症、化学品恐惧症、社交恐惧症、恐学症或厌学症，但笔者通过全面的了解和深入的分析后发现，他的主要问题是"体相障碍"。小时候，大家都喜欢他，叫他"小帅哥"。上初中时，游某长得更帅了，很引人注目。可有一天女班主任对他说："你的眼睛要是再大一点儿就好了。"他从来没觉得自己眼睛小。但自从这位女班主任这么说后，他就开始关注自己的眼睛，并发现自己的眼睛确实有些小，且越来越小。从此，他就开始想办法让眼睛大一点儿，甚至有时还有意识地去使劲儿睁眼。一次，他偶尔发现在低温的状态下长时间地疯狂打游戏能使眼睛变大一些（其实眼睛并未变大，而只是他当时的一种短暂的感知障碍），于是他从此就开始在低温状态下疯狂打游戏。几年来，他不满意他的眼睛但又特别在乎他的眼睛，总担心眼睛会被损伤，特别害怕化学品之类的东西溅进眼里，所以逐步泛化为对整个化学品的恐惧。他怕老师说他眼睛小，所以就害怕见到她，坚决不去上学。

从这个案例中可以看出，游某的行为要素（在低温状态下疯狂打游戏）、情绪要素（怕化学品及老师、恐学或厌学）、注意要素（关注眼睛）、兴趣要素（怎样让眼睛变大）、态度要素（厌学而热衷打游戏）、感知要素（低温状态下打游戏就感觉眼睛变大了）、人际关系要素（拒绝与人交往），均是认知要素变化（眼睛小不好）的传导反应。

（四）变化或反应一种而根源多种

案例

某女士总是强迫性地洗手。这种反应背后的原因有几点：小时因暗恋一位男同学，被那位男同学认为是"脏"，于是开始感觉自己"脏"；因自己曾经发生过外遇后回去又和丈夫同了房，由此认为自己的确"脏"；总想和情人在一起生活而不愿和丈夫在一起生活，每到这种矛盾达到一定程度时，就心烦异常。该女士每到这种心烦异常时，就控制不住地要去洗手。她还曾请人替自己去参加职业资格考试，且拿到了证书，但后被单位的人举报，不仅颜面扫尽，证书也被收回了。此后，该女士一到单位，就忍不住要洗手。单位领导得肝癌住院，她与同事一同去看望过，从此总怕被传染上肝病，更是不时地反复洗手。她曾听说外国人性生活开放，有些人是艾滋病患者或艾滋病病毒携带者，于是一见外国人或一想到外国人也会马上去洗手……不管遇到什么事，只要她焦虑或紧张，就会反复地洗手。

（五）反应或变化有时会以躯体症状的形式出现

案例

某老板因后颈严重不适，痛苦万分，去甲医院治疗，说是骨质增生。治疗后不见效果，便去乙医院做CT检查，结论为，可能是后颈尾部变曲所致。住院治疗一段时间后，反而更加不适，难受得不想活了。于是他去丙医院做核磁共振检查，检查结论是，既没有骨质增生，也没有后颈尾部变曲。他怀疑是心理问题，转到神经内科治疗。治疗无果后经介绍找到笔者。笔者经反复了解分析后发现，来访者的问题竟在于严重的死亡恐惧！原来，他的痛苦反应的根源不在后颈不适，而在对死亡的恐惧，即痛苦的反应只是死亡恐惧传导的结果。

该案的心络传导有一个突出的特点，即不是心络要素间的直接传导，而是中间多了后颈不适这种躯体反应因素。可用这样一个流程图来表示：恐惧死亡→后颈不适→痛苦反应。从这个流程图中可看出，痛苦的反应在此，而根源却在彼，中间多了一个躯体反应，且这躯体反应不是躯体本身有问题，而是"死亡恐惧"的一种传导性反应。笔者正是因为抓到了该问题的本质，才很快让这位来访者摆脱了痛苦。在心理咨询实践中，我们会遇到很多这种心络传导的病例，即所谓的心理问题的躯体化反应，有的叫躯体化障碍。

如果心理咨询师不明白心络要素的传导性，就会对这类"心身问题"一筹莫展，而一旦明白了这种传导性，就能通过来访者躯体反应去发现和把握问题的实质，身病心治，从而有效地解决来访者的问题。

心络的传导性，不仅决定了某要素的变化会影响其他要素和整个心络系统，而且可能影响生理系统和外界系统。

（六）心络的传导形式是多种多样的

心络各要素的传导形式是多种多样的。第一种是纵向的：由主干到次干，再到末干，最后到网络线；或反过来，从网络线依次到末干、次干、主干。第二种是横向的：如次干的由认知到人格再到能力，或反过来由能力依次到人格、认知；末干的由情绪情感依次到行为、注意、记忆、兴趣、态度、意志、感知，或反过来由感知依次到意志、态度、兴趣、记忆、注意、行为、情绪情感。第三种是发散的：如由人格可同时扩散传导到认知、情绪情感、行为、注意、记忆、兴趣、态度、意志、感知等。需要注意的是，从整体上看，心络各部分的传导性是呈网状式的、纵横交错的，而不只呈纵向式（含某种纵向的反向）、横向式（含某种横向的反向）以及发散式的。这种网状式的纵横交错式的传导使我们有时很难找到其因果关系，因为它们往往是互为因果。

心络多种多样的传导性，使心理的变化或反应显得异常复杂，常常会使人困惑迷茫，"找不着北"。它就像一座迷宫，不进去还能知道它的一个大概轮廓，一进去就可能迷失方向。其实，只要经常进出这种迷宫，并掌握其中的种种变化特征，我们也能对它有更多、更清楚的了解，并逐步掌握其规律。

心络多种多样的传导性，虽给我们发现病因带来了无数的困惑和麻烦，但也为我们的治疗提供了某种便利，因为治疗效应也会因这种传导性而产生良性的连锁反应。

三、稳定性

心络学认为,心络主要要素具有稳定性,其稳定的程度和时间长短与心络内外因素相关。

(一) 欲望具有一定的稳定性

欲望既是人的各种本能、各种需要(含生理的、心理的和社会的)的反映,又是人的各种本能、各种需要的集合体。其形成既有先天的因素,也有后天的因素。

人的欲望无限多样,有些欲望转瞬即逝,但其核心的欲望具有一定的稳定性。如有些人从小就想成为科学家或艺术家,此后几十年,这种欲望一直存在。这种恒久的追求,就是其欲望稳定性的表现。

就人的某些生理欲望来说,只要人存在,它就存在,如口欲、视欲、听欲等。就人的某些心理欲望来说,亦是如此,如安全欲、健康欲、长寿欲、自我中心欲、支配欲、爱欲和被爱欲、被肯定欣赏欲等。

对于大多数男性而言,性欲往往是长久的;对于大多数女性而言,美欲往往是长久的。

欲望的稳定性,不仅是决定人的发展方向稳定、命运选择稳定的关键因素,而且是给人带来持久动力的主要因素。有些人之所以很执着,能一直沿着某个人生方向发展,能始终坚持某种人生选择,能保持源源不断的动力,原因固然有多种,但最主要的原因是其欲望未变。

当然,欲望的稳定性过强,就可能导致欲望过强,也容易给人带来一系列的问题。如在有些"恐怖症"中,当事人安全欲过强并有很强的稳定性;在有些"抑郁症"中,当事人优越欲过强并有很强的稳定性;在有些"强迫症"中,当事人完美欲和安全欲过强并有很强的稳定性;在有些"疑病症"中,当事人健康欲过强并有很强的稳定性;在有些厌食症、贪食症、体相障碍中,当事人美欲过强并有很强的稳定性。通常,这类心理症很难治疗。

在心络系统中,欲望的稳定性能促成或增强认知、人格、能力、情感、行为、注意、记忆、兴趣、态度、感知以及人际关系的稳定性。

总之，人的核心欲望一旦形成，就会具有一定的稳定性，就会成为影响人内在特质和外在表现的决定性因素。欲望的稳定性，决定了一个人的难以改变性，决定了一个人总会是那样的一个人。当然，欲望的稳定性，也要受生理系统、心络系统和外界系统的影响。

（二）认知具有一定的稳定性

认知是在欲望、人格、能力等众多心络要素影响中形成的。欲望基本能得到满足的人，往往会认为自己是幸运的，而总是受挫的人，则往往会认为自己是不幸的；性格悲观的人，看问题往往是负性的或消极的，乐观的人，看问题往往是正性的或积极的；情绪情感强烈时，人的认知容易偏离实际，偏离理智，而情绪情感适度时，人的认知则容易贴近实际，贴近理智。

人在一生中有无数的想法。当其中某些想法形成一定的观念后，就具有了一定的稳定性。尤其是那些来自切身体验又多次被自己实践证明是"正确"的观念，更具稳定性。

人们在日常生活中，心理咨询师在咨询与治疗过程中，都会深感要真正改变一个人的固有观念是很难的。许多人认为，人的改变关键是其观念的改变；人的解放，关键是其观念的解放；人的革命，主要应是思想的革命。

认知的稳定性达到一定程度，就会形成信念。那些不可动摇的信念，是认知高度稳定性的表现。

人们的认知，往往都有自己的某种模式。如评判他人，有的人喜欢"总是肯定式"，有的人热衷"总是否定式"，也有的人习惯做出"好—不好"的评价。人的认知一旦形成了某种模式，尤其是习惯用某种模式后，就会有较强的稳定性。

认知稳定能使人在一定时期内拥有稳定的评价体系和参照体系。如果一个人没有认知的稳定性，其受暗示性将很高，思维会十分混乱。如果一个人的认知稳定性过强，其受暗示性将很低，但思想又会僵化、刻板。如果他的某种认知是错误的，且又具有很强的稳定性，那这个人的问题将十分严重。

认知的稳定性与欲望及其稳定性紧密相连，有时是欲望稳定性的延伸或另一种表现。反过来，认知的稳定性又能强化欲望及其稳定性。

认知的稳定性也与其不断地重复有关。某种想法，反复重复，就会形成观念，再经反复重复，就会形成信念。宗教信念之所以难以改变，有两个主要原因：一是教徒有强烈的宗教欲望的稳定性，二是教徒有认知不断重复而形成的稳定性。

（三）人格具有一定的稳定性

人格是心绪中非常重要的一个要素，它是在欲望、认知、能力等众多心绪要素影响中形成的。其中欲望对人格形成的影响最大。

笔者对大量来访者的个案进行总结，认为人格基础是在幼儿时期就形成的。促使人格形成的因素有很多，其中主要有：欲望的满足程度、满足条件、满足方式、满足过程；在欲望满足过程中的认知状况和情绪情感状况；遗传状况；环境影响等。这众多因素对人格形成的具体影响是相当复杂的，仅就欲望满足对人格形成的具体影响而言，也是很复杂的。

在2~4岁时，如果孩子的一切欲望都得到充分满足，且满足是无条件的、及时的，在满足过程中是处于最重要地位的，父母或祖父母是随叫随到的，那这样的孩子就可能形成过分自我中心的人格特质。如果主要欲望只是基本能得到满足，且满足是有条件的（如在什么时候才能得到足够的食品、在什么情况下才能得到一些玩具、在什么情况下才能完全和一些小伙伴玩乐），不一定是及时的，那这样的孩子就可能形成自我能动、善于适应或变化的人格特质。如果主要欲望基本不能得到满足，或严重不满足，那这样的孩子就可能形成过分自卑、自怜或过分不安、恐惧的人格特质。

人格的形成基础在幼儿时期，但其最后形成需要一个漫长的过程，通常要在人十七八岁时才能形成。正因为这样，人格一旦形成，就有很强的稳定性。在整个心绪要素中，它的稳定性是最强的。正如古语所言：江山易改，秉性难移。

人格的稳定性，对于一个人来说，具有重大的影响：从正面影响来看，它能使一个人的正常心理得以保持，不容易发生变异；从负面影响来看，它也能使一个人的异常心理得到固定，不轻易发生改变。

（四）能力等心绪要素也具有一定的稳定性

除欲望、认知、人格具有很强的稳定性外，能力、情感、行为、注意、记忆、兴趣、态度、感知、人际关系也具有一定的稳定性。这些心绪要素的稳定性，因具体情况不同，其稳定的程度也不同。从相互影响方面看，这些心络要素的稳定性主要是受欲望、认知和人格稳定性的影响。不过，它们也反过来影响欲望、认知和人格的稳定性。

心络要素的稳定性，决定了它们都具有一定的排他性。凡符合自己欲求的，就赞同接受，否则就否定拒绝；凡符合自己观点的，就采纳，否则就排斥；凡和自己性格相似的，就靠近，否则就回避；凡适合自己能力的，就承担，否则就推却；凡和自己感情好的，就与之密切，否则就与之疏远；凡符合自己行为模式的，就响应，否则就不理睬；凡符合自己兴趣的，就积极参与，否则就淡漠以待。

从总体上看，心络中主干部分的欲望要素一旦确定，认知、人格、能力和情绪情感、行为、注意、记忆、兴趣、态度、意志、感知、人际关系等要素都会随之而逐渐形成相应的稳定程度不同的模式。由种种心络要素模式构成的总模式，如果得到强化或固定，就形成了人的较稳定的内心结构。这种内心结构又会反过来影响各个心络要素及其模式。

我们常常说，一个人的性格是很难改变的；也常常说，要改变一个人已经形成的观念是很难的；还常常说，要改变一个人的行为是很难的。其实，要改变一个人已经形成的情感、兴趣和态度等，也很难。改变这些为什么很难呢？心络学的心络理论已经告诉我们，心络要素在总体上和局部上都具有相对的稳定性。这也解释了心理治疗与咨询为什么有一定的难度，为什么总需要一定的过程的问题。

四、可变性

心络要素虽有相对的稳定性，但总的趋势是处于不断变化之中的，因为主干、次干、末干和网络线四部分之间在一定条件下是交互影响、交互作用的。其中任何一部分的变化，都会影响相邻部分甚至整个心络要素的变化。此外，生理因素和外界因素的变化也会引起心络要素的变化。所以，它们都具有一定的可变性。

（一）欲望具有一定的可变性

人的欲望在一定条件下具有一定的可变性。欲望的可变性表现在人的方方面面。在吃、穿、看、听、玩方面，再想吃的、穿的、看的、听的、玩的东西，当过度重复一段时间后，都有可能变得不想吃、穿、看、听、玩。在追求方面，一旦某些条件发生变化，其追求就可能发生变化。

一个人立志要成为一个诗人。在读大学时，他把学校图书馆所有的诗集都读完了，每天早晚都要背诵诗，一有时间就写诗，还在一些报刊上发表了诗作，后来还出版了一本诗集。可随着诗歌不似之前那般流行，他便不想当诗人了。由于当时文坛写报告文学吃香，他的欲望便转向了，他想成为一个报告文学家，于是又开始拼命地读报告文学和写报告文学。

欲望的可变性，源自人的心络要素的变化、生理因素的变化和社会因素的变化。

一个性格自负的人在经过几年时间的努力后仍不能挽救自己公司的命运，便失望自卑。自从变得自卑后，他便逐渐放弃了自己多年想当大老板的梦想，最后转而去帮人开出租车。这是人格因素变化（由自负变为自卑）导致的欲望变化。一个立志当医生的医科大学学生，在听了一位学医出身的作家的一次讲座后，认为自己更适合当作家。经一段时间的反复思考后，他开始了当作家的努力。这是认知因素变化（由认为适合当医生变为认为适合当作家）导致的欲望变化。一个梦想成为广告设计师的大学生去一家房地产开发公司工作后，大大增强了自己的应酬能力和营销能力，并获得了较大的成功，于是下决心去做市场营销人员。这是能力因素变化（由应酬、营销能力不强变为较强）导致的欲望变化。一个喜欢油画的美术学院学生一心想当油画家，可自从喜欢上动漫后，一发不可收拾，以致把整个时间和精力都花在了动漫设计上，再也不想当油画家了。这是兴趣因素变化（由喜欢油画变为喜欢动漫）导致的欲望变化。这些人的欲望变化都是源自心络要素的变化。

正因为欲望是可变的，且欲望的改变会引起一系列的改变，所以笔者在心理咨询与治疗中十分强调欲望的调节，并开发了"欲望六调"技术。

（二）认知具有一定的可变性

认知在一定条件下，也可以发生改变。认知的可变性，源自人的心络要素的变化、生理因素的变化和外界因素的变化。欲望变化，认知将随之而变；性格变化，认知将随之而变；能力变化，认知将随之而变；情绪、情感、行为、注意、记忆、兴趣、态度、意志、感知、人际关系变化，认知也将随之而变。当躯体发生疾病尤其是遭遇重大疾病后，人的认知往往会呈负性化，并容易把疾病严重化，进而导致当事人对整个人生的看法都发生改变。

（三）人格具有一定的可变性

前文提到，人格具有稳定性，但人格在一定的条件下也是可变的。人格的可变性，也源自人的心络要素的变化、生理因素的变化和外界因素的变化。

一个人长期愤世嫉俗，总爱在网络上写一些小说、杂文等来揭露、抨击、针砭社会。在家里和朋友中，他也总是这看不惯，那看不惯，说什么都是直来直去，咄咄逼人，不给人留面子。这一切，都源于他有一种固有的观念："人要活得有意义，就应批判现实。"当得到一位心理咨询师的充分理解和共情后，他开始观察和思考这位心理咨询师的一系列观念、情怀和境界。两年后，他终于不知不觉地接受了这位心理咨询师的关于心理健康的一种观念："悦纳现实，适应环境。"而且，在这位心理咨询师的影响下，他逐渐学会了怎样悦纳现实。结果，他竟变成了一个总是善待现实、善待他人、言语婉转的平和之人。这个人的人格变化，就在于其核心认知发生了根本性的变化。

（四）能力等心络要素也具有一定的可变性

除欲望、认知、人格具有一定的可变性外，能力、情感、行为、注意、记忆、兴趣、态度、感知、人际关系也具有一定的可变性。从相互影响方面看，这些心络要素的可变性主要是受欲望、认知和人格可变性的影响。同时，它们又反过来影响欲望、认知和人格的可变性。

总之，欲望的变化、认知的变化、人格的变化等，都会使其他心络要素发生一定的变化。不过，在所有心络要素中，人格的变化是最慢、最难的。一旦人格发生了根本性的变化，那这个人就发生了质的变化。一个心理健康的人，如果其人格发生了显著的变化，意味着这个人的心理有可能开始异常。郭念峰提出了判断人的心理是否异常的心理学三原则，其中的一个原则就是看人格是否具有相对稳定性。同样地，一个心理不健康的人，如果其人格得到了显著的改善，则意味着这个人的心理有可能接近健康或正趋于健康。

心络要素的可变性，决定了它们在一定条件下具有一定的不稳定性和变异性。这种不稳定性和变异性表明，任何健康的心理状态，在某些条件作用下，都可能变为不健康的，而任何不健康的心理状态，在某些条件的作用下，也可能得到一定的改善。因此，心理健康的建设是需要坚持不懈的，而心理不健康的改善是要创造种种条件的。

从总体上看，心络中主干部分的欲望要素一旦变化，认知、人格、能力和情绪情感、行为、注意、记忆、兴趣、态度、意志、感知、人际关系等要素都可能随之发生相应的不同程度的改变。由种种心络要素变化构成的心络整体的变化，形成了人的整个心理内在的变化。这种心理内在的变化就是人的根本性变化。所以，要改变人的心理，既要着眼于某些心络要素的变化，也要着眼于心络整体的变化。明白这些，对于心理咨询师来说，特别重要。

心络要素的可变性，决定了人的观念和行为等具有一定的可塑性。根据这个特点，我们可以努力地去创造条件，促使人们的观念和行为等朝好的方面改进，也促使人们去改变不良的观念和行为等。

心络的稳定性和可变性是一个矛盾统一体。整个心络或心络中的某一要素，在一定条件下，都可能是稳定的，也可能是可变的。没有一定的稳定性，人的心态就会紊乱，而没有一定的可变性，人的心态就会僵化。稳定后可能变化，变化后可能稳定，周而复始，循环无穷，这是心络变化的基本规律之一。

五、主观性

心络学认为，心络的各部分及其要素都具有显著的主观性。这种主观性决定了人的心理活动、心理状态往往都是主观的、此一时彼一时的，甚至是瞬息万变的，很难用一个固定的客观的标准去衡量和界定，很难有一个唯一的结果，很难有一个固定不变的可以不断复制的模式。这种主观性和心络的可变性是互为因果、相辅相成的。

（一）欲望具有显著的主观性

人的欲望可能随时产生，也可能随时消失，可能随时变大，也可能随时变小。一种欲望可能随时转变为另一种欲望或多种欲望。

欲望的这种显著的主观性，会让当事人自己和别人感到，所有的想与不想，都可能是主观变化的，心理活动和状态就像是动态的迷宫，令人难以捉摸，让人无法把握。所以，有很多人会说，知人知面不知心；有很多夫妻会说，太难了解对方了；有很多人会说，最难把握的是自己。

（二）认知具有显著的主观性

人的想法、看法、观念、判断等更是主观的。对同一人或同一事物的评价或态度，在短暂的时间内都可能有多种。这些想法、看法、观念、判断等，哪些是正确的，哪些是错误的？答案也可能有多种。

一个人外出，可天气很不好，他便认为：今天运气不好。他搭乘的公共汽车刚开出不远，就抛锚停在了路边，乘客们只好去坐另外的车。他就认为：今天运气真糟！他在前面刚上另一辆公共汽车，突然发现，刚坐的那辆已坏的已停在公路边的空无一人的公共汽车竟被一辆大货车撞翻了。他情不自禁地叫道：哇！我们的运气太好了！

（三）情绪情感具有显著的主观性

人的情绪和情感也具有显著的主观性。生活在同样的状态下，不同的人，就有不同的喜、怒、忧、悲、爱、恨等情绪情感，甚至同一个人，也可能具有不同的情绪情感。

如一位来访者对笔者说：我有时很恨我妈，但有时又很爱她，强烈渴望能满足她的一切愿望。看到她，我有时会气得快吐血，有时又感动得直掉泪。我这是怎么了？我究竟是一个恨她的人，还是一个爱她的人呢？

情绪和情感的这种显著的主观性，会让人喜怒无常，随时晴转阴或阴转晴。所以，要随时准备迎接种种情绪和情感的来临，也要随时做好它们有可能变化或消散的准备。

（四）行为、注意等有显著的主观性

除欲望、认知、情绪情感具有强烈的主观性外，行为、注意、兴趣、态度、感知、人际关系等，也具有一定的主观性。其中兴趣、态度、感知和人际关系的主观性比较明显。

心络的主观性，也让很多人生活在自己的主观世界里，甚至是完全虚无的想象中。这种主观性有时会给他们带去无尽的美好和幸福，如他们会认为自己

以后会走进心中的那个天堂或那片净土。当然，这种主观性有时也会让一些人陷入巨大的痛苦中，如一些恐惧症、焦虑症患者，就长期生活在想象的事实上并不存在的恐惧中。

心络的主观性提示人们：千万不要用客观的、一成不变的标准去要求和衡量自己和别人。

六、客观性

心络学认为，心络的各部分及其要素都具有一定的客观性。这种客观性，首先表现为它们是客观存在的，尽管看不见，摸不着，变化无穷。这种客观性，还表现为在某种情况下，它们也有一定的"形态"，一定的规律，人们可用某种方式去把握、去控制，至少可以去体验和感受。这种客观性是和心络的稳定性互为因果、相辅相成的。

（一）欲望具有一定的客观性

前文中我们已经知道，欲望虽具有强烈的主观性、变化性和抽象性，但也具有可知、可感、可把握控制等特点，如我们能感知欲望的存在，感知它的强度、变化等。

欲望的客观性告诉我们：具有强烈主观性的欲望，不仅是客观存在的，而且也是可限范围、可控程度、可拉升可降低的，因而欲望是可以按一定的要求或规则进行调节的，是完全可以让它来激发人的动力并避免它给人带来过大压力的。我们在强调它的主观性时，一定要充分考虑到它的客观性。当然，在强调它的客观性时，也一定不要忽视它的主观性。

（二）认知具有一定的客观性

每个人都有一定的相对稳定的观念、想法和思维方式等，对人和事物都有自己的判断或结论。这些都是客观存在的。每个人都有自己的世界观、人生观、价值观等，这些也是客观存在的。

每个人的观念、想法、思维方式等，尽管因主观性而常处于变化之中，但我们通过谈话，通过其文章、绘画、行为表现、心理测量等可发现和把握其主要的特点和规律。如我们通过上述方式，可了解和把握到其对某人某事的具体看法，也可了解和把握到其世界观、人生观、价值观等。人的这些主要特点和规律都具有一定的稳定性，所以都是客观存在的。

认知的客观性告诉我们：不管人有多少复杂的变化无常的观念、想法、思维方式，都能以某种或多种形式从某些方面表现出来。这是必然的。我们要了解和把握人，不仅要看到其认知的千变万化，而且要看到那些相对稳定的客观的特点和规律，从而因势利导。

（三）人格具有一定的客观性

每个人都有自己的人格特征。一个人具有哪些性格特点？其性格主要属于什么类型？我们也是可以通过一些方法去了解和把握的。这些就是人格所具有的客观性。

人格的客观性，往往能决定一个人的主要性质，即什么样的人格就决定了是什么样的人。要了解和把握人，重要的就是了解和把握其人格。要和人打交道，就要善于根据其性格特征去作出预测和判断，并利用其性格特点来决策和行动。

（四）能力具有一定的客观性

一个人能干什么，不能干什么，能不能完成某项任务，能把某事办成什么结果，一个人与另外的人比，谁的能力强，这些都是可以评估或以事实来客观衡量的。基于此，我们可以认为，能力具有一定的客观性。

同时，我们也应看到，每个人的能力系统是不一样的。正因为能力具有客观性，所以我们可以通过一些方法来判断一个人具体的自理能力、独立能力、适应能力、应对能力、承受能力、耐受能力、交往能力、竞争能力、专业能力、协作能力等如何。

（五）情绪情感、行为、注意、兴趣、态度等具有一定的客观性

这些心络要素的内容在每个人那里都是客观存在的，且都是我们能把握或感受到的。基于此，我们也可以认为，这些要素是客观存在的。

心络的主观性和客观性是一个矛盾统一体。它们让我们看到，人既是一个主观的人，又是一个客观的人。

心络的主观性决定了人的主观变化性、随意性及难重复性，所以很难用物理学的方法去研究，很难得出精确的结论，而只能用主观的方法（如因人、因

时、因地而异等）去看待，去研究，去得出一些相对的结论。

心络的客观性，决定了人也具有一定的稳定性、可把握性及可重复性，因而有时也可用科学的方法去研究并作出有一定科学性的判断或结论。如我们可以根据人在一定时间内其欲望和情绪的关联性，对其欲望进行适度的调节，从而使之情绪状态得到改善。又如我们可根据人格具有较强客观性的特点，对某人的人格特征进行分析，使之看到这些特征与其情绪、行为等的关系，从而使之去逐步完善人格构成。

七、小结

总的来看，心络的动力性、传导性、可变性、主观性这四者具有统一性，形成了心络强大的运动性和变化性。稳定性和客观性这两者具有一定的统一性，使心络又具有相对不强的静止性和平衡性。可变性和稳定性具有矛盾性，主观性和客观性也具有矛盾性。所以，运动变化和矛盾对立是心络长久的、显著的特性，而静止和平衡则是心络短暂的非显著的特性。

心络的动力性、传导性、可变性，使心络有了显著的主观性。心络的相对的稳定性使心络有了相对不强的客观性。

心络的特性告诉我们，每个人都是一个动力体、传导体、可变体，因此都是一个主观体；同时，每个人又都是一个相对的稳定体，因此也是一个客观体。总的来看，每个人都是一个"主观体+客观体"的统一体。

正因为这些，所以研究人，研究心理学不能一味地绝对地运用科学的方法，不能把人当作没有主观性的物体来研究，即要充分尊重人的主观性，接受其不断运动变化、只有相对稳定的事实，接受其状态和结论的多样化和复制性。

如果用图式来表达心络的特性，大致情况如图2-3。

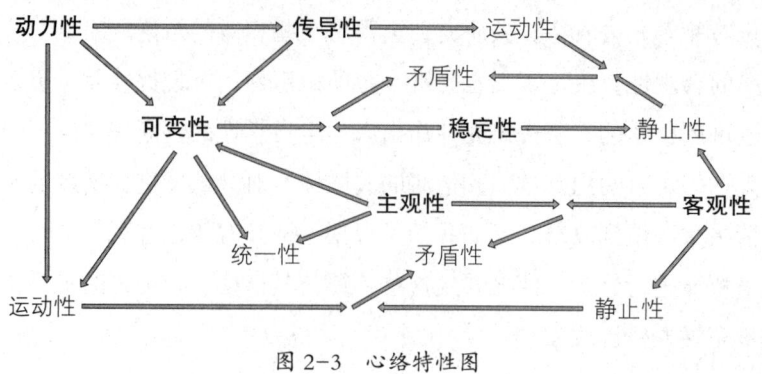

图 2-3 心络特性图

第四节 心络的相邻系统

心络学认为,心络本身是一个相对完整的系统,但从人的心理状态这个大系统来看,它又只是一个子系统。与它相邻的,还有生理系统和外界系统。

心脑血管系统、神经系统、呼吸系统、消化系统、内分泌系统、泌尿生殖系统等生理系统,只要出现问题,就可能直接造成心络中网络线部分的问题(如出现心理不适、心理压力、人际失调等)和末干部分的问题(如情绪不稳、行为反常、意志减退等),甚至可能造成次干部分的问题(如认知改变、能力下降、人格改变等)。身体素质差的人,身体处于饥渴、疲惫状态的或受到某种折磨的人,其心络也会受到不同程度的影响。

生存环境、生活方式、生活事件、社会事件、社会习俗、社会变迁等,也可能直接影响整个心络,从而诱发或导致一系列的心理问题。我们都能感知到,当发生重大的生活事件和社会事件时,一些当事人会很快出现心理问题。

总之,心络系统会随时受到生理系统、外界系统这两个相邻系统的影响。这三个系统互相影响,心络系统是生理系统和外界系统的反映和结果,也会对这两个相邻系统产生一定的影响。人的心理状态从总体上看,是三系统相互影响的反映和结果。基于此,心络学除强调心络本身的内部因素会对整个心络或心络的某些部分构成影响外,还强调生理因素、外界事件等对整个心络或心络中某些部分的影响。

第五节　心络呈现的"人系统"

上面所论，给我们呈现出了一个完整的"心络系统"。同时，还给我们呈现出了一个全新的"人系统"（"心理系统＋心络系统＋外界系统"的统一体）：人，其实是"生理人＋心理人＋社会人"的统一体。

"人系统"的出现，让我们既能看到人的构成成分，又能看到人的整体，既可有微观审视的视角，又可有宏观把握的方向，从而让我们能以崭新视角和观念去重新认识人、了解人和对待人。

"人系统"的出现，从心理学的角度看，为我们提供了新的研究视野和对象：在生理系统和外界系统共同作用下的心络系统及其各要素，还有各要素之间的关系、各要素与心络系统之间的关系、心络系统与两个相邻系统之间的关系。

一、人是心络系统的产物

从心络图上看，人并不是一个笼统的或单纯的人，而是心络系统的产物，是由多个具体的"心络要素人"组合并相互影响而成的"心理人"。

（一）人是一个"欲望人"

每个人都是欲望的复合体，可看作"欲望人"，这就决定了人的本性是欲性，每个人都有一定的自私性。

因为人都是有欲望的人，所以我们在分析一个人时，就应去看他有哪些强烈的欲望，自私性的特点有哪些，自私性的程度如何。这也可以说明人与人的矛盾冲突中最多的是利益的矛盾冲突。

种种欲望过强、不足或变化可能导致人的某些心理问题或疾病。所以心理咨询师在分析人的心理问题或疾病时，就要去看那些问题或疾病与其欲望有什么关系，然后有针对性地进行欲望调节。

(二) 人是一个"性格人"

每个人都是种种人格特征的组合体,并以自己的种种人格特征来表现自己的存在,所以又可以看作"性格人"或"性格体"。

笔者在长期的心理咨询实践中看到,与心理问题或疾病相关的人格特征很多,其中主要有:唯我、自恋、冲动、自尊、自卑、强迫、偏执、对立、支配、依赖、逃避、敏感、多疑、分裂等等。很多心理问题或疾病都与性格紧密相关。精神病学或变态心理学中所说的自恋型人格障碍、冲动型人格障碍、焦虑型人格障碍、强迫型人格障碍、偏执型人格障碍、反社会型人格障碍、依赖型人格障碍、癔症型人格障碍、分裂样型人格障碍等,就是性格人出了问题。

在"心理人"这个体系中,性格人是整个心理人的核心支柱。所以,人的教育,最重要的应是性格(人格)教育;人的改变,最重要、最困难的是性格的改变。

(三) 人是一个"能力人"

人都必须具备相应的生存能力和发展能力,但是每个人都具备某些能力,同时也缺少一些能力。

能力均衡的人,不容易出现心理问题;能力缺乏或低下或减退的人,必然存在这样那样的心理问题。

人的多种能力集合,形成了综合能力。综合能力是人的素质的重要内容。所以看一个人行不行,人们往往是看其相应的能力或综合的能力行不行。

在"心理人"这个体系中,能力人是心理人的重要支柱之一。所以,人的教育,非常重要的应是能力教育。能力的培养是心理建设中必不可少的内容。

(四) 人是一个"认知人"

每个人都有不同的观念、想法和思维方式,都有自己的世界观、人生观和价值观等。人也可看作"认知集合体",即"认知人"。

有些人说,思想决定品质;有些人说,想法决定行为;有些人说,信念决定境界……这些都说明,人们在看一个人时,都喜欢从认知方面去看。

在"心理人"这个体系中,认知人和性格人以及能力人一样,都是重要的支柱。我们可以这样理解"心理人":他的基础是欲望人,三根支柱分别是性格人、能力人和认知人。

（五）人是一个"情绪人""情感人"

人只要活着，就存在着某种情绪状态。当人们说某人没有情绪时，其实不是没有情绪，而是情绪处于很平静的状态。千万不要以为愤怒、悲伤、抑郁才叫情绪。每个人其实都是各种各样的情绪体的集合。

情绪有正性的，如高兴、愉快、轻松、满意、安然、舒畅、惬意、热情等，也有负性的，如焦虑、压抑、紧张、恐惧、悔恨、抱怨、苦闷、疯狂、急躁、烦恼等。不管是正性的还是负性的情绪，都会让人的状态、态度或形象发生相应的改变。

人还是一个"情感人"，人都有爱与被爱、恨与被恨，都存在着有情与无情、友好与淡漠、喜欢与讨厌等状态。

基于此，人的很多表现，包括认知、行为等都会带有一定的情绪色彩和情感色彩，而这些色彩往往就会让人增添主观性，减少客观性，甚至完全偏离客观性。人们常说有些人不理智，就是因为他们过于情绪化和情感化。我们说人是一个主观体，这与人是"情绪人"和"情感人"紧密相关。

因为人是"情绪人"和"情感人"，所以我们在了解、把握一个人时，就需要了解、把握其情绪情感状态，尤其是基本的情绪反应模式。

（六）人是一个"行为人"和"习惯人"等

人总是在以一定行为方式来体现自己存在的。所以我们可以通过人的行为来了解、把握其身心状态，尤其是心理状态。

因为有太多的重复，所以人总会形成这样那样的习惯，因而人还可看作"习惯人"，其中，行为的重复最多，所以我们总说行为习惯。

心理健康的人，往往有很多好习惯，所以笔者经常对人说"好习惯金不换"。心理不健康的人，往往有一些坏习惯。有些心理不健康的人，习惯甚至很糟糕。

习惯是长时间点滴而成的，那些不良习惯导致的心理问题或疾病，治起来就费时耗力。

从心络学的观点看，人还是某种"兴趣人""态度人""意志人"等，因为这些也是"心理人"的组成部分。

因为人是由多个具体的"心络要素人"组成，并受其相互影响而成的"心理人",所以人的心理疾病就可能是其中的某个或某些"心络要素人"有问题所致。想要心理健康就需要这些"心络要素人"健康,因此心络学的心理健康标准就有了欲望适度、人格良好、认知完善、能力兼备、情绪稳定、行为适当等具体的内容。

二、人是"人系统"的产物,是一个"系统功能体"

(一)人是"人系统"的产物

人是心络系统的产物,但不是一个独立的"心理人",而是"人系统"的产物,是"生理人+心理人+社会人"的统一体,是"系统人"(图2-4)。

图 2-4 系统人

以"系统人"的角度探究心理问题,可能是"心络人"出了问题,即某个或某些心络要素出了问题;也可能是"生理人"出了问题,即某个或某些器官或生理系统出了问题;也可能是"社会人"出了问题,即与他人的关系、与社会的关系、与自然的关系出了问题。所以心理治疗的任务应是两个:治病、塑人。

(二)人是一个"系统功能体"

从功能的角度看,人是一个功能体。由于人是"三人"统一的"系统人",所以人也是一个"系统功能体"。这个"系统功能体"包含了生理功能、心理功能和社会功能。

每个人都是"生理人+心理人+社会人"的统一体,都是"系统人",都具有生理性、心理性和社会性。这就是心络学的"人系统理论"的主要内容。也正因为如此，心络学的心理健康标准就有了躯体健康、人际和谐、社会适应的具体内容。心络学强调的健康观是系统性健康观：心络和谐＋心身和谐＋心物和谐。

心理健康的人，这"三人"及其"三性"往往都是健全的。心理不健康的人，则存在着这样那样的问题。笔者在长期的临床心理咨询实践中看到，许多来访者的"生理人"都是合格的，但"心理人"（其中最多的是"欲望人""性格人""能力人"）往往都不健全、不健康，而"社会人"都有太多或太重的问题，甚至根本不合格。

了解、认识和把握心络及其"人系统"，就是人们了解、认识和把握自己和他人的途径，是对人整体和局部的把握、宏观和微观的把握，也可以认为是真正系统性的把握。

三、人的行为等是"人系统"的产物

（一）行为是"心理人"的产物

心理的外显形式通常是行为。人的行为究竟是由什么导致的？持本能论的哲学家叔本华、尼采，心理学家詹姆斯、麦独孤、弗洛伊德、马斯洛等，认为行为是本能的驱使。行为主义心理学派的华生认为行为是刺激——反应的结果，斯金纳认为行为是不同强化的结果，班杜拉认为行为是模仿学习的结果。认知心理学派认为行为是不同认知的结果。

从心络学的观点看，人的行为是"心理人"的产物，即主干的本能、需要、欲望会直接导致一系列的行为；次干的认知、人格、能力也会直接导致某些行为；末干的情绪、注意、记忆、兴趣、态度、意志、感知以及网络线的人际关系，也会直接或间接地导致某些行为。

总之，人的行为，既可能由某个心络要素导致，也可能由多个心络要素导致。从大多数情况看，人的行为往往是多个要素交互影响所致。

（二）行为是"人系统"的产物

从心络学的观点看，人的行为也是"人系统"的产物。生物人的生理变化，尤其是生理功能的变化，往往会导致人的行为的变化。如：一个人特别喜欢爬山（这是兴趣导致的行为），无论到了什么地方，都想去爬山（这是兴趣和欲望导致的行为），日常他也坚持每周双休日都去爬山（这是兴趣和欲望导致的习惯性行为）。但自从腿骨折后，他就再也不去爬山了（生理因素的变化导致了行为的改变）。

社会人的某些变化，尤其是社会功能的变化，往往会导致人的行为的变化。如：一个人特别热爱社会交往（这是群集本能、交往本能、表现本能、社会兴趣等导致的行为），但自从单位破产（外部事件）、三年都找不到工作后（生存压力），他就完全不与人交往了。

总之，人的行为，既可能由心络人因素导致，也可能由生理人因素和社会人因素导致，还可能是由"三人"因素交互影响所致。

本章小结

心络学认为，人的心理存在着网络般或经络般的结构，这个结构就叫心络。心络要素主要有欲望、认知、人格、能力、情绪情感、行为、注意、记忆、兴趣、态度、意志、感知和人际关系等。这些要素分为不同的层次且交互影响着。

心络学认为，心络具有动力性、传导性、稳定性、可变性、主观性和客观性等特性。这些特性合起来就是心络性。人的心络性是由人的欲望、人格、认知、能力、情绪情感、行为、注意、兴趣、态度、意志、人际关系等综合因素相互影响而形成的若干特性。所以，人的心络性表现为人的多种特性。而人的某些特性，往往又表现出一定的统一性与矛盾性。如进攻和妥协的统一性与矛盾性、支配和被支配的统一性与矛盾性、独立和依附的统一性与矛盾性、自由和约束的统一性与矛盾性、爱和被爱的统一性与矛盾性、索取和奉献的统一性与矛盾性、善和恶的统一性与矛盾性等。也正因为这样，心络学认为，人的特性就在于人的心络性。

心络学认为，每个人都是一个"系统人"和"系统功能体"，人的一切，尤其是行为、情绪及认知等，都是"人系统"的产物。

人的心络性，其核心和实质是人的欲性。

人的心络性，集中反映了人的本质和社会的本质，是人类个体和群体一切活动的动因，也是人类个体和群体不断寻求稳定但又不断变化的原因。

总之，心络不仅反映了人的内部关系和外部关系，而且揭示了人的存在及其发展的本质。就人的内部关系和外部关系而言，人的一切，都是心络要素的反映。就人的本质而言，人都是因心络的某些要素而存在而发展的。人，其实就是心络的化身。每个人所展示的个人世界，都是由其心络构筑的。从这些方面去看，人是自己的创造者。

心络及其特性的发现，具有广泛的意义。从心络的角度看：

（1）心理症是心络部分问题影响所致，是心络要素传导影响所致，是生理系统对心络影响所致，是外界系统对心络影响所致。从总的来看，其实是"人"出了问题；从微观上看，是"心络要素人"出了问题；从中观上看，是"心理人"出了问题；从宏观上看，是"系统人"出了问题。

（2）心理症的分类应根据心络各因素及其关系来分，主要大类有心络症、心身症、身心症、物心症、心综症。

（3）心理治疗应主要消除心络中有关要素的问题以及由生理系统、外界系统引起的心理问题。治疗原则是"对因治疗＋系统性治疗＋功能性治疗＋心治为主、药治为辅治疗"为一体。治疗前提应是把握症因，全面系统；治疗关键应是找到症结，点通症结；治疗策略应是整体治疗，分步推进；治疗要求应是改善生理，协和外界；治疗保障应是信任配合，克己坚持。

（4）心理健康主要在于心络和谐、心身和谐和心物和谐。

（5）压力来源于生理系统、心络系统和外界系统，是由人的身、心、物（外界物质世界）因素造成的带有一定沉重感的体验，具体因素无限多样。

（6）交往是人的欲望和利益的互补，是人的认知和情感的交流，是人的性格与兴趣的相投，是人的压力与不适的排解。

（7）婚恋是相互欲望的满足，是相互心络要素的基本平衡，是双方"系统人"的接纳或互补。

（8）教育应是"生理人教育＋心理人教育＋社会人教育"的全面教育，

应是对"系统人"的建设和完善。

（9）社会是"系统人"的复杂集合体，是人与人和团体与团体的互动体，是人与人和团体与团体的矛盾统一体。

（10）命运是由心络因素、机遇因素和身体因素决定的。

（11）幸福有生理性幸福、心理性幸福和社会性幸福。系统幸福是这三类幸福的拥有。

（12）人生是"系统人"（"生理人+心理人+社会人"的统一体）的一生，涉及人生选择、人生目的、人生价值、人生态度、生存方式等许多方面，是"系统人"从生到死的全过程的反映。总的来看，人类主要有四种人生：活命人生、健康人生、快乐人生和意义人生。

总之，政治、经济、文化等都是一定时期一定人群的心络性的产物，各种文学、史学、哲学、宗教等，都是人的心络性的反映。

第三章 心络学的心络要素观

从心络学的角度看,每个人都是"生理人+心理人+社会人"的统一体,都是"系统人"。其中,仅从心理人的角度看,每个人都是心理要素人,即"欲望人+认知人+人格人+能力人+情绪情感人+行为及习惯人+兴趣人+意志人……"的统一体。所以从心络系统或心理学的角度看,心络学是系统性心理学。

因为心络学是系统性心理学,所以它不但重视人及心理的整体性和系统性,也重视整体中的各要素。不仅要从整体上、系统上去看待人和认识人,而且要从整体中的各要素去看待人和认识人。

那么,人的心络(理)要素,各自的内涵和系统是什么呢?本章将分别加以阐述。由于受本书篇幅的影响,所以每一要素的阐述都尽量简约,有的只是列出其要点。

第一节 本能系统论

仅就欲望而言,心络学认为:人都是欲望的复合体,人只要存在,就有这样那样的无穷的欲望。这些欲望主要源自万千的需要,而这万千的需要又是建立在各种本能基础之上的。

说起本能,人们就会想到生物学家达尔文、哲学家叔本华和尼采、心理学家詹姆斯、麦独孤、弗洛伊德、马斯洛等著名人物,因为他们有关学说都涉及了本能,并指出了本能的本质、作用等,产生了巨大的影响。笔者在研读他们的学说时,也深受影响。笔者在长期的心理咨询实践中,从来访者的各种心理问题与疾病中，看到了本能对他们的影响，形成了部分包含前人观点但又显著不同于前人观点的本能观，如在本能的分类上以及在各类本能的关系上，就与前人显著不同。

一、概念与特点

（一）概念

人的本能是指人本身固有的、不学就具有的能力或功能。从某种意义上讲，也可以说是人的本性或天性。

社会的本能是社会本身具有的，是存在于任何社会之中的，或者说，只要社会存在，这种功能就存在。

（二）特点

人的本能具有以下特点：

1. 先天性

本能都是与生俱来的，而非后天的。人只要出生，就会具有本能。不管是欧洲人还是亚洲人，不管是中国人还是日本人，不管是老年人还是小孩子，不管是男性还是女性，只要存在，其本能就存在，如食本能、睡本能等。

2. 非理性

本能的天生性决定了本能的非理性，这种非理性是人的动物属性的一种反映。我们都说人是有理性的动物，但人的本能是非理性的，如自私本能、恐惧本能等。所以从这方面看，人是非理性和理性的矛盾统一体。

3. 动力性

本能具有强大的动力性，且是人这个动力体中最深层次的动力，如生本能、性本能、爱本能等，都会让人产生巨大的动力。在整个心络体系中，欲望是一级动力。但如果仅从心络图的主干部分看，欲望的动力可视为第三层，需要的动力可视为第二层，本能的动力可视为第一层。欲望和需要，本身各自也是一个动力体，但它们动力的大部分都是来自本能，即大部分动力是本能动力的延伸和反映。人格动力、认知动力、能力动力等心络要素的动力，单独看，是它们本身动力的反映，但从深层次上看，它们不但与欲望动力、需要动力有关，而且与本能动力有关。

本能的动力性决定了人只要活着，就有很多的需要和欲望，就会是一个动力体或能量体。

4. 矛盾性

纵观人的本能，有很多是相互矛盾的。如：生理本能中的生本能与死本能、动本能与静本能；心理本能中的安全本能与攻击本能及破坏本能；攻击本能与防卫本能及逃避本能；群集本能、依附本能与自由本能、放纵本能；自恋本能与自卑本能；支配本能与反支配本能；爱本能与恨本能；喜本能与厌本能；等等。再如：社会本能中的竞争本能与协作本能；攻击本能与防卫本能；战争本能与和平本能；集团本能与反集团本能；统治本能与反统治本能。

这些矛盾性决定了这些本能之间既是对立的，又是统一的，既相互促进而有利，又相互影响而有弊。

二、系统与种类

单独看人的本能，它是一个系统。这个系统可分为三个分支系统：生理本能、心理本能和社会本能（图3-1）。人就是这三种本能的统一体，是一个"系统本能体"，是一个"系统本能人"。

生本能、死本能、食本能、性本能、睡本能、视本能、听本能、味本能、嗅本能、触本能、动本能、静本能、懒本能、思本能、呼吸与消化本能。

自私本能、安全本能、恐惧本能、趋利避害、趋乐避苦、贪婪本能、群集本能、交往本能、依附本能、自恋本能、自尊本能、自卑本能、攻击本能、防卫本能、逃避本能、破坏本能、欺弱本能、嫉妒本能、占有本能、好胜本能、支配本能、老大本能、表现本能、攀比本能、爱本能、恨本能、喜本能、厌本能、自由本能、放纵本能、忧本能、无知本能、好奇本能、迷信本能、情绪情感本能、崇拜本能、玩本能。

统治本能（政治本能）、反统治本能；
集团本能（等级本能）、反集团本能；
战争本能、和平本能；
攻击本能、防卫本能；
竞争本能、协作本能；
名本能；
权本能；
利本能。

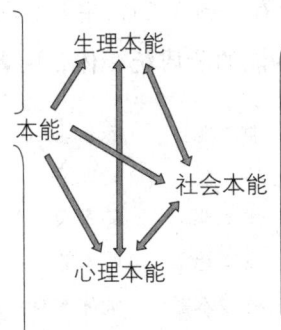

图3-1 本能系统图

单独看人的生理本能，也是一个系统。它可分为：生本能、死本能、食本能、性本能、睡本能、视本能、听本能、味本能、嗅本能、触本能、动本能、静本能、懒本能、思本能、呼吸本能、消化本能等。

单独看心理本能，还是一个系统。它可分为：自私本能、安全本能、攻击本能、防卫本能、恐惧本能、欺弱本能、施虐本能、怕强本能、逃避本能、好胜本能、破坏本能、占有本能、支配本能、反支配本能、贪婪本能、自恋本能、老大本能、自尊本能、自卑本能、嫉妒本能、群集本能、依附本能、交往本能、表现本能、攀比本能、自由本能、放纵本能、爱本能（含多恋泛爱本能）、恨本能、喜（如喜美、新、被褒与关注等）本能、厌（如厌丑、旧、被贬与忽视等）本能、玩本能、无知本能、忧虑本能、好奇本能、崇拜本能、迷信本能、趋利避害本能、趋乐避苦本能、情绪（情感）本能等。

单独看社会本能，仍是一个系统。它可分为：利本能、权本能、名本能、竞争本能、协作本能、攻击本能、防卫本能、战争本能、和平本能、集团本能（等级本能）、反集团本能、统治本能（政治本能）、反统治本能等。

从本能的系统看，三种基本本能之间存在着一定的关联：生理本能可衍生心理本能，心理本能可反过去影响生理本能。社会本能是由生理本能和心理本能共同影响而形成的，但也会反过去影响这两种本能。

（一）生理本能系统

从生理本能的系统看（图3-2），主要有两大本能：生本能和死本能。生本能和死本能是生理本能的矛盾统一体，两者是必然的因果关系。

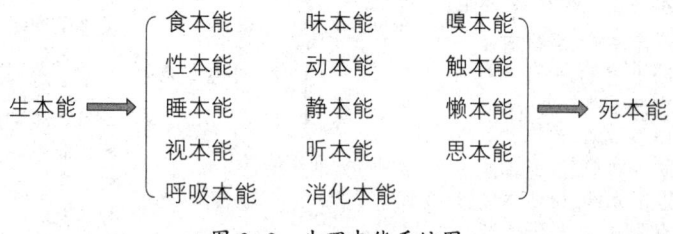

图3-2 生理本能系统图

生理本能的基础本能是生本能。从种种生本能的关系上看，它们之间存在着一定的关系。从纵向看，一级本能是食本能、性本能（含繁衍本能）、睡本能、视本能、呼吸本能；二级本能是味本能、动本能、静本能、听本能、消化本能；三级本能是嗅本能、触本能、懒本能、思本能。从横向看，一级到三级互相有一定的联系。从整个系统看，各本能之间，存在着一定的网状关系。

这些与生俱来的生理本能如果得不到满足，就会产生未足之苦；如果被完全剥夺，就会产生丧失之苦；如果过分得到满足，就会产生过足之苦。只有在得到适度满足时，才有生之快乐。所以，从总体上看，人生是苦多乐少，苦乐相生。

当人的某种或多种生理本能丧失、被严重剥夺、被严重压抑时，或者在得到过分满足后，死本能就会被激活。

（二）心理本能系统

从心理本能的系统看（图 3-3），主要有九大本能：自私本能、自恋本能、群集本能、自由本能、爱本能、玩本能、喜本能、无知本能和忧虑本能。这些本能又衍生出了一系列的本能。其中衍生最多的是自私本能，其次是自恋本

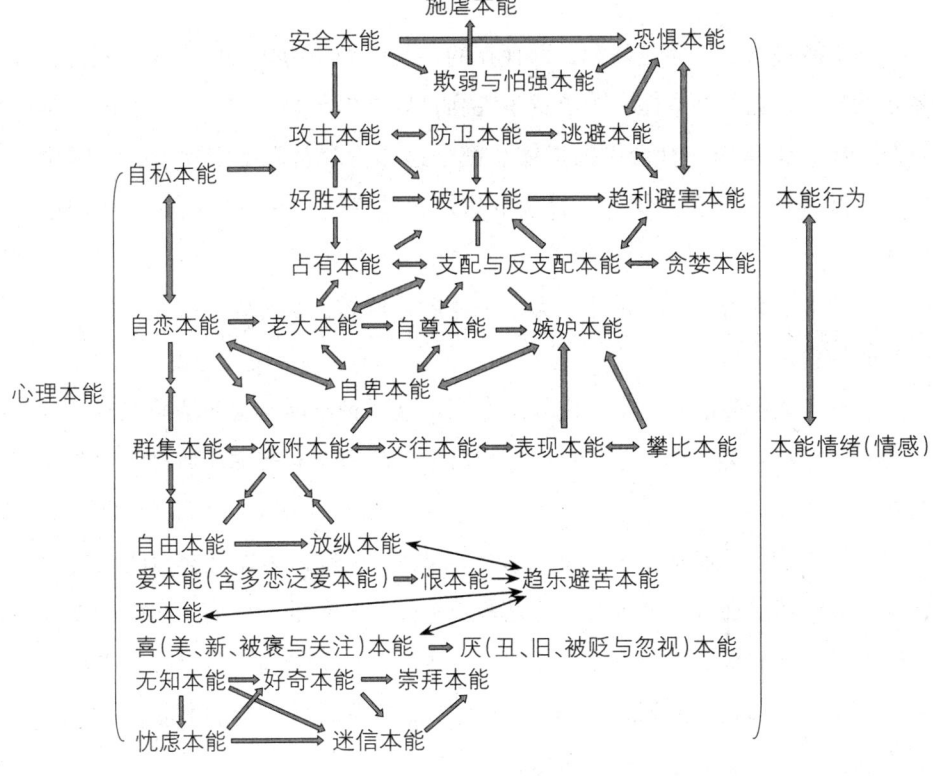

图 3-3 心理本能系统图

能，再次是群集本能。所以从心理本能的角度看，人的重要本质是自私、自恋和群集。如果从动物学的角度看，人是自私动物、自恋动物、群集动物。

（三）社会本能系统

从社会本能的系统看（图3-4），主要有三大基础性的本能：利本能、竞争本能、协作本能。

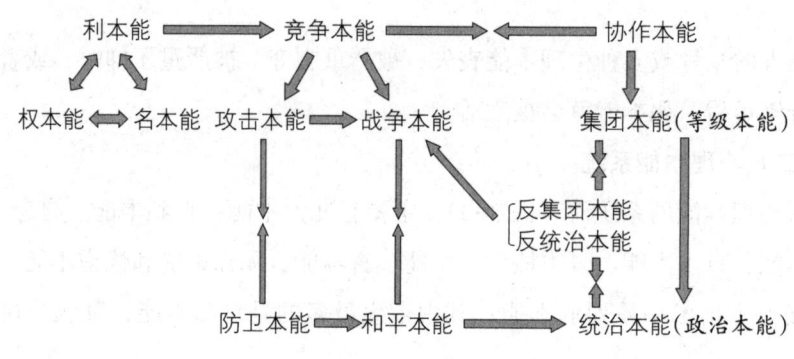

图3-4 社会本能系统图

利本能决定了群体是为利益而存在的，是以利益为核心的。为了利益，群体必然要产生竞争的本能。为了竞争胜利，群体内部必须要协作，有时也须和外部一些力量协作。社会中的群体，都是这样为利益而不断竞争、不断协作的，由此形成了社会的常态。社会的进步也是在这三种本能的相互作用中实现的。

当利本能获得一定满足后，无论个体还是群体，都可能会去追求权本能或名本能的满足。

竞争本能会激活攻击本能或战争本能。这两种本能又会激活防卫本能或和平本能。纵观人类社会，总是在攻击与防卫、战争与和平的矛盾过程中存在和发展。

协作本能必然激活集团本能（含等级本能）。集团本能又会激活反集团本能。任何集团内都有各种等级，这是等级本能所导致的。任何集团内又都有各种反等级，这则是反等级本能所导致的。协作本能的最高阶段是统治本能（含政治本能），是权本能的最大实现。统治本能必然激活反统治本能，而反统治本能也会激活攻击本能或战争本能。

从对社会本能系统的简单分析中，我们可看出，社会本能的最基础是利本能，最高层是统治本能。攻击与防卫、战争与和平，都是因利本能和统治本能而产生的，也是为它们服务的。我们还可看出，社会本能其实是人的生理本能和心理本能的群体性的集中反映。

三、作用与影响

欲望是心理的基础。由于欲望和需要等都主要源自本能，所以本能是心理基础的基础。从根本上说，人其实是一个本能体，是本能的化身。人的表现，绝大多数都是人的本能的直接或间接的反映。

正因为本能是心理基础的基础，所以它对于人具有决定性的作用与影响。它能决定人的欲望种类和方向及程度，能决定人格的特质与类别，能左右人的认知及其变化，能促使人能力的增强与减退，是人的情绪及行为之本源。

本能的存在，决定了人活力的存在；如果本能减退，人的活力就会随之减退；如果本能消失，人就将走向生理和心理的死亡。

四、问题与应对

本能于人，有利有弊。就其弊而言，本能给人带来了太多的问题和矛盾。

本能具有非理性的特点，而人在社会中生存和发展，是需要足够的理性的。这就给人带来了极大的问题和矛盾，也就决定了人的一生都将和非理性作斗争。人如果不能战胜非理性，就可能被本能奴役，遭遇极大的现实矛盾和痛苦；如果过分剥夺或压抑非理性，又会导致身心痛苦和损害。人是社会性（群集性）的动物，是非理性和理性的矛盾统一体，既不能过分满足本能，又不能过分亏待本能，所以，必须对本能问题进行应对。应对本能问题的目标之一是正确对待理性和非理性，使它们能动地处在适度状态上。如：母亲对于孩子，就有本能的非理性及非理性爱。这种非理性爱是无条件的、绝对付出的、不顾一切的。而人作为社会人，又必须懂得和遵循各种社会规则，必须去面对和接受各种现实困难，必须要具备与生存和发展相关的各种能力。这就要求母亲必须具有理性和理性爱。然而很多母亲缺乏理性和理性爱，或无法战胜非理性及非理性的爱，一味地溺爱孩子、为孩子代劳、怕孩子吃苦受累，结果导致了孩子的随心所欲、我想即该、低能无能、怕苦怕累、懒惰依赖等，甚至使孩子成了心残者。

本能具有矛盾性的特点，这就决定了人的一生都会在矛盾中生活：在满足与不满足中，在快乐与痛苦中，在支配与被支配中，在攻击与防卫中，在自由与群集中，在理性与非理性中，在维护本能与改变本能中……除了本能系统中存在着的一些本能之间的矛盾外，本能与人的非本能之间还存在着很多巨大的矛盾。如：作为一个社会人，必须要遵守法律、道德、伦理、文化等很多规则，必须要考虑他人的利益、好恶、感受等，这些非本能的约束，就必然与自由本能、放纵本能、自私本能等产生尖锐矛盾。所以人的一生都会在两个战场搏斗：本能圈内的本能与本能的搏斗，本能圈外的本能与非本能的搏斗。搏斗中，哪方赢就有哪方的快乐，哪方输就有哪方的痛苦。由于输赢往往相生同在，所以人的一生总是苦乐相生同在。如，人的自由本能赢了，就有了自由的快乐，就少了被约束的痛苦，但这样就必然导致依附本能的失败，所以就会面临孤独和不安全的痛苦。反过来，人的依附本能赢了，就有了依附的快乐（如儿童对父母的依附，老人对子女的依附），少了不能依附的痛苦，可这样就必然导致自由本能的失败，就会面临不自由的痛苦。本能的内外矛盾如此之多，就意味着问题如此之多。应对本能问题的目标之二，是人要在既矛盾又一致中生存和发展，即矛盾后一致，一致后矛盾，无限循环。在这一系统应对中，适度是最高原则。

本能具有天生性的特点，这就决定了人要改变自己，是极其艰难的，也是极其痛苦的。人们常说，人最难的是战胜自己，人最难认识的也是自己。人的这种天生性和社会性存在严重的矛盾冲突，所以需要进行应对。应对本能问题的目标之三，是在不严重扭曲天生性的情况下，尽量增强社会适应性，实现本能与社会的能动平衡。

总之，本能使人永远利弊同在，苦乐相生。正确认识和善待本能，合理利用本能的优势，有效避免本能带来的害处，是每个人一生都要面临的任务。为了完成这一任务，人就需要对本能进行适度的维护和修塑，而修塑是艰难的、长期的，甚至是终身的。

第二节 欲望系统论

笔者在长期临床心理咨询实践中发现，来访者的问题大量涉及了欲望问题，且是其中特别突出的问题。所以笔者认为，欲望应是一个特别值得研究的重要问题，应成为心络学中的一个特别重要的内容。

一、概念与特点

（一）概念

心络学中所说的欲望，通俗地说，就是"想要"与"不想要"，或"需要"与"不需要"，其中也包含着有无动机、理想、志向、追求等内容。

欲望和需要及本能有着紧密的联系，但也有区别。从外延的范围看，需要和本能都从属于欲望。欲望的外延最大，需要次之，本能最小。仅就需要和欲望的产生顺序而言，有时是先有需要后有欲望，有时是先有欲望后有需要，有时是互为因果，难分先后。

欲望与动机也往往是互为因果的。但从总的来看，欲望是动机的基础；动机是欲望的反映或结果。

由于"欲望"概念的外延大于"需要""动机"，而且一说这个概念，社会大众都能理解和明白，所以笔者就把这个概念作为了心络学的一个非常重要的要素。需要再次说明的是，心络学的"欲望"是广义的，包含了"需要"和"本能"的内容。由于人的很多欲望并不都是来自本能，而是来自后天心理的、社会的很多方面，所以有必要专门将它作为一个重要的内容来对待。

（二）特点

由于欲望是本能的延伸和反映，所以欲望具有本能的全部特点：先天性、非理性、动力性和矛盾性，但它与本能仍有一些差异。

1. 既有先天性，又有后天性

从一般来看，欲望似乎都是与生俱来的，如食欲、性欲等。在这方面，欲望的特点与本能的特点是完全相同的。欲望来自本能，有些其实就是本能的代名词。如占有欲就是来自占有本能、自由欲就是来自自由本能。所以从它们源流的关系方面看，它的特点与本能的特点是完全相同的。

除了这些先天欲望，我们会发现，有些欲望是在后天产生的。如：进餐时，东方人大多想用筷子，不想用刀叉，而西方人大多想用刀叉而不想用筷子。有些人想让自己变美，就让自己长胖，因为他们是以胖为美；而有些人想让自己变美，却是让自己变瘦，因为他们是以瘦为美。一些欲望具有后天性，这是它与本能的最大不同点。

纵观人的整个欲望状态，我们会发现，它们往往是先天性和后天性的混合或统一。

欲望的先天性表明：欲望是人的本性，是人性的本质和基础，是需要保护和维护的。欲望的后天性表明：欲望有些是习得的，是可有可无的、可稳固可改变的，可在一定条件下产生，也可在一定条件下消失。

2. 既有生理性，又有心理性，还有社会性

欲望，有的只有生理性，有的只有心理性，有的只有社会性，所以我们称之为生理性欲望、心理性欲望、社会性欲望。但纵观很多欲望的产生与存在，往往是既有生物性因素，也有心理性因素和社会性因素，而且这三种因素常常是相互影响的。其实本能也具有这些特点，但所表现的种类、充分性、明显性和外延的范围等，都不及欲望。

欲望的这一特点表明：人是一个欲望体。人的欲望，外延无限广阔，种类无限多样，之间的关系异常复杂，且千变万化、纷繁无比。

3. 强大的动力性

本能也具有动力性的特点，从这方面看，欲望和本能是相同的，但它们也有一定的差异：欲望的动力性比本能的动力性更强大。

按理说，本能是欲望的动力之源，它的动力应该比欲望强大。但为什么还不及欲望呢？这是因为在欲望中，除了先天的本能外，还有后天所产生的欲望，它们的动力很强，而且后天所产生的欲望种类也远比本能多。另外，本能

在面对各种现实时，尤其是在人的理性有所增强时，会受到某种程度的压抑，而后天所产生的欲望是在一定理性基础之上产生的，受压抑程度比本能轻些。所以，欲望比本能具有更强大的动力。欲望动力的融合，就形成了人的生命力、生活力和社会力。

欲望的这一特点表明：欲望也是人的动力之源。由于人的欲望无限多样，所以人的动力也可能无限多样。

二、种类与系统

欲望按类型分可分为三类：生理性欲望（如想吃想喝）、心理性欲望（如想成名成家）和社会性（物质性）欲望（如想拥有豪宅豪车）。这三类有时是完全分开了的，有时是三位一体很难分开的。

欲望的具体种类难计其数。人的每一种本能都可能产生出很多种欲望。这些欲望还可能衍生出更多的欲望。就笔者的研究情况来看，本能至少有几十种，其中生理本能至少有16种，心理本能至少有40种，所以欲望的具体种类是难计其数的。

笔者总结自己长期的心理咨询实践，发现与心理问题或疾病相关的欲望大致有22种：①生欲；②食欲（含酒欲、烟欲以及茶欲等）；③性欲；④情欲（含爱欲与被爱欲、关心欲与被关心欲、拥抱欲与被拥抱欲、抚摸欲与被抚摸欲等，爱欲中还含爱动物欲、爱植物欲等）；⑤健康欲；⑥安全欲（含攻击欲、防卫欲等）；⑦玩乐欲（含视欲、听欲、交往欲、表现欲、热闹欲、安静欲、旅游欲、运动欲、阅读欲、书写欲、收藏欲、棋欲、牌欲、麻将欲、垂钓欲以及嫖欲、赌欲等）；⑧寻求刺激欲（含探索欲、冒险欲、虐待欲与被虐待欲、发泄欲、浪漫欲、求新欲等）；⑨死欲；⑩成功欲（含金钱欲、权力欲、成名欲、成就欲、优胜欲、支配欲与占有欲等）；⑪被尊重欲（含被关注欲、被认同欲、被赞美欲、被崇拜欲及自尊欲等）；⑫美欲；⑬归属欲；⑭独立欲；⑮自由欲；⑯依赖欲；⑰求知欲；⑱创造欲；⑲助人欲；⑳崇信欲；㉑追求完美欲；㉒反社会欲等等。

这22种欲望，可归属于三类欲望：生理性欲望、心理性欲望、社会性欲望。于是就形成了心络学欲望系统（图3-5）。从图中可看出，生理性欲望可变成心理性欲望，社会性欲望也可变成心理性欲望，即心理性欲望是生理性欲望和社会性欲望的反映。

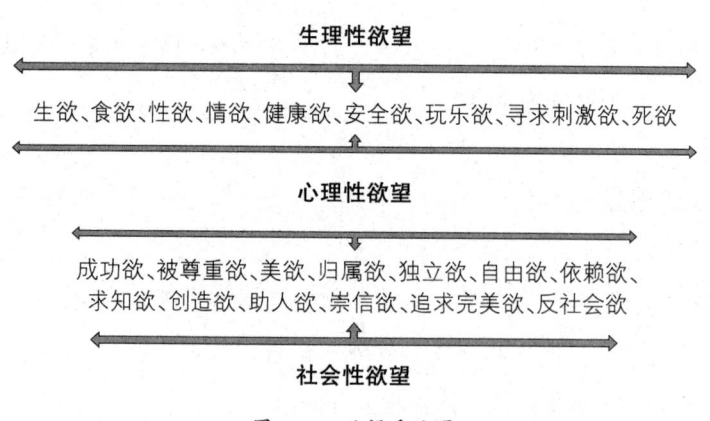

图3-5 欲望系统图

从各种各样的欲望来看，欲望的结构是不一样的。有的以生理欲望为主，有的以物质欲望为主，有的以心理欲望为主（在以心理欲望为主的人中，同样存在结构的差异。如有的以被尊重欲为主，有的以美欲为主，有的以归属欲为主等）。分析他们的欲望及其结构，我们还会发现，他们的欲望及其结构也会因时因地而发生变化。

三、作用与影响

欲望是人的动力之源。在所有心理动力中，它是一级动力。它只要产生，就可能对认知、情绪情感、行为、注意、兴趣、态度、意志、感知、人际关系，甚至人格、生理状态、外界系统产生一定的影响。欲望是人的本性，是人性的本质和基础，所以，欲望是整个人的基础，也是整个心络大厦的基础。这种动力性和基础性，决定了欲望对整个人的作用与影响都是巨大的，无与伦比的。由于社会是人的集合体，所以欲望对整个社会的作用与影响也是巨大的，无与伦比的。

为了说明欲望对人的作用与影响，笔者想较详细地来谈谈以下内容：

（一）欲望与人性

人只要活着，就总有这样那样的欲望，尤其总想得到自己所没有的东西。贫穷的人渴望财富，富有的人渴望恬淡，卑微的人渴望高贵，平庸的人渴望成功……我们面对的人，都是充满各种欲望的人。无论从现象上看还是从本质上看，人都是一个欲望的复合体。了解人，研究人，就应该了解、研究人的种种欲望。人性，从一些角度来看，可以说是由各种"欲性"组成的。

欲望贯穿了人的一生，左右着人的一切行动。我们每个人都是欲望的化身。我们不应该提倡无欲无求，而应提倡适度欲望的适度满足。我们不能因欲望会导致不幸就提倡无欲，也不能因欲望能带来某种欢乐而主张贪欲。提倡无欲，是我们对现实的一种逃避，是一种堕落；主张贪欲，是对现实的一种践踏，是一种罪恶。

无欲无求，是对人性的折磨和扼杀；适度欲望的适度满足，才是对人性的尊重与呵护。适度的欲望是人的一种美德、一种境界，因为这既尊重了人性的需要，又使人避免进入欲望的误区，既促进了人的不断追求，又推动了社会的不断发展。

（二）欲望与人生

1. 欲望与人的希望、追求、动力以及整个人生有着密切的联系

没有欲望就没有希望，没有希望就没有追求，没有追求就没有动力，所以我们有理由认为，欲望是希望之根，是追求之本，是动力之源。没有欲望，就没有人们的追求和奋斗；没有欲望，就没有人生的精彩与辉煌。人的一生，是不断产生欲望并不断追求欲望满足的一生。

欲望能使生活变得丰富多彩。如果人活着真的没了欲望，生活必将索然寡味，犹如一潭死水，诱惑与美好都将荡然无存。

欲望能使人生变得活力无限。如果人真的没了欲望，必将失落迷茫，陷入无聊和空虚之中，生命将变得苍白无力。因此，我们应合理地激发每个人的适度的多样的欲望，让人生变得更充实。

2. 欲望与人的理智、行为以及相互关系也有着密切的联系

欲望能稳定或增强人的理智，但也能破坏人的理智。当欲望被约束在一定的限度内时，理智会稳定或有一定程度的增强；当欲望超过一定的限度时，理智就会遭到破坏或完全丧失。

从欲望与行为的关系上看，欲望是行为的内容、行为的意义、行为的本质，而行为是欲望的表象和外显形式。欲望决定了行为的方向；行为反映了欲望的要求。有些行为，尤其是习惯行为和无意识行为，从眼前看，从表面看，似乎与欲望没多大关系，但如果我们从这些行为最初出现时的内因看，就会发现它们也是与某些欲望密切相关的。观察所有的人，我们都会发现，人在满足欲望时，必有相应的行为，而当欲望满足受挫时，也会有相应的行为。行为的背后必有欲望，但欲望不一定都会演变为行为，如一个人连做梦都想当官，却完全没有去争取当官的行为。

因为欲望，一些人相互聚拢，一些人相互排斥。人与人的关系，尤其是人与人之间的矛盾冲突，往往与人的各种欲望紧密相连。人的一切都可能在一定条件下发生不同程度的变化，而这些变化的背后往往隐藏着各自欲望的变化。

3. 欲望与人的幸福和痛苦

（1）欲望与幸福

从欲望与幸福的关系上看，人没有欲望，就谈不上幸福；有欲望或欲望太大但得不到满足，也谈不上幸福；欲望过分得到满足，愉快感就会减少或消失，也谈不上幸福。可以说，欲望是幸福的源泉，幸福是适度欲望的适度满足。心理健康的一个标志应是人的适度欲望得到了适度的满足。

（2）欲望与痛苦

从欲望与痛苦的关系上看，人没有欲望，就没有痛苦；有欲望或欲望太大而不能满足，即欲望受挫，也会痛苦；欲望过分得到满足，又会产生失落、空虚、无聊等痛苦。因此可以说，欲望是痛苦的源泉，痛苦是欲望的不能满足和过分满足。

从程度上看，欲望越小，幸福感越小，痛苦感也越小；欲望越大，幸福感越大，痛苦感也越大。可以说，幸福和痛苦是连在一起的，也是各为背景而相对存在的，没有痛苦就没有幸福，有了幸福，就必然会有痛苦。能真正感受到幸福的人，必定是经历过痛苦的人，只有真正体验过痛苦的人，才能真正体验到什么是幸福。那些溺爱孩子的父母，本意是想让孩子幸福，但事实上无法让孩子体验到幸福；那些长期被溺爱的孩子，是最不懂什么是幸福的人。基于这样的认识，笔者的结论是：生活两杯水，有苦也有甜。先甜苦更苦，先苦甜更甜。

总之，从个体的情况看，欲望使人生存，使人发展，使人获得人生的价值和意义。它既是万善之因、幸福之因、健康之因，又是万恶之源、痛苦之源、疾病之源。

从人类社会发展的历史看，欲望是人类社会向前发展的原始推动力；从人类文明的产生和发展看，整个世界的文明都是各种欲望的结果，世界文明史，就是一部欲望史。

欲望决定了人和社会的本质是欲性，而欲性决定了人和社会都是欲望的复合体。所以，人的内心冲突、人与人的冲突、人与社会的冲突、社会与社会的冲突，都是基于欲望的冲突。

四、问题与应对

笔者在长期的心理咨询实践中发现，许多心理问题与疾病都与欲望有关。有的是因欲望太高或膨胀，有的是因欲望太低或丧失，有的是因欲望得不到满足，有的是因欲望过分得到了满足。笔者认为，欲望是导致许多心理问题的根本原因之一。

欲望满足的程度不同，会导致不同的心身结果。由欲望导致的心病和心身病，笔者统一称之为"欲病"。欲病主要是由欲望未足和过足等导致的（图3-6）。根据症因诊断原则，笔者还将由欲望导致的一系列心理症称为欲望症

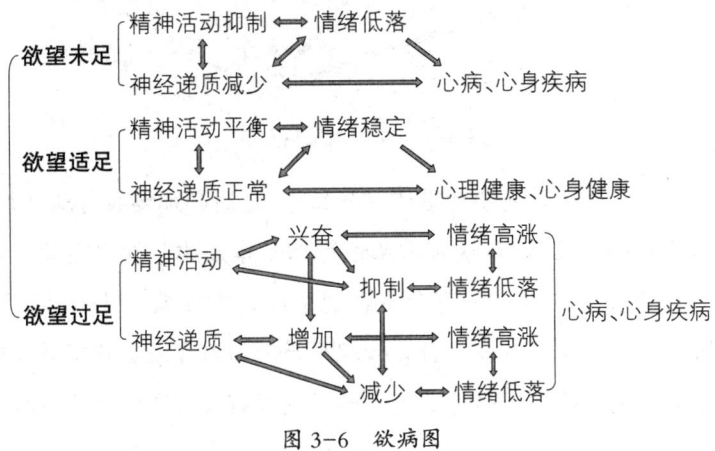

图 3-6 欲病图

(图 3-7)。对于欲望症，笔者提出了欲望调节的“六调”，且它们之间存在着一定的运行规律（图 3-8）。

- 欲望症
  - 欲望未足症
    - ①欲望偏高症
    - ②欲望过强症
    - ③欲望过多症
    - ④欲望乏能症
    - ⑤欲望未践症
  - 欲望过足症
    - ①欲望偏低症
    - ②欲望速足症
    - ③欲望疲劳症
  - 欲望偏执症
    - ①名欲偏执症
    - ②利欲偏执症
    - ③权欲偏执症
    - ④情欲偏执症
    - ⑤趣欲偏执症
    - ⑥信欲偏执症
  - 欲望失衡症
    - ①情业失衡症
    - ②情孝失衡症
    - ③趣责失衡症
  - 欲望缺失症

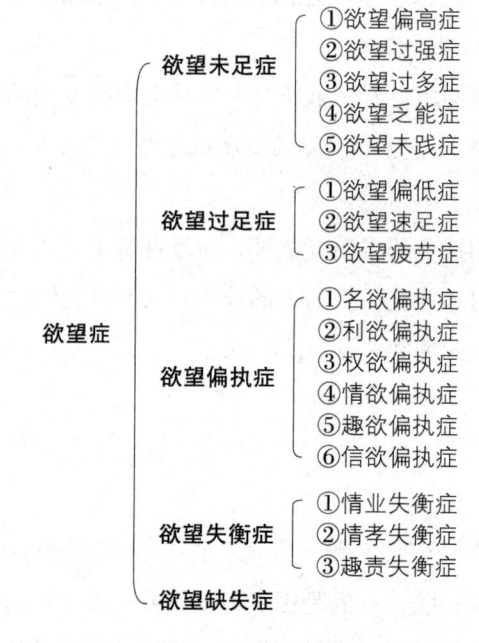

图 3-7　欲望症图

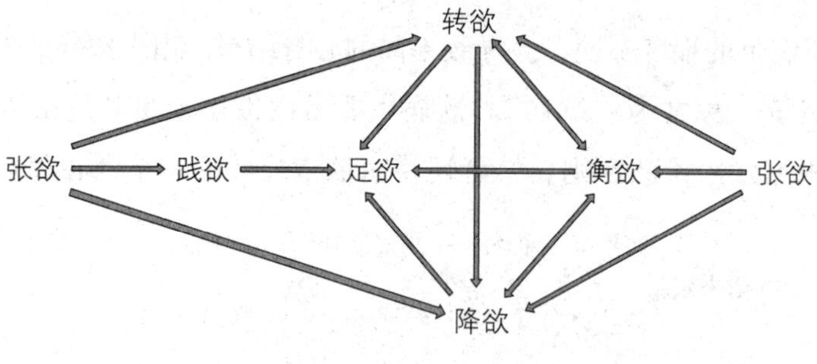

图 3-8　欲望调节运行律

简单地说，人必须首先要有欲望（张欲），之后必须要有行动（践欲），然后必须要有满意感（足欲）。这是欲望运行的基本规律。如果因欲望没能达到而痛苦，说明该欲望的设定不符合主客观条件，应降欲，从而获得降欲式满足。如果降不了，就应该转欲（转移心理平台上的内容或去获得另外的满足）。有些欲望不能实现，往往与多种欲望矛盾或失衡有关，所以需要不时衡欲。足欲是核心，满足方式有四种：践欲式、降欲式、转欲式、衡欲式。

第三节　人格系统论

人格是心理学的重要研究对象。心理学界有许许多多的人格理论，发展至后期还形成了人格心理学。在心理咨询实践中，几乎每个来访者的心理问题与疾病，都直接或间接地涉及了人格问题。所以，在心络学中，人格是一个非常重要的因素。心络学里所谈的人格，其内涵和外延，与心理学界的人格定义有较大的不同，但在本质上是基本相同的。

一、概念与特点

（一）概念

心络学中所说的人格，主要是指性格和气质。

性格是指人在生活、学习、工作、社交等各种活动中表现出来的具有突出性和稳定性的心理特点和言行特点。

气质是指人一贯具有的心理的或精神的基本素质。

性格和气质具有很大的相似性，如：都具突出性和稳定性，都属于心理的特性，都是受先天和后天各种因素影响后凝聚而成的。二者也有区别：从层次和源流的角度看，气质层次深些，大多属于"源"，性格层次浅些，大多属于"流"；从内隐和外显的角度看，气质更具内隐性，性格更具外显性；从生物性和社会性上看，气质的生物性成分多些，性格的社会性成分多些；从突出性和稳定性上看，气质更具突出性和稳定性。

人格的表现，既简单又复杂。说其简单，是因为人格即人的一切表现；说其复杂，是因为它可表现为人的欲望、认知、能力、情绪、行为、兴趣、态度、意志等。

（二）特点

1. 形成的复杂性和长期性

人格的形成，与遗传、后天影响紧密相关，其中涉及了太多复杂的因素。一般说来，家庭早期教育是人格形成的关键因素，学校教育是人格形成的主要因素。

从心络系统方面看，人格的形成主要与欲望的满足方式紧密相关。主动满足、及时满足、延时满足、无条件满足、有条件满足、部分满足、不予满足、多种满足方式的成分比例不同，多种满足方式能动方式不同等，都会形成不同的人格特征或类型。

从外界系统看，人际关系（尤其是亲子关系）、家庭环境、经济状态、各种个人事件和社会事件等，会严重影响人格的形成。

从生理系统看，父母的人格、自身的体质、有无疾病、相貌、体型、身高等，会对人格的形成有重大影响。

事实上，每个人的人格，都是生理系统、心络系统和外界系统（特别是家庭系统）众多因素影响的结果。

从年龄上看，零到三岁是人格形成的基础和雏形时期。人格的基本形成，按一般的观点看，至少要到十八岁。所以诊断人格障碍的一个基本前提是当事人要年满十八岁。人格要经十八年才能形成，这个过程可谓是长期的。

这些特点表明：无论是优秀人格还是病态人格，都是不容易形成的，都是在种种内外因素的长期影响后形成的，都是个人长期自觉或不自觉培养的结果。

2. 状态的稳定性和突出性

因为人格都是在种种内外因素的长期影响下形成的，所以它一经形成，就有很强的稳定性，甚至至死不变。常言道：江山易改，本性难移。稳定性特点表明：人格如本性，无论是好的还是坏的，都是极难改变的。总想去改变别人或自己的人格，基本上是不现实的。

人格形成后，总会以某些方式表现出来。在人的各种各样的表现中，最突出的表现就是人格的表现。从某种意义上讲，人格是一个人最显著的标志。有什么样的人格就是什么样的人。一个人，不管其说什么、做什么，都能表现出其性格和气质的某些方面，所以给别人留下最深印象的，也往往是其在性格和气质方面的内容。人格的这个特点表明：人的表现主要就是性格和气质的表现。看其表现，就能知其性格和气质；要知其性格和气质，就看其言行的种种表现。

二、系统与种类

关于人格的系统、类型，传统的主要有特质论和类型论。

心络学的人格理论有特质论和类型论的影子，但它应属于"系统论"，也就是说，它不仅是从"人格系统"的角度去看待人格和及其分类，而且还是从"人系统"和"心络系统"的角度去看待"人格系统"和"人格类型"。

在心络学看来，人格尽管只是心络系统中的一个要素，但单独去看它或剖析它，人格也是一个相对独立的系统。在这个系统中，存在着多种人格因素或类型，而这些人格因素或类型之间，也是相互作用、相互影响的（图3-9）。

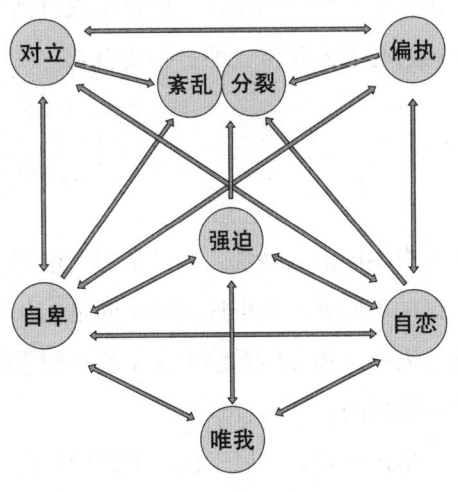

图3-9 人格网络图

从心络学的人格网络图中可看出，人格一共有八类。而"唯我"人格是人格系统中的基础。

在心络学的人格系统中，存在着这样几级：

第一级是唯我。

第二级是自恋与自卑。它们相互循环，并与唯我形成三角循环。

第三级是强迫。因为唯我为保持自恋、克服自卑就必须强迫自己去做相应的事情，从而逐步形成强迫。

前面四者相互影响并长期重复，到一定时候就形成了第四级的偏执和对立。其中对立人格的出现，也源于世界运行规律中的对立要素。对立本身是正常的，必须要有的，因为矛盾是普遍的，比如阴与阳。矛盾推动斗争双方力量的变化，进而推动事物向前发展。然而过分突出，就导致了对立人格。

唯我、自恋、自卑、强迫、偏执、对立这六大要素相互作用，持续影响，长期失衡，达到一定程度就会逐步形成第五级的紊乱和分裂。

这就是人格八大类的基本演变过程。

除了分裂和紊乱外对于每个人，其余六类人格都不同程度地存在。人与人之间的人格差异主要在于这六类人格的成分和比例不同。良好人格在于这些成分和比例适度且能动，不良人格在于这些成分和比例过度且僵化。如自恋，适度就正常，即自信；不足或过分就不正常，即自卑或自傲。又如自卑，适度就正常，即谦卑；不足或过分就不正常，即自得或自杀。

三、作用与影响

不同的心理学体系有不同的人格观。心络学的人格观与其他人格观有很多的共同点，但也有明显的不同处。其中最大的不同是：认为人格只是心络系统中的一大要素，受整个人系统和心络系统中各个要素的影响。在心络学的人格观中，各类人格是相互影响的。

在心络系统中，人格这一要素，属于核心支柱的要素。如果把人的心络看作一栋大厦，由本能和需要演变而成的欲望就是基础，人格、认知、能力就是大厦的三根支柱。在三根支柱中，人格是最重要的核心支柱。它既要受到整个心络系统和生理系统及外界系统的影响，也要受到欲望、认知、能力、情绪情感、行为与习惯、注意、记忆、兴趣、态度、意志、感知、人际关系等分支系统的影响。反过来，它也会影响着一切，而且影响是巨大的、长期的。因此，人格是心络系统中最重要的一大要素，对整个心络系统及周围各要素都起着至关重要的影响作用。

笔者在长期的心理咨询实践中，对无数心理病案进行过病因的挖掘和剖析，制作了许多的心理病因结构图，从中发现，心理病因往往是欲望问题、认知问题、能力问题、情绪情感问题、行为习惯问题、记忆问题、注意问题、兴趣问题、态度问题、意志问题、感知问题、人际关系问题等。再深挖，就发现，在这所有因素的背后，往往都有人格问题，所以笔者将人格因素作为了整个心络大厦的核心支柱因素。

从某种意义上讲，人格决定心理。可以说，许多的心理问题或疾病，其背后往往是人格问题。心理问题的难解决往往是因人格难改变。换言之，心理的健康，其背后也是人格的健康，心理健康建设最重要的任务就是人格建设。

从"人系统"的角度看，心络学是人学，是系统性心理学。仅从人格这一点上看，心络学除是本能心理学和欲望心理学外，还是人格心理学。

四、问题与应对

良好人格是人一生的心理财富，而不良人格，尤其是病态人格，是人一生的心理灾难。当人格因素导致的心理问题与疾病达到一定程度时，就形成了人格症。因人格具有很强的稳定性，极难改变，所以人格症是心理症中最严重、最难治疗的。

根据心络学的人格系统，人格症共为 8 种（图 3-10），其中大多数种类还有亚型。

对于人格问题或人格症的应对，方法很多。笔者根据自己的经验，认为其中主要有三个方面：

第一，改变的努力。作最大的努力和最坏的打算去调欲、体验、培养能力、进行人格修塑。调欲是指应用朱氏点通疗法的欲望六调法。体验是指应用朱氏点通疗法的七种体验法。修塑人格离不开外部环境、家庭环境、同伴等。所以改变人格，有时也可从施加生存压力、制造危机感、增加独立性等开始。人格修塑的具体内容，请见本书第七章心络学的心理健康观中心理健康标准的"人格良好"标准的内容。

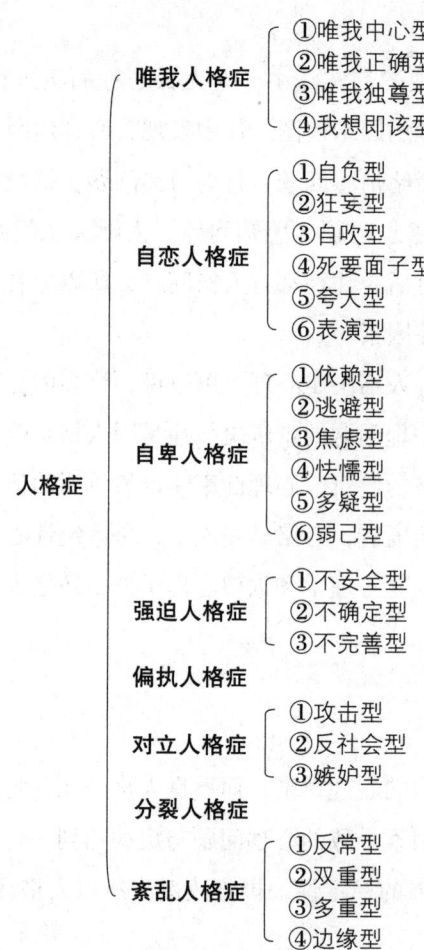

图 3-10 人格症的 8 种分类

第二，维系的努力。针对来访者难以改变的人格特点，尽力让其回避一些易使人格受挫的人与环境，减少来访者自身的痛苦以及给别人带来的痛苦。即便在恶劣的环境下，也要考虑怎样让他们活得更好。

第三，发挥人格特征的优势。人格特征往往是双刃剑，在某些时候对自己有利，而在某些时候又对自己有害。心理咨询师可以充分考虑发挥来访者人格特征有利的方面，使之变成有用的东西。利用得好，也可能"变废为宝"。

心理咨询师不管用什么方法去应对人格问题或人格症，都需要耐心，也要清楚改变都需要一定的过程。

第四节 认知系统论

认知是心理学中重要的研究对象。在心理学界有许许多多的认知理论，还诞生了影响甚大的认知心理学派。同时，认知心理学也是心理学的重要学科之一。在心理咨询与治疗中，几乎每个来访者的心理问题与疾病，都直接或间接地涉及了认知问题。所以，在心络学中，认知也是非常重要的一个因素。

一、概念与特点

（一）概念

按心理学界的通常说法，认知是指人认识外界事物的过程，即个体对感觉信号接收、检测、转换、简约、合成、编码、储存、提取、重建、概念形成、判断和问题解决的信息加工处理过程。认知心理学，就是以信息加工观点为核心的心理学，故又称作信息加工心理学。

心络学所说的认知，是指人通过感官和大脑去认识人和事物的方式、能力以及产生的结果，内容包括思维方式、智力、观念、知识等。其中主要是指观念和思维方式。观念中还包括了思想、品德、价值观、人生观、世界观等。

（二）特点

心络学认为，认知要受到整个心络系统和生理系统及外界系统的影响，也要受到欲望、人格、能力、情绪情感、行为与习惯、注意、记忆、兴趣、态度、意志、感知、人际关系等心络要素的影响。所以它的特点是：具有总体上的显著的主观性、变化性和部分突出的稳定性。

认知的主要成分是种种观念和思想，其中也包括无穷无尽的各种念头。人每天都会因生理系统、心络系统、外界系统的种种因素的影响而产生种种想法，并会因这些因素的变化而变化。所以认知具有显著的主观性和变化性。但其中某些观念和思想在经历了许多的重复后，会逐步成型和固定，从而成为认知中的深层观念或核心观念，甚至会形成牢不可破的信念。这就使之具有了突出的稳定性。

认知的另一个重要内容是思维方式。人在面对各种人和事物时，思维方式往往是复杂多变的。当看到某些具体事物时，可能是形象思维；当在讲道理时，可能是抽象思维；在冲动时，可能是感性思维；在冷静时，可能是理性思维；在欲望满足时，可能是正性思维；在欲望受挫时，可能是负性思维；对自己有利或与自己一致时，可能是认同思维；对自己不利或与自己不一致时，可能是质疑思维。所以，人的思维方式往往具有显著的主观性和变化性。但其中某些思维方式在经常使用后，或成为习惯后，尤其是在得到强化后，会成为一个人的主要思维方式。如心理疾病患者中常见的非黑即白的绝对化思维、遇事就往坏处想的负性思维、以一为十的片面性思维、夸大性思维等。这些思维方式在他们那里就有很强的稳定性。他们的心理疾病不好治疗，就是因为他们的这些习惯性的早已固化的思维方式很难改变。

认知中的智力因素，也具有一定的主观性和变化性。如：一个人在数学方面，思考能力很强，但在面对职业选择方面，思考能力却不强。在数学的代数方面，他的思考能力很强，但在数学的几何方面，思考能力却不强。所以，他有时数学成绩很好，有时却不行。但总的来看，人的某方面的智力一旦形成，就具有了较强的稳定性。

人的知识，因自己的需要与否，总是处于不断地增减或不断地更替之中。有些人甚至是今天学，明天弃。人的现实需求和人的好奇本能，总使自己的各种知识被新的知识不断覆盖，甚至被不断淘汰。这种主观性和变化性是很明显的。但有些与生存和发展或追求与兴趣紧密相关的知识，无论是书本的还是社会的，往往会逐步沉淀下来，成为一个人很难忘掉、很难放弃的固有知识或核心知识，甚至会形成一个人的知识结构。这些固有知识和知识结构就具有很强的稳定性。

二、系统与种类

在不同的心理学体系中，有不同的认知系统。按目前的认知心理学研究的对象来看，通常包括知觉、注意、记忆、表象、思维和言语等。有些人认为认知系统就是心理的系统，所谓认知，实际就是人的心理。所以一谈心理，就是谈认知；一说解决心理问题，就是解决认知问题。影响甚大的认知疗法，就认为导致人出现心理问题的原因不是事件，而是认知。

心络学的认知系统与其他认知系统有很多的共同点，但也有明显的不同之处。其中最大的不同是：认为认知系统只是心络系统中的一部分，要受整个"人系统"和心络系统及其各个心络要素的影响。

心络学的认知系统是一个庞大的系统。这个系统可以分为四个分支系统。

（一）观念系统

观念，可视之为想法、看法、思想等。观念可分为一时想法和持久观念两类。

1. 一时想法

一时想法有无限之多，对于一个人来说，每天甚至每时每刻都有。这些想法可能随境而生，也可能随境转移，也可能随境而灭。

一时想法包括表层想法、念头、意象。每个人的每时每刻往往都伴随有无数的杂乱无绪的念头或意象。这些念头或意象往往是转瞬即逝，也有些会短暂停留，形成表层想法。有个别的念头有时还可能带有冲动性。这种冲动性的念头有时会变成稳定的甚至强烈的冲动性想法。如果这种冲动性的想法持续，就可能激发冲动性的情绪情感或行为。这些带冲动性的念头、想法、情绪情感和行为，在性格和外界因素的影响下，有时会难以遏止。如：法国14岁的男孩皮埃尔在家里做家庭作业写一篇散文时，突然萌生出想杀死全家的念头。于是，他用父亲的猎枪开枪打死了父母和4岁的弟弟。他11岁的妹妹因为没被打死而向警方报了案。当地人都说皮埃尔平时是一个好男孩，就像唱诗班的少年歌者，有些人还说他像个天使。他在此前也没有任何暴力倾向。他们一家也是当地的模范家庭。警方经过反复的了解和推测，始终没发现皮埃尔的任何作案动机。许多的法官、律师和专家都对此无法做出解释。由此，皮埃尔的行为震惊了整个法国[*]。其实，他的行为就是一个念头造成的。这就提示人的有些念头是偶然出现的、没有直接动机的。所以笔者主张人们应学会管理自己的某

---

[*] 摘自2004年10月30日《重庆时报》第6版。

些念头，尤其是冲动性的念头。对此，笔者还写过《把握念头就是把握人生》的咨治诗。

2. 持久观念

心络学所谓的认知的持久观念，主要有世界观、人生观和价值观。

世界观是人对自然界和人类社会的看法。其中包括自然观、社会观（政治观、发展观等）、是非观、真理观、文化观（历史观、哲学观、宗教观、艺术观）、科学观等。

人生观是人对人生的看法。其中包括命运观、生死观、为人观、处世观、婚恋观、家庭观、人性观、道德观、幸福观、成败观、荣辱观、苦乐观等。

价值观是人对价值的看法。其中包括生存价值、生活价值、工作价值、交往价值、行为价值等。

（二）思维方式系统

思维方式，是指应用一定概念、判断、推理进行思维的方式。人类的思维方式有很多。

第一大类是逻辑思维，包括演绎思维、归纳思维、类比思维、类推思维等。

第二大类是辩证思维，包括对立、统一思维，绝对、相对思维，静止、运动思维，现象、本质思维，偶然、必然思维等。

第三大类是其他思维，包括发散思维、聚合思维、形象思维、抽象思维、顺向思维、逆向思维、横向思维、纵向思维、认同思维、质疑思维、移植思维、侧向思维、平面思维、立体思维、加减思维、联想思维、单因思维、多因思维、正性思维、负性思维、理性思维、感性思维、孤立性思维、系统性思维、灵感思维、创造思维、简单思维、U型思维、价值思维、目的思维、博弈思维、共赢思维、个体式思维、集体式思维等。

（三）智力系统

智力是指人认识、理解客观事物并运用知识、经验等解决问题的能力。智力通常包括注意力、观察力、思考力、想象力、运算力、类推力、反应力、表达力、记忆力、判断力、综合力、应用力等。

（四）知识系统

知识是人类从自然界和人类社会中获得的各种认识。这里所说的知识，主要是指来自书本的和社会的（包括生活的）各种认识。

一般人是不会把知识作为认知来考虑的。笔者之所以把其纳入认知系统，是因为笔者在长期临床心理咨询中发现，有些来访者的心理问题与疾病是由缺乏某些知识或所获知识是错误的造成的。如：有些来访者认为有性冲动是不正常的，并因此而很痛苦。他们为什么有这样的观念呢？除认为性是罪恶的外，有些人是因为缺乏与性有关的基本知识。当获得性的基本知识后，其认知就发生了改变，痛苦也就消失了。在思维方式方面，有些人有迷信思维。而迷信思维往往是因缺乏有关知识而导致的。在心理咨询实践中，有太多的人因缺乏某些知识而产生了某些错误的观念，要改变他们的观念，一个重要的工作是要让他们获得相关知识。所以，笔者从解决实际心理问题的角度出发，把知识纳入了认知系统。而且还得出了这样的结论：知识对人的心理有重要的影响。要让人拥有某方面的正确认知，就应让人拥有某方面的正确知识。

归结起来，心络学的认知系统和种类大致如图3-11所示：

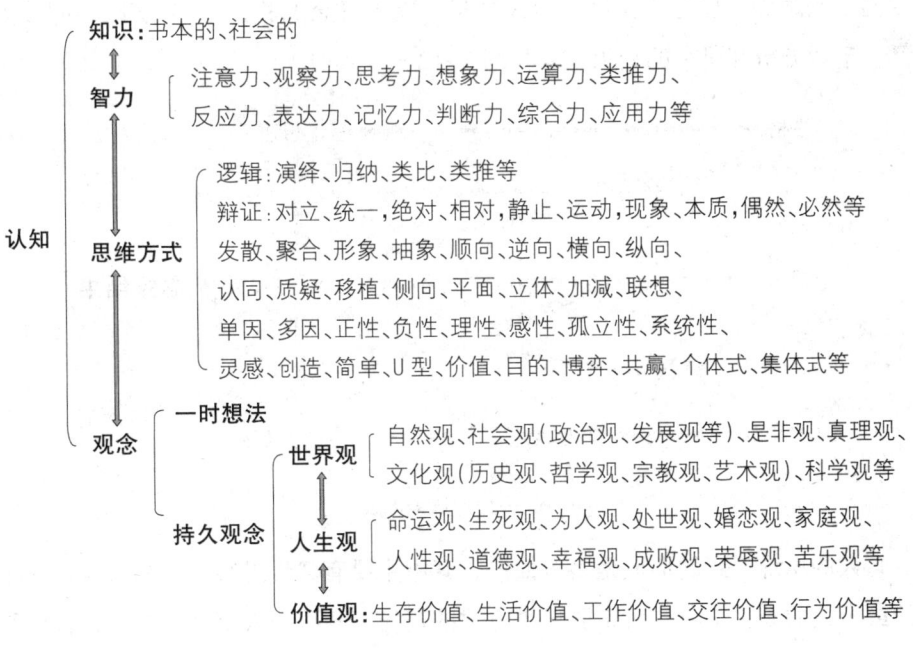

图3-11 认知系统图

三、认知的形成

认知是怎么形成的？

心理学家们通常认为：认知形成过程是一个非常复杂的过程，是人的大脑对信息进行加工处理的过程，是人由表及里、由现象到本质地反映客观事物特征与内在联系的心理活动过程。

笔者则是从大量来访者认知形成的实际情况来看待认知形成过程的。笔者也认为认知的形成是非常复杂的过程，其中所涉及的因素很多。

笔者以为，人的很多观念或思维结果的形成，往往会涉及欲望、利益、思维导向这三个因素。仅从这三个因素方面看，其源流大致是这样的：思维结果是由思维导向决定的。思维导向是由利益决定的。利益是由欲望决定的。事实上，除利益外，影响思维导向的，还有人际关系、情绪情感、基本想法、行为取向、兴趣和态度等直接因素以及性格、能力（含经验）、外界实践等间接因素。笔者分析和研究的结果大致如图 3-12。

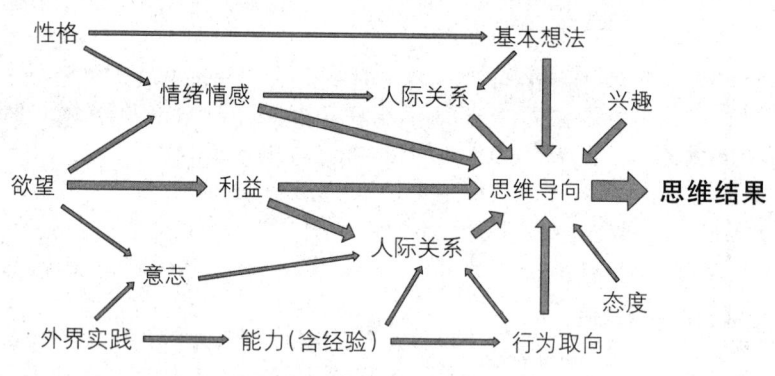

图 3-12　认知源图

人的思维方式的形成是多方面的，其中主要有父母思维方式的影响、学校的或个人的有关学习、对亲朋思维方式的模仿、某些个人事件或社会事件的影响或强化等。

人的智力的形成，也与家庭、学校、社会环境、生活方式等影响紧密相关，尤其与各种参与、承担、实践及其成败得失紧密相关。

个人知识的形成，主要来自对书本的学习和参与各种社会实践活动的收获。这与个人的欲望、追求、兴趣等紧密相连。

四、作用与影响

心络学认为，认知是位于次干的心络要素，是心络大厦的三大支柱之一（另两大支柱是人格和能力），对整个心理的影响都起着至关重要的作用。可以说，没有认知，就没有人的心理。人的所有心理活动，都伴随着一定的认知活动。人的所有心理成分，都融入有认知的成分。认知，还是欲望、人格、能力、情绪、行为等心络要素体现的媒介，或者说，这些心络要素都是通过认知来表达和实现的。

正因为认知有这样重要的地位和影响，所以很多人都认为人的心理主要就是人的认知，人的心理健康就在于认知健全，而人的心理问题就在于认知出了问题。基于此种观点，认知心理学派形成了，这也使得认知疗法成为具有世界影响力的主流心理治疗方法。

认知心理学的兴起和认知疗法的广泛应用，使认知在心理学中占了极其重要的地位，甚至有居于统治地位的意味。心络学虽看重的是欲望、人格、能力，但也把认知作为了次干的三大支柱之一。由此也可见它的地位和重要性。

认知虽要受到整个"人系统"和心络系统及其各要素的影响，但它也会直接或间接地影响这些系统和各个要素。无论是知识还是智力，无论是观念还是思维方式，对人和社会的影响都是巨大的。仅就观念中的世界观、人生观、价值观而言，它们对人的影响也是深刻而长久的。

五、问题与应对

认知会给人带来无穷的益处，但也可能导致很多的问题。这些问题达到一定程度，就形成了认知症。在心络学的众多心理症分类中，有一大类是认知症，其中还分若干种亚型，具体介绍见第五章。

单独来看，每一种认知症都是相对独立的，但用系统的眼光联系起来看，众多认知症之间又有着某些直接或间接的关联（图3-13）。

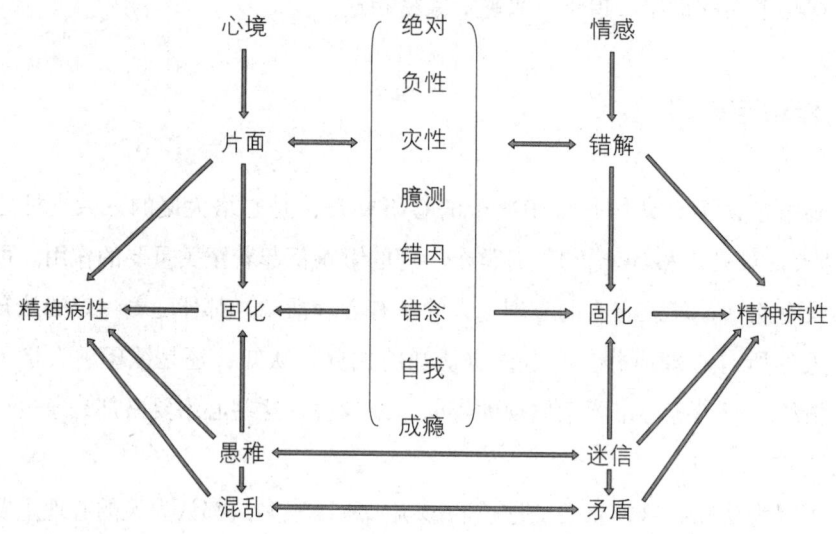

图3-13 认知症网络图

对认知问题或认知症的应对，笔者通常有如下建议：

一是学习有关知识。有些来访者的心理问题与疾病是由缺乏某些知识导致的，让其学习有关知识后就能很快解决。如有位学生每晚都烦恼异常，不敢睡觉，即便睡下后，也常常起床在屋里走来走去。由于睡眠不好，第二天精力就不好，上课打瞌睡，完不成作业。对此他更加烦恼、焦躁。去看了中医，吃了中药也无效。原来他是睡觉中阴茎要勃起，勃起后他就禁不住要胡思乱想。该学生认为这两者都是极其丑恶的，必须要解决的，而他又不敢向父母和医生讲。笔者给他做了解释，并建议他看看有关性知识，尤其是青春期生理发育和心理变化的有关知识。这样做以后，该学生的问题很快就解决了。

二是进行有关训练。有些心理问题与疾病是因智力或思维方式导致的，对这方面的问题就需要对来访者进行一定的对应训练。

三是通过调欲、体验、悟言点击、咨治诗文阅读背诵等来改变认知。当有关欲望得到调节后，认知会很快发生变化；当进行某些体验后，认知会发生深刻变化；当用悟言进行反复点击后，不但会改变旧认知，而且会建立新认知；咨治诗文的反复阅读和背诵，能持久地影响旧认知或牢固地建立新认知。

四是进行认知修塑。修塑的具体内容，请见本书第七章中心理健康标准的"认知完善"标准的内容。

第五节 能力系统论

在有些心理理论中，能力被视为人格的一部分；也有人把它纳入了行为的范畴。笔者在长期的心理咨询中看到，许多人的心理问题或疾病，都与能力的缺失或低下有关。人要正常地生存和发展，所应具有的能力种类实在是太多了。仔细研究这些人所应具有的能力，所涉及的范围更是太广了。所以，有必要把它作为单独的心绺要素来研究。

一、概念与特点

（一）概念

心绺学所说的能力，是指人所具有的或所表现出来的本领、功能、水平、素质、长项等，也是指人能做成什么、达到什么、完成什么的基本因素或条件。

能力伴随人的一生。人从出生的那一天起，就具有了一定的生理能力和心理能力。生理能力如吸吮的能力、消化的能力、排泄的能力、哭叫的能力、生长的能力等。心理能力如信息接受和输出的能力（通过看、听、哭、动等）。从婴儿期到老年期，各种各样的能力都不时伴随着每一个人。人只要存在，就需具有一定的能力，就离不开一定的能力。人不存在了，一切能力也就随之而逝。反过来，能力完全丧失，人就会走向死亡。所以，"人能一体"，人实际也是一个能力体。

对于人来说，能力所涉及的范围是很大的，甚至是无限宽广的。人所具有的和所需要的能力，既有生理方面的，也有心理方面的，还有应对外界方面的。可以说，能力涉及人的一切方面，就种类来说，无计其数。能力的外延极为宽泛，可谓无限。人的一生，在能力的学习和培养方面，是没有止境的。

（二）特点

从某些角度看，能力具有如下特点。

1. 条件性

人的能力的产生和保持都离不开人存在这个最基本的条件。正是因为它有这个特点，所以就导致了"人能一体"现象的出现。人的能力的产生或保持还离不开其他某些条件。如：消化能力离不开消化器官和食物；观察能力离不开眼睛和客观对象；表达能力离不开嘴巴、语言、思维和所表达的内容；工作能力离不开工作的平台、内容、目标、要求；交往能力离不开交往的对象、活动、内容、结果。如果不存在那些条件或离开了那些条件，相应的能力就无法表现出来甚至就无法存在。能力的条件性特点说明：能力的有无、大小、演变，是与一定的条件紧密相关的。

2. 相互性

能力是两个因素或多个因素相互作用后而形成的本领、功能、水平、素质、长项等，所以它具有显著的相互性。上述的那些例子就是很好的说明。正是那些相互性，决定了能力具有条件性。能力的相互性特点说明，能力的有无、大小、演变等，也是各因素相互作用的结果。

3. 减退性

不管是先天具有的能力还是后天习得的能力，不管是生理能力、心理能力、社会能力，还是这三方面综合作用形成的综合能力，从总的方面看，或是从总的趋势方面看，它们都具有减退性的特点。这是由能力的条件性特点和相互性特点所决定的。能力的减退性特点说明：能力的具有和保持都需要一定的练习和巩固，甚至需要修塑。

二、系统与种类

在心络系统中，能力只是一个心络要素。如果单独看能力，则是一个可跨越心络系统的、与生理系统和外界系统有紧密关系的庞大系统（图3-14）。

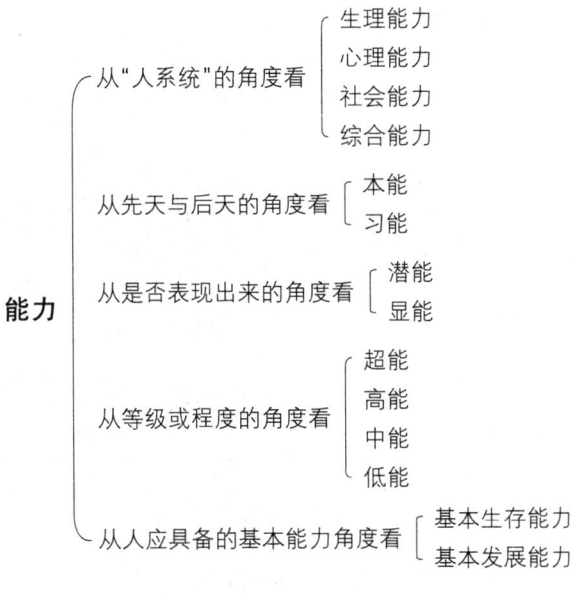

图 3-14 能力系统图

从不同的角度去看能力，就会有不同的分类。

从"人系统"的角度看，能力可分为四大类：生理能力、心理能力、社会能力、综合能力。这四大类能力构成了整个能力的系统，又各自分别构成了自己的系统。生理能力是指整个生理系统以及该系统中各生理要素所具有的各种能力。心理能力是指整个心络系统以及各心络要素所具有的各种能力。社会能力是指人在面对和应对外部系统（包括自然界和社会）时所具有的各种能力。综合能力是指人的生理能力、心理能力、社会能力的总和。

从先天与后天的角度看，能力可分为两大类：本能和习能。本能是与生俱来的，习能是后天习得的。

从是否表现出来的角度看，能力可分为两大类：潜能和显能。潜能是潜在的或未表现出来的，显能是实际表现出来的。

从等级或程度的角度看，能力可分为四大类：超能、高能、中能、低能。

从人应具备的基本能力的角度看，能力可分为两大类：基本生存能力和基本发展能力。这两大类又分为若干小类。这些分类都只是相对的，都只是站在某个侧面去看的，所以有些类别之间还有一定的交叉性。

由于基本能力对人至关重要，笔者认为，基本能力中的各个类别之间，是有种种复杂关系的（图 3-15）。

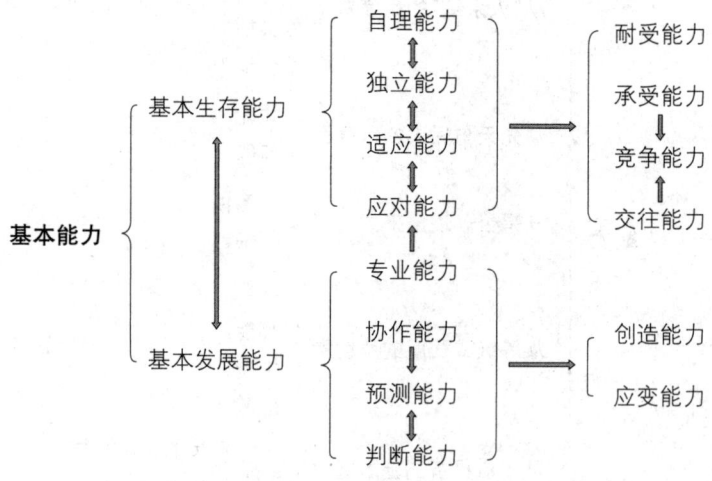

图 3-15 基本能力网络图

基本生存能力会严重影响基本发展能力，而基本发展能力又会倒过来影响基本生存能力。在基本生存能力中，自理能力、独立能力、适应能力、应对能力这 4 种能力，又是交往能力、竞争能力、承受能力、耐受能力这 4 种能力的基础。而在前 4 种基本能力中，适应能力是应对能力的基础，独立能力是适应能力的基础，自理能力又是独立能力的基础。在这 4 种基本能力中，作为基础的后者又会倒过去对前者产生极大的影响。综合分析，会发现它们存在着某种网络般的关系。

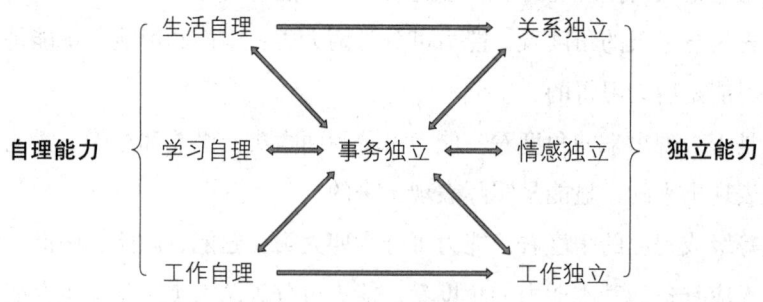

图 3-16 自理与独立网络图

从图 3-15、图 3-16 中可以看出，基本生存能力是人最基础的能力，而在基本生存能力中，自理能力又是最基础的。

如果我们单独看这些能力要素中某一个要素，会发现其也存在着一个复杂的系统。以适应能力（图 3–17）和交往能力（图 3–18）为例。

适应能力
- 生活适应能力
  - 吃适应能力　行适应能力
  - 穿适应能力　玩适应能力
  - 住适应能力
- 学习适应能力
  - 同学适应能力　教师适应能力
  - 学科适应能力　学校适应能力
- 工作适应能力
  - 内容适应能力　任务适应能力
  - 同事适应能力　管理适应能力
- 家庭适应能力
  - 角色适应能力　关系适应能力
  - 条件适应能力　家规适应能力
- 社会适应能力
  - 角色适应能力　制度适应能力
  - 风俗适应能力　文化适应能力
- 环境适应能力 ：气候适应能力　水土适应能力

图 3–17　适应能力网络图

交往能力
- 态度能力
  - 主动能力 ⟹ 大方能力
  - 热情能力 ⟹ 友好能力
  - 接纳能力 ⟹ 欣赏能力
- 表达能力
  - 语言表达能力 ⟹ 表情表达能力
  - 动作表达能力 ⟹ 肢体表达能力
  - 技巧表达能力 ⟹ 吸引表达能力(才艺、财富、权力、幽默等)
- 观察能力
  - 需求观察能力 ⟹ 忌讳观察能力
  - 心态观察能力 ⟹ 感受观察能力
  - （需求观察能力 ↓ 心态观察能力；需求观察能力 ↘ 感受观察能力；忌讳观察能力 ↓ 感受观察能力）
- 足欲能力
  - 理解能力 ⟺ 尊重能力
  - 真诚能力 ⟺ 共情能力
  - 宽容能力 ⟺ 谦让能力
- 应对、应变能力
  - 判断能力、联想能力、分析能力、反应能力、沟通能力
  - 周旋能力、协调能力、攻击能力、反击与防卫的能力
- 维系与放弃的能力

图 3–18　交往能力网络图

上面所谈的能力都是属于基本生存能力的范畴。如果要谈基本发展能力方面，是需要很多笔墨的。

在心理咨询中，有很多来访者是学生，在涉及他们的"专业能力"中，有一种可称为学习能力。由于学习能力在咨询中经常涉及，所以笔者借此机会也简单谈谈。

学习能力，其实也是一个复杂的系统，它至少可分为8类。这8类各自又可分若干小类（图3-19）。

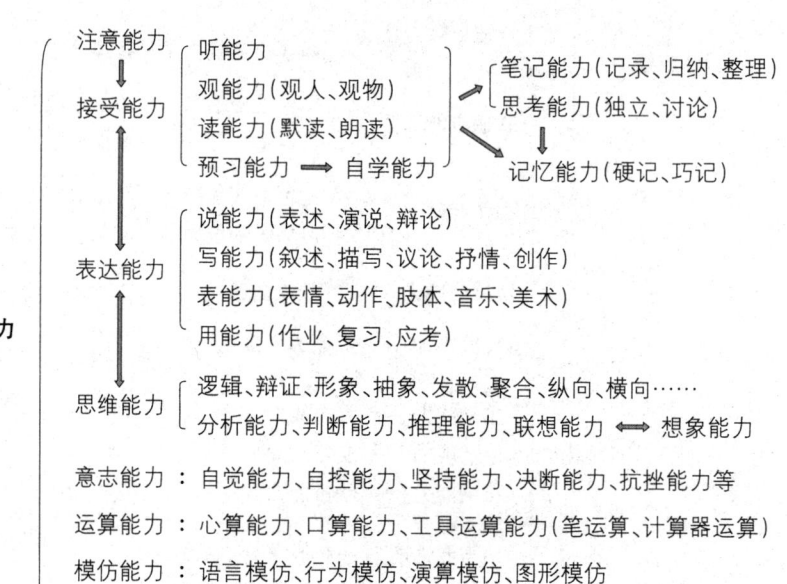

图3-19 学习能力网络图

除部分天生的能力外，大部分能力都是人们在后天的各种内外因素的影响下形成的。还有许多的能力，是需要通过长期的练习才能获得。如身体的抗打击能力、心理的承受能力、社会的竞争能力等，都是个体在有关活动中长期练习而成的。练习及其重复，是能力形成的最重要条件和途径。

能力的形成，与欲望、兴趣、行为习惯、生活方式、生存压力等紧密相关。有什么方面的欲望、兴趣、行为习惯、生活方式、生存压力，经过一定的努力，就可能形成什么方面的能力。此外，能力也与认知、关注、意志品质、人际关系等有一定关系。

三、作用与影响

在心络系统中，能力是心络大厦的三大支柱之一。它不但存在和体现在心络系统中，而且存在和体现在整个"人系统"中，与"人系统"中的三大系统都有密切的联系，并对"人系统"中的三大系统都有着直接且重大的影响。

能力的大小能直接影响人欲望的有无和能否实现，能直接使人自信或自卑，能直接使人的认知呈正性或负性，能直接使人的情绪、行为、注意、兴趣、态度、意志、感知、人际关系等发生变化。它跟人格一样，能直接影响和决定人的命运。

如果能力缺失或低下，人的各种问题包括心理问题，就会随之而来。如果能力兼备，人就很难出现问题，或者即便出现，也会很快得以解决。可以说，能力是人生之本，命运之根。

四、问题与应对

有许多人的心理症是由能力问题导致的。由能力问题导致的心理症，笔者称之为能力症。

笔者根据长期的心理咨询实践，认为能力症主要有4种：能力低下症、能力缺失症、能力过强症、能力失衡症。各类能力症的具体表现请见本书第五章心络症中的能力症。

能力问题或能力症的应对，有三个点：

一是有意培养。人的能力，除极少部分是先天具有的外，绝大部分都是后天培养而成的。根据现实需要，什么能力缺失或低下，当事人就应有意识、有目标地进行培养，直到具有或提高到一定水平。

二是经常练习。不管什么能力，都有减退的趋势。大多数能力的获得及巩固都需要一定时间的练习。经常的练习和重复，是能力获得和保持的最基本、最重要的方法。

三是坚持修塑。有些能力，如坚持力、承受力、竞争力、应变力等，不是一下就能培养出来的，也不是只靠简单练习就能获得或巩固的，而是需要特定的条件和方法以及很长的过程才行。能力症的解决和心理健康的建设，往往都离不开能力的修塑。能力修塑，是心理修塑中非常重要的修塑。能力修塑的具体内容，请见第七章中心理健康标准的"能力兼备"标准的内容。

由于能力与心理疾病及心理健康都紧密相关，心理学工作者和教育工作者都应高度重视，尤其要重视能力的系统性。作为直接教育者的家长和教师，更应该重视孩子的能力培养。育能，应该是教育的最重要任务之一。

第六节　情绪系统论

情绪和行为一样，是人心理最直接的表象，是人心理最直观的一面镜子。要了解或研究心理，就必须了解或研究情绪。

一、概念与特点

（一）概念

心络学所说的情绪，是指在外部刺激下或内心活动后所产生的心身反应或内外表现。其中心理反应表现为内心的感受与体验，生理反应表现为体内生化物质的变化、面部的表情、肢体的动作或行为、整个人的态度表现。

情绪和情感有着密切的关系但有一定的区别。情绪的形态或表现是碎片似的、层次很浅的、短暂的、不稳定的。情感的形态或表现是集中的、层次较深的、持久的、稳定的。每一种情绪都可能是一定情感的反应。每一种情感都可能表现为多种情绪。如果以"源"和"流"来作比喻，则情感为源，情绪为流。如果以"石"和"沙"来作比喻，则情感为经过沉淀凝固的石，情绪为未经沉淀和凝固的沙。情感的形成不容易，所需时间长。情绪的形成很容易，所需时间短。情感理性成分多些，感性成分少些，情绪则相反。

（二）特点

1. 产生的即时性

只要遇到刺激或有什么内心活动，人就会立即产生某种情绪或心情。情绪的这一特点说明：每个人都是一个情绪体，都有情绪的晴雨表。人总是生活在某种环境或某些心理活动中的。

2. 反应的主观性

对于同样的刺激不一定导致某种情绪，而是因人而异，因时因情况而异。情绪的这一特点表明：情绪主要是人的主观反应。它虽与一定的客观对象有一定的联系，但不一定有必然的联系。

3. 性质的多样性

每个人所产生的情绪的性质并不都是一样的，而是多种多样的，有喜、悲、怒、恐等很多种。情绪的这一特点表明：人不仅是一个情绪体，而且还是一个多种情绪的混合体。

4. 变化的随意性

由于情绪的产生是即时的，反应是主观的，所以其随时都可能发生变化。情绪的这一特点表明：情绪变化无常，是难以预测、难以把握、难以稳定的。

（三）情绪存在的四种状态

情绪产生后，其存在或变化的状态主要有四种。

一是沉淀。情绪产生后，如果没有进行处理，通常会沉淀下来。随着情绪的不断发生、沉淀和覆盖，就会逐步形成大大小小、各种各样的情结。情结一旦形成，就不易化解，往往会成为性格改变中的一部分，对人产生持续的影响。其中最难化解的有仇恨情结、恐惧情结、焦虑情结、悲伤情结、苦恋情结等。

二是爆发。情绪积压到一定的程度，尤其是在难以压抑的时候，往往就会爆发。爆发通常有两种方式：①自然爆发（没有原因的，莫名其妙地爆发）；②借机爆发（借某些事情，甚至是借毫无关系的一点儿小事而爆发）。

三是转移。当情绪积压到一定的时候，既难以压抑，又没有爆发，于是就开始自然转移。转移通常有三种方式：①演变为心理症，如焦虑症、恐惧症、强迫症、抑郁症、神经衰弱等。②演变为行为反常，如逃避、攻击、发泄、强迫、刻板、怪异等行为。③演变为心身疾病或躯体化障碍，如心因性的头痛、四肢酸痛、颤抖、麻木、脖颈不适、心慌、呼吸困难、便秘、腹泻、尿频尿急、性功能障碍等。

四是泛化。当情绪沉淀或积压到一定程度的时候，有的会开始泛化或扩大化，有的甚至可能一再泛化。如一个人去医院看望患癌症的朋友后，就害怕自己得癌症。这种恐惧不断沉淀和积压后，就泛化为怕医院，然后泛化为怕医生，此后又泛化为怕医生的白大褂和医院的白墙壁，最后泛化为怕白色。

二、种类与系统

关于情绪的种类，有很多种分法。中国古代有"七情"之说：喜、怒、忧、思、恐、悲、惊。美国心理学家普拉切克（Plutchik）将情绪分为8种：悲痛、恐惧、惊奇、接受、狂喜、狂怒、警惕、憎恨。有些心理学家将基本情绪分为4种：快乐、悲哀、愤怒、恐惧。有的根据情绪的状态，将情绪分为3种：心境、激情、应激。

心络学根据心理咨询与治疗的实践和需要，结合不同情境，将情绪作了以下分类（图3-20）：

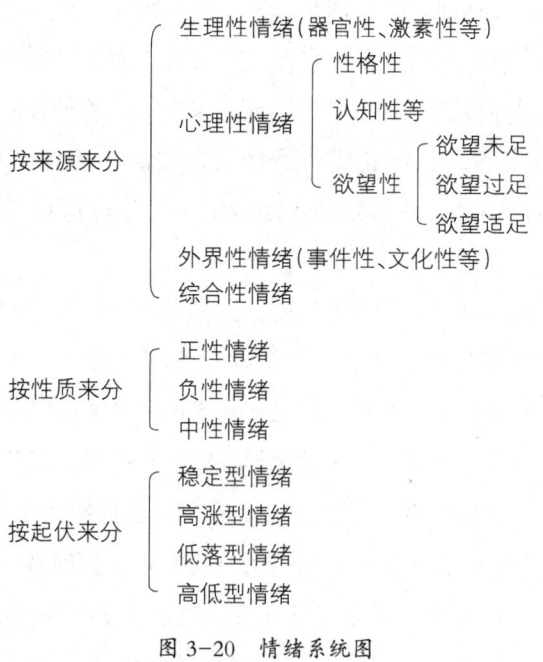

图 3-20　情绪系统图

根据情绪来源的情况，情绪可分为四大类：生理性情绪、心理性情绪、外界性情绪、综合性情绪。其中，生理性情绪是指由生理变化导致的，如肝病导致的躁动、兴奋、易怒等，妇女更年期导致的烦躁、易激惹等。心理性情绪是指由心络要素变化导致的情绪。如一个人认为人生无意义而导致的悲观、消沉、抑郁等。外界性情绪是指由外界因素导致的情绪。如遭遇车祸导致的痛苦与悲伤等，或遭遇别人无端攻击导致的愤怒与复仇等。综合性情绪是指由生理、心理、外界综合因素导致的情绪。

根据情绪的正负性质，情绪分为三大类：正性情绪、负性情绪、中性情绪。

正性情绪主要有：快乐、幸福、满意、惬意、舒畅、安然、悠然、轻松、感激、友好、真诚、亲切、热情、赞美、兴奋、乐观等。

负性情绪主要有：痛苦、悲伤、不满、抱怨、烦恼、反感、嫉妒、厌恶、困惑、担忧、焦虑、不安、紧张、惊惶、恐惧、失望、苦闷、压抑、沉重、绝望、抑郁、消沉、冷漠、急躁、愤怒、暴躁、疯狂、仇恨、委屈、沮丧、内疚、悔恨、激动、亢奋、狂喜、无聊、寂寞、厌倦、空虚、失落等。

中性情绪主要有：平静、随和、坦然、宽慰、慈祥、宽厚、虔诚、崇敬、安心、无忧无虑、自由自在等。

根据情绪起伏变化的情况，情绪可分为四种类型：稳定型、高涨型、低落型、高低型。稳定型为健康型，高涨型、低落型、高低型均为问题型或病态型。

笔者认为情绪是欲望的直接反映。

根据情绪与欲望的关系，情绪可分为三大类：欲望未足类、欲望适足类、欲望过足类（图3-21）。适足类为健康类，未足类和过足类为问题类或病态类。

欲望未足	不满、抱怨、烦恼、反感、嫉妒、厌恶 困惑、担忧、焦虑、不安、紧张、惊惶、恐惧 失望、苦闷、压抑、沉重、绝望、抑郁、消沉、冷漠 急躁、愤怒、暴躁、疯狂、仇恨 委屈、沮丧、内疚、悔恨	悲伤 痛苦
欲望适足	满意、惬意、舒畅、安然、悠然、轻松、感激 友好、真诚、亲切、热情、赞美、兴奋、乐观	快乐 幸福
欲望过足	激动、亢奋、狂喜 无聊、寂寞、厌倦	空虚 失落

图3-21　欲望情绪系统图

从上面的分类中可看出：正性类相当于适足类，负性类相当于未足类和过足类，中性类相当于未足类与适足类之间的，以及适足类与过足类之间的这两类。

从心络学的情绪分类中可看出，问题情绪总是大大多于健康情绪，健康情绪都是源自适度，问题情绪都是源自不足与过度。

情绪的产生或形成，有太多的原因。从"人系统"的角度看，生理系统的任何器官或激素的变化，心络系统任何要素的变化，外界系统的任何事件，都可能引起情绪的变化。从总体上看，情绪都是源自"人系统"。其中就心络系统而言，最主要的情绪源是欲望、人格、认知和人际关系。在心络图中，情绪处于末干的最左端。如果把图向右横起来，它就是最顶端，也即最末端。这表明：所有心络要素，都会导致情绪的产生和形成。

三、作用与影响

从情绪的概念、特点、种类、形成都可看出，它和整个"人系统"，尤其是心络系统，关系紧密。因此，情绪对人的作用是巨大的，影响是广泛的。

（一）既是疾病之源，又是健康之本

中国古典医学有"七情致病说"，现代医学中，有一大类病叫心身疾病或躯体化障碍。这类病就是心理因素导致的，其中主要是由负性情绪导致的。笔者总结自己大量的临床咨询实践，还专门写过这方面的咨治诗。其中《心理问题的变相反应》内容如下：

检查确无器质性疾病
但就是头痛头紧心慌心悸
还有失眠贪睡呼吸困难
以及胸闷肠梗腹泻便秘

检查确无器质性疾病
但就是胃胀胃痛没有食欲

还有脖颈不适背疼腰酸
以及怕冷怕热尿频尿急

检查确无器质性疾病
但总觉四肢麻木气血淤积
还有肌颤骨折神经断裂
以及五脏俱损虚弱无比

检查确无器质性疾病
但总有让人不可思议的东西
如别人听不到的声音看不到的事物
如别人闻不到的气味想不到的问题

这些都是心理问题的变相反应
原因是压力与情绪的长期累积
只有逐步消解症因症结
才能根除这些躯体问题和感知变异

在现行的心理疾病中,有许多都是情绪病,如焦虑症、恐怖症、强迫症、躁狂症、抑郁症、躁郁症等。几乎所有的心理疾病,都伴随有某些负性情绪。

有很多研究资料表明:身体健康离不开心理健康。在所有长寿老人的研究中,所得出的长寿原因,都有心态良好这一条。那些长寿的人,往往都心胸开阔,生活要求低,随和乐观,甚至浪漫、朝气蓬勃。心理健康最主要的是情绪稳定和拥有正性情绪。有了这两条,就能增强脏腑功能,使生命充满活力,并能增强免疫力,防止种种疾病的产生。所以说,情绪是健康之本。笔者根据自己的心理咨询实践和生活实践以及大量的研究资料,还写过《情绪与健康》一诗:

平静使血压舒缓

随和使心脏安然
轻松使脉络畅通
愉快使肝脾强健

舒畅让人心胸开阔
振奋让人精神饱满
浪漫让人焕发青春
乐观让人益寿延年

现在人们很讲究养生，笔者认为，良好的养生离不开心理养生，心理养生离不开情绪养生。

（二）既是行为的催化剂，又是行为的加速器

人的行为，无论是良好行为，还是不良行为，往往都伴随着一定的情绪。有时是由情绪催生行为，有时是由行为导致情绪。无论属于哪一种情况，情绪对行为的影响都是巨大的。无论是成功还是失败，无论是幸运还是不幸，都是一定行为的结果，因而也是一定情绪的结果。在人间无数幸与不幸的万千行为中，我们都能看到情绪的作用和影响。从总的情况来看，情绪是行为的催化剂和加速器。

情绪不仅与人的身心健康、各种行为息息相关，还与人的事业、恋爱、婚姻、家庭、人际关系，甚至整个命运密切相关。情绪有可能是让人最受益的朋友，也可能是让人最受害的敌人。

四、问题与应对

负性的情绪或情感会给人的身心带来太多的问题。有很多心身疾病或躯体化障碍都是由情绪或情感导致的。由负性的情绪或情感导致的并达到一定程度的心理症，笔者称之为情绪与情感症，常见的有 22 种，各类情绪与情感症的具体表现请见本书第五章心络症中的情绪情感症。

情绪问题与情绪情感症的应对，有许多的方法。其中应对情绪问题的点通

模式，主要有以下内容：

一是预防。避免不良情绪的发生，这是最重要、最关键的应对。具体操作是从"人系统"方面去作预防。从生理系统方面，要预防身体生病和功能受损；从外界系统方面，要预防不良事件的发生，或要做好对事件的正确应对。从心络系统方面，要从各要素方面去预防，其中主要是从欲望方面去预防。

二是控制。当情绪已经发生后，要进行适度控制，至少要将情绪控制在不产生严重危害范围内。

三是转移。当情绪无法控制时，就进行人或心理内容的转移，如立即离开现场，立即去想或做另外的事情等。

四是释放。当无法转移时，就进行及时释放。如深呼吸、大喊、大哭、唱歌、剧烈运动、向人倾诉等。

五是修塑。情绪预防、控制、转移、释放的能力，并不是天生就有的，就算已经具备一些，也需要不断地巩固。这就需要一定的修塑。情绪修塑的内容，请见本书第七章中心理健康标准的"情绪稳定"标准的内容。

第七节　行为系统论

行为在心理学中曾有着重要的地位与影响。西方主要心理学派之一的行为主义学派，曾把行为放在了最重要的地位，甚至代替了整个心理学。在现代科学中，行为也是研究的对象，从而产生了行为科学。行为科学还有许多分支，如组织行为学、政治行为学、行政行为学、犯罪行为学等。

一、概念与特点

行为是指人所表现出来的动作、举止以及所伴随的言语、态度及活动等，是人最主要的外在反应。

它有如下基本特点：

1. 代表性

行为是人及其活动的代表，是人及其活动最真实最直接的表现，是人心声的具体表达。人的一切，都是通过行为来表现或实现的。一个人是什么人？只看其行为就大概知道了。总之，行为是人最忠实的代表。这个特点表明：行为即人。

2. 自主性

人的行为，虽有被迫的，但主要都是自主的，都是因自己的生理需要、心理欲望或某种目的而自发出来的。行为的方式如何、是否持续、达到什么程度等，也主要是由行为人自己决定的。这个特点表明：行为结果应属于行为人，行为责任应由行为人承担。

3. 目的性

人的行为，虽有无意识、无目的的，但主要的、绝大多数的都是有意识、有目的的。人的目的，主要是通过行为来表达和实现的。目的往往是行为的动因、方向和目标。这个特点表明：行为往往是目的的外现。

4. 多样性

行为既有生理性的，又有心理性的，也有社会性的，还有这三方面兼有的。无论是哪方面的行为，往往都富有变化。从人方方面面的行为及其变化的表现看，行为是无限多样的。这个特点表明：看人的行为，需要注意其多样性和能动性。

4. 习惯性

不管是哪方面的行为，只要重复到一定时候，就会成为习惯性行为。事实上，每个人都有一些习惯性行为。人们常说的人的习惯，其实往往是指人的习惯性行为。行为的习惯性，使很多行为成了不需要考虑就会自发表现出来的"潜意识行为"。这个特点表明：看人的行为，应注意其习惯性，应因势利导，避免习惯带来的不利影响。同时也表明，因习惯性，有些行为是不易改变的。

二、系统与种类

心络学认为：行为在整个心络系统中，只是末干的一个要素。但单独看，它也是一个庞大而复杂的系统。

按心络学的观点，行为可主要分为四大类：生物性行为、心络性行为、社会性行为和对应性行为。生物性行为，是生理因素所导致的行为。心络性行为，是心络要素所导致的行为。社会性行为，是外部因素所导致的行为。对应性行为，是具有对应关系的行为，它们既可能是心络性行为，也可能是生物性或社会性的行为。生物性行为和心络性行为及社会性行为，三者是相互影响的。严格说，还有一大类是综合性行为。因太复杂，所以笔者从心理咨询与治疗的实用性方面考虑，觉得可以暂时不去考虑它。

心络学的行为系统，主要如图 3-22。

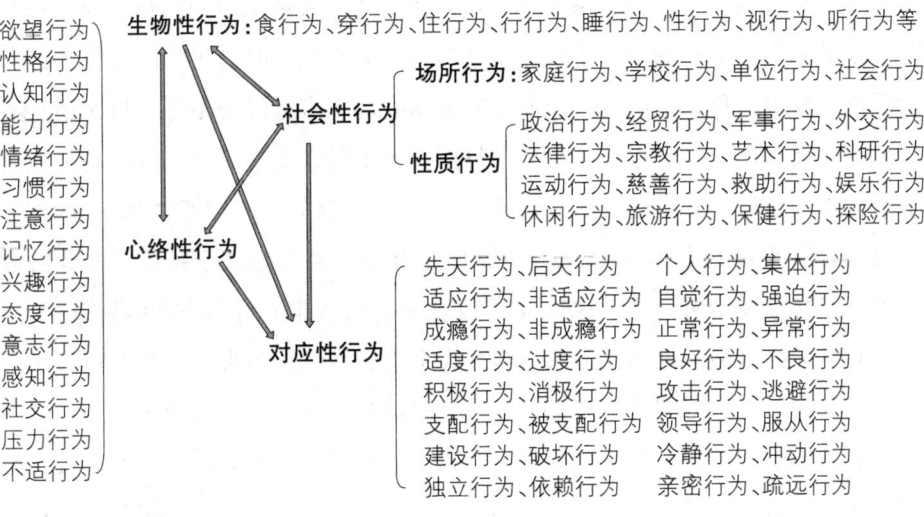

图 3-22 行为系统图

如果从行为的角度看习惯，习惯和行为有着千丝万缕的联系。在习惯系统中，非常重要的习惯便是行为习惯，另外很多习惯也与行为直接或间接相关（图 3-23）。

心络学的行为系统告诉人们：不能孤立地、简单地去看人的一些行为，尤其是一些具有特征性的典型行为，如异常行为中的刻板行为、模仿行为、强迫行为、作态行为等。有些行为的表现是简单的，但其背后的因素是复杂的。

同时，行为也是呈系统性的。某种行为要受行为系统的影响，自己也会反过去程度不同地影响行为系统。

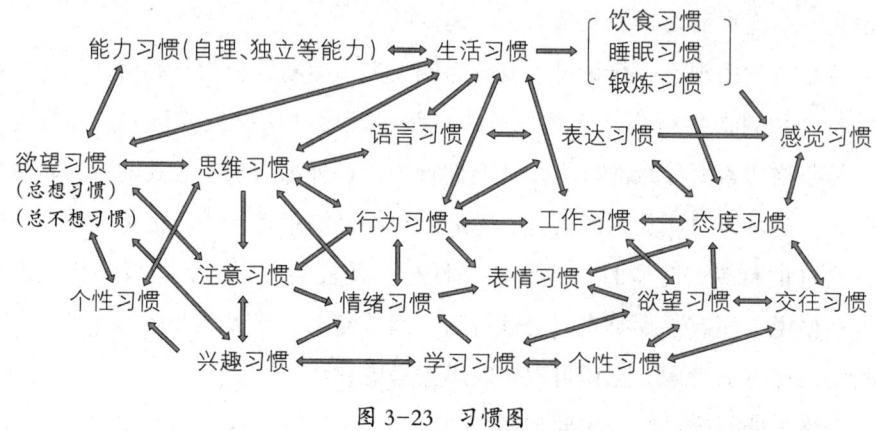

图 3-23 习惯图

另外，行为要受到心络系统各要素以及整个"人系统"的影响。如：一个高中生见同学买了新的苹果手机，就认为自己的手机不时尚了，向其母亲提出换手机的要求。母亲不同意，他便又吵又闹。由于家庭经济不好，母亲还是不同意，他便气愤地打了母亲。母亲被打得受不了时，便报了警。这位高中生的不良行为，显然与其欲望（想买新的苹果手机），认知（认为原手机不时尚了，认为其母亲应该答应他的要求），外部因素（别的同学想买手机且父母都同意买了，可其母却不同意），情绪（欲望受挫产生的气愤）等多方面因素有关。

心络学的这种系统的行为观，与行为主义的线性行为观是显著不同的。

行为的形成，一部分是与生俱来的，如摄食行为、排泄行为等；另一部分是在后天形成的，如各种劳作行为、竞赛行为等。从总的来看，绝大多数行为都是在后天形成的。

三、作用与影响

心络学十分重视行为这一要素，但在整个心络系统中，行为处于次要的地位。这是为什么呢？因为在笔者看来，它和情绪一样，从总的方面去看，它们都是心络其他要素的反映，尽管它们也能反过去影响其他的要素。所以，这种"次要"也仅是相对而言。事实上，行为在人的一生中和在人的整个心络系统中，都是非常重要的。仅从这一点上看，笔者和行为主义者看重行为是一样的。

因为行为具有代表性的特点,所以行为会对人的生活、家庭、工作以及整个命运产生重要影响;人的生活行为会直接影响人的生活方式、状态及质量。人的家庭行为会直接影响家庭成员间的关系以及幸福;人的工作行为会直接影响工作的效率和结果;人的一系列行为会直接导致命运的顺逆吉凶。总之,人的生活、家庭、工作、命运的状态及结果,都是人一系列行为的综合反映。人一生的行为,就是人一生的代表和写照。

因为人的目的主要是通过行为来表达和实现的,所以行为会直接或间接地影响人的目的的达成情况。有些人一生中有许多的梦想,但实现得少之又少,其中主要的就是缺乏相应的行为,或是行为不当,或是行为没有坚持,或是行为没有与时变化。人的成功,都是实施一系列有效行为的结果。而人的失败,往往都是实施某个或某些无效行为的结果。所以,笔者在心理咨询中特别看重和强调来访者咨询后所实施的行为。咨询后,如果来访者没有实施相应的行为,就肯定不会有什么实在的咨询效果。

有些行为很容易成为习惯行为,而习惯行为往往会无意识地影响人的一生。所以我们要特别重视良好行为习惯的培养,要特别防止不良行为习惯的形成,要特别强调对不良行为习惯的逐步改变。培养良好行为习惯,发挥其应有的作用,会对人产生巨大且持久深远的影响。

四、问题与应对

人的问题,包括心理问题,都会表现为一定的行为问题。

在行为医学中,行为障碍主要有三类:本能行为障碍(含摄食行为障碍、性行为障碍、睡眠障碍、生活方式与习惯障碍),社会行为障碍(含人际交往障碍、社会适应不良障碍、与文化相关的障碍),与精神和躯体相关的障碍(含精神发育迟滞所致的行为障碍、精神病性的行为障碍、神经症性的行为障碍、医源性疾病中的行为障碍、人格障碍的行为障碍、应激反应与适应障碍中的行为障碍)。

在精神病学中,行为障碍主要有两类:精神运动性兴奋(含协调性和不协调性),精神运动性抑制(含木僵、违拗、缄默、作态、蜡样屈曲、被动性服从、意向倒错、刻板动作、模仿动作、强迫动作）。

笔者结合心理咨询中所见的大量行为问题，根据以"症因为主、症状为辅"的分类原则，将心络学的行为症分为8种。各类行为症的具体表现请见本书第五章心络症中的行为症。

8种行为症不是孤立地存在的，而是有着复杂的关系。

心络学的行为观认为，行为只是心络因素、生理因素或外部因素的反映，因此行为症属于现象症，即只是症状。按朱氏点通疗法的治疗观，治疗的根本是要消除症因与症结。所以心络学的行为症治疗也应是对因治疗，即要消除行为产生的原因。如欲望行为，就应是调节欲望。朱氏点通疗法消除种种症因的基本方法是欲望调节（调）、体验推拿（推）、悟言点击（点）、健康修塑与境界修塑（修），所以行为症的治疗，也主要是调、推、点、修，并根据实际情况兼用他法。行为修塑的内容，请见本书第七章心络学的心理健康观中心理健康标准的"行为适当"标准的内容。

朱氏点通疗法的行为治疗与行为主义疗法的行为治疗有同有异：

相同的是：都看到了行为对人的影响；都认为人的行为问题与外部因素有关；都认为行为问题应该予以解决。

不同的是：

（1）前者是对因治疗，重在消除产生不良行为的原因，是通过消除症因来消除不良行为；后者是对症治疗，重在矫正不良行为，是通过行为来改变行为。

（2）前者是全面的、有点有面的系统性治疗，既要考虑心络系统方面，又要考虑生理系统方面，还要考虑外部系统方面，在方法应用上，也是全面的多法并用；后者是单一的、点对点的线性治疗，只考虑用什么新行为去改变原行为，方法上也较单一。

（3）前者是把治疗对象看成一个有自己思想情感的、具主观能动性的人，认为同一治疗措施或方法，用于不同的人，就可能有不同的反应，因此看重对方的主观能动性；后者把治疗对象看成一个"只要进行什么刺激就会必然有什么反应"的"动物"或"机器"，只强调实施治疗者的行为作用，几乎不考虑治疗对象的作用。

（4）比较而言，前者适应症范围比后者广，效果也比后者好。

（5）前者不排斥后者，有时也用后者，具有兼容性；后者排斥他法，不具兼容性。

第八节 注意系统论

每个人都会与注意终身相伴，注意总会直接或间接地影响每一个人。注意也是心理学研究的一个对象，所以心络学自然也会把它作为一个对象。

一、概念与特点

（一）概念

注意是指在一定条件下，人对一定对象的选择、指向和集中，伴随着观察、识别、思考、联想、记忆、感受、情绪等一系列心理活动及其反应。

人们平常所说的关注，其实也是注意。所以在理解注意时，也可理解为关注。

注意与注意力关系密切但区别明显，因为注意力是指人的心理活动指向和集中于某种事物的能力。

（二）特点

注意主要有以下特点：

1. 选择性

人很难同时去注意多个对象，所以注意时首先要选择对象。选择了什么，才可能去注意什么。没有选择，就没有注意。选择的原则一般是：自己最需要的、最感兴趣的、最擅长的、最熟悉的、最新奇的、最不想要的、最担心的、最害怕的等等。注意的选择性特点表明：注意就是选择。因此，有所选择，就必有不选择，有所注意，就必有不注意。

2. 指向性

当选择一定的对象后，若心理活动并不指向该对象，或指向仅停留一瞬间，那注意也不成立。真正的注意，必须是在选择后赋予指向，并要保持一定的时间。所以说，注意具有指向性特点。该特点表明：注意需要实施指向并保持一定的时间。如果只选择了对象而不实施指向或实施只是一瞬间，那注意等于不存在。

3. 集中性

指向什么后，一定会集中于什么。没有集中也就没有注意。集中性是注意的最重要、最显著的特点。

4. 排他性

注意的选择性、指向性、集中性，使注意必然具有了排他性的特点。因为人要选择、指向、集中什么，就必然要排斥其他事物。

上述特点表明：人在同一时间内，只能注意少数对象，甚至一个对象。要对对象有清晰的、深刻的、完整的认识，就必须加以注意，即要选择、指向、集中于某对象，同时排斥其他对象。

注意的品质主要涉及范围、分配、转移、稳定性和持久性。

二、种类与系统

心理学中的注意分类主要有：

根据有无预定目的、是否需要付出意志努力，分为三种：有意注意（又叫主动注意）、无意注意（又叫被动注意）、有意后注意。

根据功能特点，分为三种：选择性注意、集中性注意、分配性注意。

按心络学的分类，注意可有两种分法：

一是按心络要素来分，有以下这些：

欲望注意（含需要注意等）。

性格注意（含自尊注意、自卑注意等）。

认知注意（含固有观念注意、负性与正性思维注意等）。

能力注意（含擅长注意等）。

情绪注意（含愉快注意、舒适注意、焦虑注意、恐惧注意、逃避注意、报复注意等）。

情感注意（含热爱注意、喜欢注意、厌恶注意、仇恨注意等）。

行为注意（含习惯行为注意、成瘾行为注意、攻击与逃避行为注意等）。

记忆注意（含愉快记忆注意、痛苦记忆注意、深刻记忆注意等）。

兴趣注意（含直接兴趣注意、间接兴趣注意、暂时兴趣注意、持久兴趣注意等）。

态度注意（含积极态度注意、消极态度注意等）。

意志注意（含瞬时注意、短期注意、长期注意等）。

感知注意（含特定音注意、特定色注意、特定味注意、新奇注意、未知注意等）。

人际注意（含亲朋注意、领导注意、名人注意、仇人注意、对手注意等）。

生理注意（含健康注意、疾病注意、形象注意等）。

社会注意（含政治注意、经济注意、军事注意、文化注意、时尚注意等）。

二是按正反向来分，主要有以下这些：

按性质：正性注意、负性注意。

按内外：内部注意、外部注意。

按意向：有意注意、无意注意。

按程度：强烈注意、淡薄注意；集中注意、分散注意（含散乱注意）；深度注意、表面注意；暂时注意、长期注意（经年累月的注意）。

概括起来，心络学注意系统大致如图3-24。

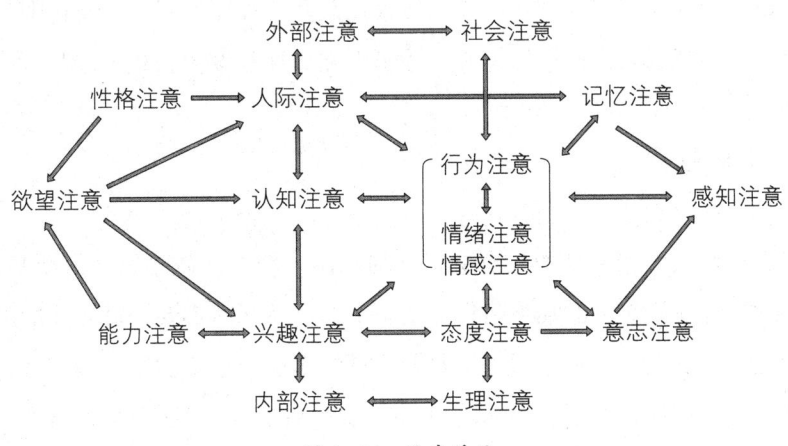

图3-24 注意系统

注意的原因，从总的来看，是源于"人系统"：心络系统、生理系统和外界系统。

从心络系统看，引起注意的原因是各个心络要素。从心理咨询的实践方面看，心络要素都可能引起注意。但在同一条件下，各个要素引起注意的程度是不同的。在不同条件下，每个心络要素引起注意的程度是能动变化的。其中最能引起注意的要素，依次是欲望、兴趣、能力（特长）、性格（自尊与自卑）、认知（负性与正性）等。

从生理系统看，最能引起注意的原因主要是健康状况。

从外界系统看，引起注意的原因主要有重大事件以及与个人紧密相关的一系列事件。

注意与意识有密切的关系。意识是注意的前提，意识不到就注意不到，能注意到就能意识到。意识障碍会导致注意障碍，但有注意障碍不一定有意识障碍。

注意是一种心理能量。不同的人，其注意能量有大有小，有多有少，有强有弱。同一个人，在不同的时候、不同的地方、不同的生理状态下、不同的外部条件下，其注意能量也是不同的。

不同的人，注意能量的分布是不一样的。同一个人，在不同的时候、不同的地方、不同的生理状态下、不同的外部条件下，其注意能量的分布也是不同的。从注意能量的分布情况看，注意力不集中往往是注意力在其他方面过于集中的结果，因为注意力高度集中必然导致在某些方面无注意或注意过弱。

因此，注意的状态与性质与其量的多少和分配程度紧密相关。

三、作用与影响

注意还对人的很多方面具有决定性的作用。俄罗斯教育家乌申斯基曾说："'注意'是我们心灵的唯一门户，意识中的一切必然都要经过它才能进来。"这是从注意与意识的关系方面，说明了注意的作用与重要性。总的来看，人的心理状态、生存状态，甚至人的命运，都与注意的分布情况、是否强烈、是否持久等注意程度相关。或者说，人也是自己自觉与不自觉注意的结果。

笔者一直把心理视为同一时间只能放一样东西的平台，且称之为"心理平台"。人注意什么，就等于在心理平台上放了什么。多年来，笔者实践中应用的一个"心态模型"是：心态 = 心理平台 + 心理平台上的心理内容。有些来访者看见别人得了心脏病，就担心自己也会得心脏病，于是每天去关注自己的心跳等如何，结果把自己搞得很紧张，很痛苦。他们的这种心态就是自己关注导致的。所以说，人的心理状态也是注意的结果。

世界上存在的一切东西，都可以成为人注意的对象。在一天里，有的人只注意打网络游戏，他们这一天的生存状态就是打游戏状态；有的人只注意看书和写作，所以他们这一天的生存状态就是看书写作状态。以此类推，在一月里，在一年里，在一生里，人主要注意什么，就决定了其在一月、一年、一生的主要生存状态是什么。精神病人往往是不顾一切地只关注他们感兴趣的那些方面，忽视或漠视现实中的一切，哪怕现实中的这些是生存所必需的，而且他们的那些关注往往是深入且持久的。如：一位精神病人每天关注的只是东西放得是否规矩。为了达到他所认为的"规矩"，他每天都在反复地摆放那些东西。我们可以认为，这位精神病人的生存状态就是由他的关注所决定的。

注意还具有强化作用。这种强化作用表现在：越注意，越强化；越强化，就越注意，从而形成无限循环。如：一位来访者有一天觉得脚有点儿痛，于是很注意脚的情况，结果脚越来越痛。一周后他去多家医院检查，结果都显示无问题。笔者对她说："人生活在变化的外部环境和内心环境中，身体或心理有时出现一点儿不适是自然的、正常的，完全不必在意。你如果去关注，就可能会强化不适，使之越来越严重。因为关注具有强化作用。很多问题是关注出来的，或是因关注而加重的。"这名来访者习惯于内部关注，尤其是对身体的关注，所以常常这里痛、那里痛，常常在吃这样那样的药。她相信了笔者所说的，从此将注意力多投向外部关注，结果脚很快就不痛了，身体的其他地方也不痛了，也不需要去吃那些药了。还有位来访者为不断严重的耳鸣而烦恼，服了很多中药也无用。笔者建议他不再关注，甚至视之为正常，结果耳鸣情况反而逐渐减少了，虽没有完全消失，但不再困扰他了。对有些身心问题，笔者经常给来访者这样的建议：行为上重视，心理上轻视。前者是希望他们该检查时必须去检查，该吃药时必须吃药，后者是希望他们不管检查或吃药的结果如何，都不去过分关注那些问题，而去忙着做自己该做的事情。这种建议的结果都还不错。这种治疗法，笔者称之为"转欲法"或"转移注意法"。

注意集中还具有反向作用。在心理咨询实践中，我们常常会遇到"注意无法集中"的问题，尤其是准备参加中考及高考的学生，他们中会有许多人遇到这类问题。分析他们注意无法集中的原因，其中有一个重要的甚至可称为关键的原因是注意过分集中。

注意过分集中为什么会导致注意反而不集中呢？经分析，笔者发现，注意也是有一定定数的，也存在反向现象。在定数范围内，注意越集中，注意力就越强，注意力的水平与注意的程度就成正比。但如果超出定数范围，就会出现"注意集中的反向"现象，即注意越集中，注意力反而减弱，注意力的水平就与注意的程度成反比。

重庆巫溪县的一位姓罗的高中生上课无法集中注意。只要同学说话或教室里有其他声音如有人咳嗽等，她就会心烦意乱，焦躁异常，无法集中注意；而当教室内十分安静时，她又会不由自主地、难以控制地去注意教室外是否有动静，这样她当然也无法集中注意。笔者经过综合分析后认为，罗同学的这一切问题主要是因过分要求注意集中所造成。该生以往成绩优秀，是班上和年级中的佼佼者，但后来成绩下滑，因此很着急。她认为自己成绩下滑的主要原因是上课时注意还不太集中，于是就要求自己上课必须高度集中，结果就导致了自己的注意完全不能集中。知道她的情况是受反向影响而导致的反向现象后，笔者就建议她视目前的注意不集中为正常，根本不去管自己的注意力是否集中的问题，更不要求自己一定要高度集中，让其注意力水平重新回到原来的定数范围内。罗同学按笔者的建议去做了，结果没多久就恢复了正常。从自己的亲身体验中，她也懂得了这个道理：要求注意集中是对的，但不能超越自己的特定定数，即不能过分要求，否则就会出现反而不集中的反向现象。

四、问题与应对

（一）关于问题

有很多心理问题与疾病是由注意问题导致的，笔者将这类问题称为注意症。主要有5种：注意分散症、注意固定症、注意过强症、注意过弱症、注意狭窄症。各类注意症的具体表现请见第五章第一节心络症中的注意症。

有很多心理问题与疾病会表现为一定的注意问题。笔者总结自己长期心理咨询的实践，发现其具有以下的注意特征：

总的看有：负性关注、有意关注、关注过度或不足、过分内部关注、注意不集中（分散）等。

（1）焦虑症患者：问题关注、预期关注等。

（2）恐惧症患者：恐惧关注等。

（3）强迫症患者：不安全关注、不确定关注、规则程度关注、完美关注等。

（4）抑郁症患者：兴趣关注、价值关注、意义关注等。

（5）疑病症患者：死亡关注、病症关注、健康关注。

（6）体像障碍患者：体像关注。

（7）多动症患者：注意不集中、随境转移。

（8）精神病人：内部注意严重，外部注意缺乏；在某方面注意过于集中、强烈，在其他方面不注意或难注意或注意过弱。

（9）注意力不集中的学生群体：

①好动，坐不住；②无精打采，心不在焉，或者想入非非，老走神；③粗心，马虎，差错多，做事无效率；④拖沓，磨蹭；⑤一心多用，有始无终，学习、做事质量低，效率不高；⑥严重的可能就是 ADD——注意力失调症，或者是感觉统合失调症。

针对学生群体注意力不集中的原因，笔者制作了"注意不集中原因结构图"（图 3-25）。

（二）关于应对

1. 张欲、降欲、转欲

注意对象的选择、指向、集中等，往往是由欲望决定的。如扩张某种欲望，就可能增强和集中某种注意；降低某种欲望，就可能减少或淡化某种注意；转移某种欲望，就可能转移某种注意。

2. 培养、增加或平衡兴趣

注意对象的选择、指向和集中等，也与兴趣紧密相关。兴趣对注意的影响，犹如欲望对注意的影响。所以，要增强或减弱注意，要集中或分散或转移

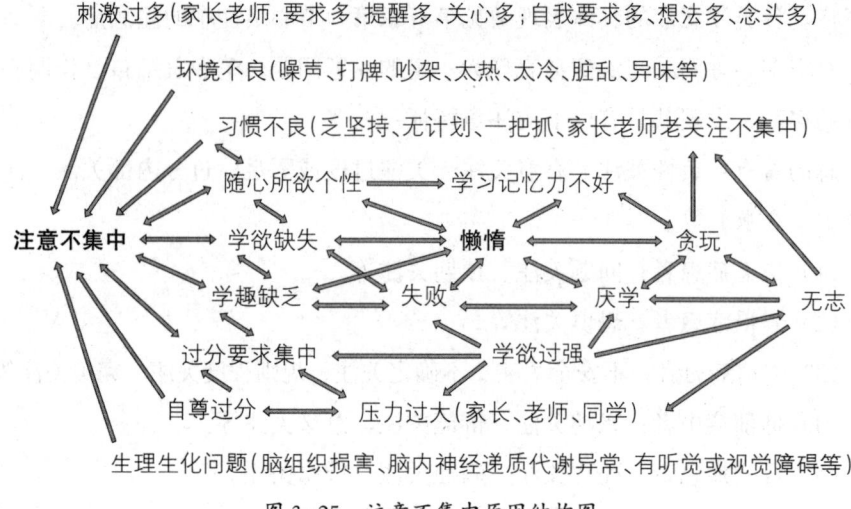

图 3-25 注意不集中原因结构图

注意,也可从兴趣入手。

3. 正性关注（积极关注）

很多有心理问题的人与心理疾病患者往往特别关注负性的东西。如前文分析,越关注什么就越容易强化什么。所以他们的有些问题,实际也与过分的负性关注密切相关。因此,让他们逐步学会正性的关注,其问题也可能得到有效解决。

4. 外部关注

很多有心理问题的人与心理疾病患者,尤其是精神病人,往往是生活在自己的世界中,对外部世界总是尽量逃避。这种状态必然导致他们对外部不感兴趣,逐步陷入严重的内部关注之中。所以解决的方法之一是引导、鼓励他们逐步增强外部关注,实现内外关注的能动平衡。

5. 注意训练

注意的增强、集中、转移、转换等,从某种意义上讲,也是几种能力。这些能力,有的是与生俱来的,但更多的是后天形成的。所以有些注意问题,是需要经过一定的训练才能解决的。

6. 随心所欲个性和习惯的修塑

有些注意问题,与当事人的个性和习惯紧密相关。尤其是随心所欲的个性和习惯,最容易导致注意的分散、难集中和随境转移。由于个性和习惯不容易改变，所以需要一定的修塑，其中尤其需要采取一定的奖惩措施。在修塑过程中，往往也包括了一定的训练（训练一般时间较短，内容少而集中，而修塑一般时间较长，内容多而广泛）。

7. 关于学生注意不集中的一些应对

因刺激过多过强所致的不集中的应对：①对当事人发出的信息不能太多、太集中；②如果有太多必须发出的信息，可分批分期发出；③当事人的自我要求不能太多；④要忽视头脑中某些念头带来的冲动，尤其是性、情感、恐惧方面的。

因兴趣、需要所致的不集中的应对：①寻找当事人的"兴趣点""需要点"，以证明其注意力完全能集中（张欲）；②在一定时间内，观察记录其如玩电子游戏的时间等，并予以肯定和鼓励；③将现已存在的"兴趣点""需要点"和学习等要求结合起来（转欲），如在玩中学，在学中玩；④培养新兴趣，刺激新需要，如别人怎样了，老师希望你怎样，未来配偶及前途需要你怎样等。

因环境不良影响所致的不集中的应对：①尽量改变家庭等影响注意力集中的环境，如打牌、吵架等；②尽量适应家庭等影响注意力集中的环境；③争取或创造新的环境。

第九节　记忆系统论

人的一切知识和经验的获得，都离不开记忆。人类对记忆的探索，早在古希腊时期就开始了。在心理学中，记忆一直是心理学家研究的对象。笔者在长期的心理咨询实践中，看到了很多与记忆相关的心理问题或现象，因此对记忆也进行了一定的研究，并把它作为心络学的一个重要内容。

一、概念与特点

（一）概念

记忆主要是指人对过去所见、所闻、所感知、所经历的事物在头脑中的保持与再现。记，主要是指保持；忆，主要是指再现。

记忆力是指记忆的能力，即保持和再现的能力。

（二）特点

1. 再现性

在笔者看来，记忆的本质是再现。不管看了什么、听了什么、说了什么、做了什么，结束后如果不能再现，就谈不上有记忆。内容如果能全部再现，就是记忆好，记忆强；如果再现少，就是记忆差，记忆弱；如果只能在短时间内再现，就叫短时记忆；如果在很长时间内都能再现，就叫长时记忆。记忆力实际就是再现的能力。

2. 重复性

除个别情况外，记忆通常离不开重复。从某种意义上讲，记忆是重复的结果。瞬间记忆如果重复，就能变为短时记忆。短时记忆如果重复，就能变为长时记忆。人的长时记忆，通常都是不断重复或长期重复的结果。

3. 及时性

不管是再现，还是重复，记忆都特别讲究及时性。不管什么内容，只要及时再现和重复，记忆的效果就好；如果延时再现和重复，效果就相对差；越及时，再现和重复效果就越好；越延时，再现和重复效果就越差。所以从这个意义上讲，记忆也是及时再现和重复的结果。

4. 刺激性

记忆也与刺激的强弱程度紧密相关。在一定的限度内，强刺激的记忆结果通常比弱刺激的好。但超过一定的限度，强刺激也可能导致失忆。有些强烈的刺激，只有一次，就可能终生难忘，如果是巨大的成功或巨大的失败，尤其是灾难性事件，会给个体带来强烈的记忆。

5. 影响性

记忆的内容，在记忆过程中往往会互相影响。

一是顺序的影响。记忆前面的，会影响后面的；记忆后面的，又会影响前面的。所以开头和结尾的内容容易记住，而中间的就最难记住。所以，个体想要做到善于记忆，就要把记忆的内容分成若干部分，各个击破。这种记忆法叫分散记忆法。

二是类别的影响。把同一类别的内容放在一起，就容易记住；把不同类别的内容放在一起，就不易记住。所以个体要想做到善于记忆，就要对记忆的内容进行分类。这种记忆法叫分类记忆法。相似记忆法也是分类记忆法中的一种。

6. 理解性

如果对记忆的内容不理解，记忆效果就不好，反之就好。在相同的情况下，理解越深刻的，记忆就越容易，越长久。与是否理解相关的记忆，就叫理解记忆和非理解记忆。

二、种类与系统

从心络学的角度看，记忆不是一种单纯的心理现象，也不是一种单纯的生理现象，更不是一种单纯的受外界刺激后产生的现象，而是"系统人"（生理人＋心理人＋社会人）或"人系统"的产物，与人的生理因素、心理因素和外界因素紧密相关。

（一）记忆种类

1. 从心理因素分类

（1）欲望记忆。最想要的终于得到或始终得不到的这种记忆往往很深刻。这种记忆笔者称为欲望记忆。与欲望记忆紧密相关的有"动机记忆"或"有意识记忆"。如：你想记某些东西，就有意识地去记，这就容易记住。如果不想花力气记，记起来就相对困难了。正因为有"欲望记忆"，所以有些学生厌学后，就会逐渐出现"学习记忆"减退。

（2）情绪与情感记忆。当最想的终于得到或始终得不到时，人会产生兴奋或愤怒的情绪，或爱与恨的情感。这种记忆，笔者称为"情绪记忆"或"情感记忆"。在情绪与情感记忆中，"痛苦记忆""爱记忆""恨记忆"是最深刻、最难忘的，往往是想忘都忘不了。在心理症患者中，往往不少人都有"负性情绪记忆"或"负性情感记忆"。

（3）兴趣记忆。感兴趣的就容易记住，不感兴趣的就不易记住；对特别感兴趣的，不记也会记住，且长久不忘。这也解释了学生如果对学习不感兴趣，其与学习有关的"兴趣记忆"就肯定会下降。

（4）注意记忆。经常关注的和关注程度深的就容易记住，从不关注的或关注程度浅的就不易记住。上节提到，注意与兴趣紧密相关，其往往是兴趣的产物，所以注意记忆与兴趣记忆也紧密相关。

（5）认知记忆。当某一内容符合自己的观念或思维结果时，人就会自动接纳，所以易记住；如果不符合，就会自动排斥，所以就难记住。

（6）关系记忆。与自己密切相关的人、事物、内容，就容易记住；如果与自己没有关系，就很难记住。

2. 从生理因素分类

（1）感知记忆。这类记忆又包括视觉记忆（包括图像记忆、形态记忆、色彩记忆等）、听觉记忆（声像记忆）、味觉记忆、嗅觉记忆、触觉记忆、运动记忆、体感记忆等。相对而言，视觉记忆和听觉记忆更容易留在人们大脑中。体感记忆中的疼痛感给人的记忆往往是深刻的，远远超过胀、酸、麻等。

（2）功能记忆。就生理系统而言，记忆与人的整体生理功能紧密相关，尤其与脑功能紧密相关。从生理心理学的角度看，记忆还与海马的功能紧密相关，甚至与神经递质、神经调质、神经肽、神经激素（如抗利尿激素）等有关。当人到一定年龄时，身体的整体功能就开始减退，就会开始出现近事遗忘，然后开始出现远事遗忘，再后就发生进行性遗忘，到最后整体生理功能衰退后，记忆也就完全衰退。

（3）多功能记忆。此类记忆由多种感觉器官或多种生理功能共同作用产生，如在学舞蹈中因边看、边听音乐、边模仿舞蹈动作后产生的记忆；又如在舞台上表演说唱艺术后产生的记忆等。

3. 从外界因素分类

（1）刺激记忆。仅从外界因素刺激的角度看，记忆与一定的刺激及其程度紧密相关。刺激越多越深，记忆就越深刻，反过来没有刺激，就没有什么记忆。许多恐惧症就是因相对强烈的刺激所致：因刺激带来了恐惧情绪，所以这种记忆既是"刺激记忆"，也是"情绪记忆"（恐惧情绪记忆）。

有些事件能让当事人失忆，其中有的人是全部失忆，有的人是选择性失忆；有的人是顺行性的，即对事件发生以后的全部事情没有记忆了；有的人是逆行性的，即对事件发生以前的全部事情没有记忆了。

电的刺激，如电休克（抽搐）治疗，对记忆有一定影响，甚至有一定损害。

（2）环境影响记忆。人的很多记忆，尤其是永远难忘的记忆，往往是环境长期影响的结果，如对故乡和故乡的人与事物的记忆，对某些文化和习俗的记忆，尤其是童年的记忆。

4. 从综合因素分类

（1）综合性记忆。这类记忆指与身、心、物综合作用相关的记忆。如一个人能永远记住母亲车祸而死的情景，这种记忆就包含了欲望记忆（不想母亲死），情绪记忆（万分悲痛），情感记忆（难忘母爱、难别母亲、仇恨肇事者等），刺激记忆（车祸事件），视觉记忆（一系列悲惨情景）等。综合性记忆往往是永生难忘的。

（2）重复记忆。不管有无欲望、有无情绪、有无兴趣、有无关注、有无生理功能、有无外界刺激，只要长期重复，就可能记住；相反，就很难真正记住。

从上可看出，从心络学的角度看，记忆是"系统人"或"人系统"的产物，既与心络因素有关，也与生理因素和外界因素有关。所以，要想有良好的记忆并得到保持，就需要系统地从欲望、情绪、兴趣、注意、认知等心络要素方面去考虑，就要增强或保持良好的生理功能，就要有适度的外界刺激，尤其需要长期不断地影响或重复。

5. 从其他角度分类

（1）从保持和再现的时间长短上看，记忆可分为瞬时记忆、短时记忆、长时记忆。

（2）从内容是形象还是抽象上看，记忆可分为形象记忆和抽象记忆（包括逻辑记忆）。

（3）从记忆方法上看，记忆可分为机械记忆、理解记忆（包括语义记忆）、联想记忆、比较记忆、尝试记忆、整体记忆、分散记忆、分类记忆等。

（4）从记忆层次上看，记忆可分为：表层记忆、深层记忆、中层记忆。在笔者看来，弗洛伊德提出的心理结构可理解为记忆层次。意识可相当于随时都能清晰感觉到的表层记忆；潜意识可相当于深潜底层的、被层层覆盖的、近似遗忘的、只能在睡梦中才能浮现其中部分的深层记忆；前意识可相当于大量的，处于表层记忆和深层记忆之间的中层记忆。中层记忆随时都在沉睡，但又可随时被唤醒。人们普遍理解的记忆，实际上是中层记忆。

（二）记忆系统

心络学的记忆系统，大致如图3-26。

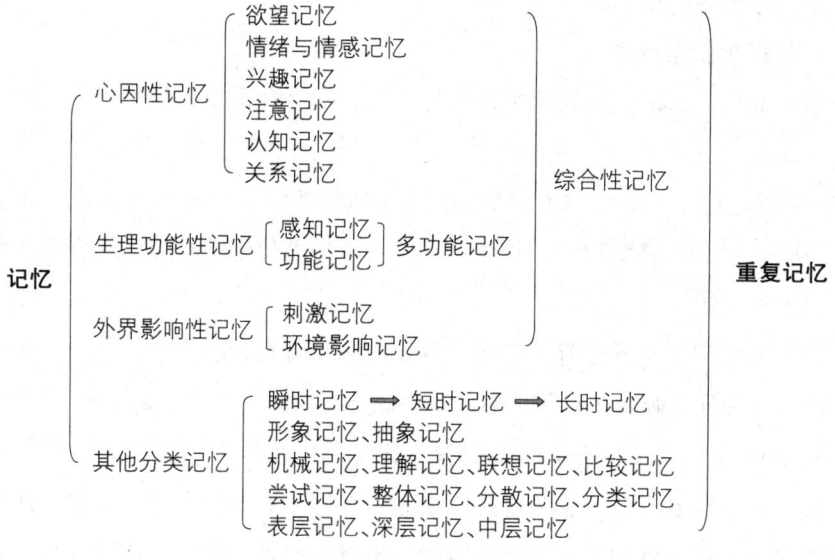

图3-26 记忆系统图

三、作用与影响

记忆的基本功能是保持和再现信息。如果没有记忆，人就不会有知识和经验，就不能进行思考和判断，就无法从事各种各样的社会活动，甚至无法正常地生活。

记忆将过去和现在的各种知识与经验连接起来，形成了丰富多彩的心理活动，并将种种分散的活动形成了一个个既相对独立又相互联系的整体，从而让人们能在新的心理活动范围或层次更高的水平上进行思考，形成更丰富、更广泛的知识和经验。从这个意义讲，记忆不仅是人知识和经验产生的基础，还是这些知识和经验不断发展进步的纽带和阶梯；不仅是人聪明智慧的源泉，还是人心理发展和健康的基本前提。

记忆是心理内容的仓库。没有这个仓库或这个仓库中没有什么内容，人的心理活动就会严重衰退。失忆意味着人的智力开始丧失，心理活动开始僵化，成了心理上的植物人。

记忆既是一种重要的心理功能，也是一种重要的生理功能。记忆健全与健康，是心理功能和生理功能健全与健康的基石。所以，拥有和保持良好的记忆是身心健康的重要基础。善于健心的人，就要善于保健记忆，即常常去识记一些新东西，并不断去重复背诵一些过去已熟记的东西。笔者主张人应保持两动：心动和身动。心动，就是要不断去思考和背诵。

四、问题与应对

有些心理问题与疾病是因记忆问题导致的。这类笔者称之为记忆症，主要有 5 种：记忆增强症、记忆减退症、遗忘症、错构症、虚构症。各类记忆症的具体表现请见第五章第一节心络症中的记忆症。

在心理咨询中，与记忆相关的问题，最多的是记忆下降或减退。下降或减退的原因很多，其中主要有过分的焦虑、担心、恐惧和紧张。这一类型在学生高考、中考时表现得特别突出。职场竞争激烈时，一些就业者在这方面也表现突出。应对这类记忆下降或减退的方法通常是：正确对待考试或竞争，坦然面对现实，只求考出或体现出自己的实际水平与能力，以减少不切实际的愿望带来的心理压力；把愿望和目标只作为动力，而不作为衡量的标准；奉行"尽力即可""尽力即为成功"的理念和原则；总是以"尽力后满意"的处世态度去面对现实和人生。

除下降或减退外，咨询中遇到的问题还包括顺行性遗忘、逆行性遗忘、近事遗忘、远事遗忘、进行性遗忘、选择性遗忘、心因性遗忘、癔症性的失忆等。遗忘很容易导致一些人的被窃猜疑或妄想。如果这些遗忘是生理功能衰退导致的，应对的方法是正视、面对和接受，避免增加心理负担，加重遗忘；也可通过多频次的反复记忆，延缓生理功能衰退的速度或进程。如果这些遗忘是心理因素导致的，如是因欲望受挫后情绪反应过于强烈所致的，那应对的方法就是消除这些心理因素。如果这些遗忘是事件因素导致的，应对的方法就是处理应激，消除应激影响，修复心理创伤。

在记忆障碍中，常见的还有错构和虚构、潜隐记忆。这在老年人中表现得更多。

错构是指记忆的内容从总体上来看是错误的，但从局部去看，又有一些是真实的。把一些真实的、没有关系的事实片段不自觉地组合成了完整的事实，这就是错构。

虚构是指记忆的内容，无论从总体上看，还是从局部上看，都是不存在的。按人们的非专业的话来说，就是整个都是谎言。但虚构不同于谎言。因为它不是主观有意的，而是不自觉地形成的。谎言则是主观地故意编造的。

潜隐记忆是指不同来源的记忆混淆后而形成的记忆。其中有把自己过去看过的、只是听说过的，甚至只是梦到过的一些事情，回忆成了自己实际经历过的事情；也有把自己实际经历过的一些事情，回忆成了只是自己过去所见过的或听到过的事情。

错构和虚构以及两者皆有的人，很容易有潜隐记忆；有潜隐记忆的人，也容易有错构和虚构。

对于心理因素导致的错构和虚构以及潜隐记忆，应对的方法主要是消除心理因素。但如果是因年老、脑血管疾病、外伤等生理因素和外界因素导致的，则只能进行药物治疗等，同时心理上保持顺其自然。

对于增强记忆或记忆保健而言，基本的方法有：一是扩张想记下内容的欲望，二是增强对所记内容的兴趣，三是掌握适合自己的记忆方法，四是及时重温复习，五是把记忆作为一种生活乐趣或健心的手段，反复长久地重复。

第十节 兴趣系统论

一、概念与特点

（一）概念

兴趣是人突出的喜好和热爱，是人心理活动的显著指向或倾向。有人认为兴趣是一种情绪或情感的状态，也有人认为兴趣是一种意识倾向，还有人认为兴趣是对事物的态度，更有人（奥尔波特）认为兴趣是一种"自主性功能"。笔者认为，这些都有一定的道理，只因下定义的角度不同、体验不同，表述就可能不同。

笔者习惯于从心理咨询实践的角度去看问题、得结论，笔者认为，兴趣近似于爱好。从形成方面看，爱好是在兴趣的基础上逐步形成的，是兴趣发展的结果。

兴趣与需要及欲望有密切的关系。一般说来，兴趣是在心理或物质需要及欲望的基础上形成的。兴趣一旦形成，就可能成为人的特别需要，成为其欲望系统中的一种突出的欲望。三者相互影响，无限循环。

（二）特点

1.动力性

兴趣一旦形成，就有强大的动力。在心络学的动力系统中，欲望要素是第一动力，兴趣和人格等要素是第二动力。人在兴趣的作用下，会不自觉地将注意集中在所感兴趣的事物上，并会深入持久地投入时间、精力等。有些兴趣会成为人们毕生的追求。为了兴趣，很多人会倾其一生，不惜把其他一切放弃。

2.显著性

兴趣一旦形成，就会成为一个人性格、欲望、行为（尤其是日常行为和交往行为）、注意等的显著特点。说一个人的特点，往往离不开其兴趣的特点。兴趣，可以说是人心理尤其是志趣的一面旗帜。

3. 稳定性

兴趣一旦形成，往往具有很强的稳定性。有些人的主要兴趣会长久地伴随着，甚至是伴随一生。它就像心灵主人的一条最忠诚的狗，永远跟随，不离不弃。

4. 决定性

兴趣的动力性、显著性和稳定性，决定了兴趣对人的影响至关重要。兴趣能决定人生的方向、内容和方式，能决定人的情趣、认知、性格、态度、意志和与外部世界的关系。不同兴趣，不同人生。

5. 意义性

人的意义感主要取决于欲望和兴趣。如果有了兴趣，便会有动力、有追求，然后便会有成就感和价值感，再后便会有意义感。如果无兴趣，就没有了这些动力、追求、成就感和价值感，也就没有了意义感。抑郁症患者的最大特点是兴趣减退、情绪低落，有严重的无意义感。

二、种类与系统

（一）兴趣的种类

笔者根据心理咨询时经常需要了解的兴趣，对兴趣作了如下分类：

1. 从日常工作生活方面去看

（1）工作兴趣。如对教师工作、医生工作、警察工作、人事管理工作等的兴趣。

（2）生活兴趣。如吃趣（含饮趣），穿趣，住趣，行趣（含游趣），性趣，玩趣（含唱歌、跳舞、下棋、打牌、看影视、种花草等）等。

（3）学习兴趣。如在学写诗、学画画、学计算机、学艺术等方面的兴趣。

（4）社会兴趣。如交往兴趣、政治兴趣、经济兴趣、军事兴趣、科技兴趣等。

（5）自然兴趣。如天文兴趣、地理兴趣、植物兴趣、动物兴趣等。

2. 从专业和业余方面去看

（1）专业兴趣。如在各种学科的专业方面的兴趣。

（2）业余兴趣。在职业外的各种兴趣。

3. 从直接与间接方面去看

（1）直接兴趣。直接喜欢或需要的兴趣。

（2）间接兴趣。因喜欢或需要什么而产生的某些与之相关的兴趣，如喜欢美术而产生的对某些画笔、颜料、展览馆等的兴趣。

4. 从物质与精神方面去看

（1）物质兴趣。如在金钱、珠宝、房产、豪车、古玩、字画、钟表、器皿等方面的兴趣。

（2）精神兴趣。如在哲学研究、文学创作、航模设计、宗教信仰等方面的兴趣。

5. 从等级方面去看

高级兴趣、一般兴趣、低级兴趣。

（二）兴趣系统

概括起来，心络学的兴趣系统大致如图3-27。

```
       ┌ 工作兴趣：教师工作、医生工作、警察工作、人事管理工作等
       │ 生活兴趣：吃趣(含饮趣)、穿趣、住趣、行趣(含游趣)、性趣、
       │           玩趣(含唱歌、跳舞、下棋、打牌、看影视、种花草等)等
       │ 学习兴趣：学写诗、学画画、学计算机、学艺术等
       │
       │ 社会兴趣：交往兴趣、政治兴趣、经济兴趣、军事兴趣、科技兴趣等
       │ 自然兴趣：天文兴趣、地理兴趣、植物兴趣、动物兴趣等
兴趣   ┤
       │ 专业兴趣：各种学科的专业兴趣
       │ 业余兴趣：职业外的各种兴趣
       │
       │ 直接兴趣：直接喜欢或需要的兴趣
       │ 间接兴趣：与直接兴趣相关方面的兴趣
       │
       │ 物质兴趣：金钱、珠宝、房产、豪车、古玩、字画、钟表、器皿等
       └ 精神兴趣：哲学研究、文学创作、航模设计、宗教信仰等
```

图3-27 兴趣系统图

三、作用与影响

兴趣对一个人的生活、学习和整个人生都有巨大的影响。人若没有兴趣，可以说是心理的一大缺陷，甚至是一大悲剧。兴趣的作用，主要有以下这些：

1. 决定作用

（1）能决定人们行为的选择。人的心理与行为，往往是自觉或不自觉选择的结果，而决定选择的第一原因，往往就是兴趣。不管是一天、一月、一年，还是一生，人们都有很多事要做。面对选择时，人们首先选择的就是自己最感兴趣的。

（2）能决定人们行为选择的专注与持久。让一个人去做很多件事，其中最能专注和持久的，基本上都是其最感兴趣的。反之，对不感兴趣的，就很难专注与持久。

（3）能决定人们行为选择的结果。让一个人去做多件事，结果最好的，往往都是其最感兴趣的。结果最不好的，往往都是其最不感兴趣的。

仅从这三个方面去看，我们就不难发现：兴趣能决定人的整个人生及其结果。

2. 动力作用

人的动力源于整个心络的动力，其中一个重要的动力源就是兴趣。兴趣的动力，有时甚至会超过欲望的动力和人格的动力。兴趣会使整个人的生存有活力。所以缺乏兴趣的人，往往会缺乏人生的活力或动力。

3. 成功作用

从某种意义上说，兴趣是成功之母。如达尔文等很多世界名人的成功，也可以看作他们因兴趣追求而获得的成功。没有兴趣的人，就没有明确的奋斗目标和持久的动力，所以成功就与他们无缘。

4. 价值作用

人的价值感是一种主观感觉，它与成就感、意义感紧密相关。兴趣的追求与满足，特别能让人有成就感和意义感，所以特别能让人有价值感。人生最大的自我实现，其实就是自我价值的实现。而自我价值的实现，往往就是自我兴趣追求的实现。所以，兴趣能成为人们的一种价值追求，甚至能成为一种精神支柱。

5. 引导作用

兴趣像一位最好的教师，能成功地教你自觉地、认真地、全身心地去学习或做某些事情，能让很多人无师自通。那些自学成才的人，往往都是兴趣引导的结果。兴趣对人的引导、激励往往能超过很多的老师。

6. 愉悦作用

兴趣本身就包含有喜欢、热爱等情绪成分和态度成分。人在做感兴趣的事时，会产生很多的愉悦情绪和感受。兴趣给人带来的愉悦，是发自内心深处的，是其他愉悦很难替代的。也正由于兴趣具有显著的愉悦作用，所以兴趣能让人热爱生活、热爱人生。

7. 交际作用

物以类聚，人以群分。人有了兴趣，就容易和兴趣相同或相似者交往，就有了交往的资本，就容易成为别人的知音。人与人交流最需要的是有"共同语言"。有相同或相似的兴趣的人，就会拥有丰富的"共同语言"。交往的类别很多，其中一类可理解为"兴趣交往"。因此，什么兴趣都没有的人，其交往的范围和深度都会受到严重影响。

四、问题与应对

有些心理问题与疾病是由兴趣问题导致的。对于此类问题，笔者称之为兴趣症，主要有4种：兴趣缺乏症、兴趣减退症、兴趣过浓症、兴趣丧失症。各类兴趣症的具体表现请见本书第五章第一节心络症中的兴趣症。

在心理咨询实践中，学生中常涉及的有学习兴趣（含学科兴趣）问题、交往兴趣问题、玩乐兴趣问题等。职场人员中常涉及的有工作兴趣问题、专业兴趣问题、交往兴趣问题、业余兴趣问题、物质兴趣问题、精神兴趣问题等。在抑郁症患者中，必然涉及兴趣问题，其中包括日常生活兴趣（尤其是性趣）、工作兴趣等。

兴趣缺乏的原因很多，其中主要是：①从来没有考虑过兴趣的问题，有的考虑过但没有选择或培养。②人生没有目标和追求。对这类兴趣问题者，应对的主要方法有三点：①让其知道兴趣以及目标对人生的重要性，激发其一定要考虑兴趣和人生目标的欲望；②让其根据自身情况和环境条件情况，去选择和逐步确定兴趣以及人生目标；③鼓励其要努力去培养兴趣，并告知其培养兴趣的一些方法。

兴趣减退的原因主要有：一是与现实需要矛盾；二是遭别人反对或不被周围人重视或得不到周围人的肯定；三是认为或感到没意思了；四是与其他兴趣冲突或是受其他兴趣的影响；五是因压力大或心理出了问题；六是因懒惰。

与现实需要矛盾致兴趣减退的情况最多，这也是必然的。因为人活在这个世界上，首先要生存，所以现实的物质需要是第一位的。兴趣需要从本质上讲，属于精神需要。所以当两者矛盾时，兴趣会自然减退，甚至还可能丧失。如果强迫个体保持兴趣，就可能会使当事人的现实需要受挫，导致更大的痛苦。所以应对这类兴趣减退，办法之一，就是能动地调整两者的关系：大多情况下需要第一，兴趣第二；在某些情况下，兴趣第一，需要第二。办法之二，是善待减退，能保持多少就保持多少，不能保持也没关系，视之为正常。否则，就可能会痛苦不断。

对于第二类原因所致兴趣减退的应对办法主要是：做自己感兴趣的、完全是自己的事情，因为自己喜欢、为了自己，所以不必在意别人的反对，更不必去希望得到别人的重视和肯定。如果是为了别人，那兴趣的动机是需要调整的。

对于第三类原因所致的兴趣减退，需要查明问题原因。如果当事人还想保持兴趣，就要想法消除这些问题原因；如果当事人确因种种因素而认为没必要保持兴趣了，那就把兴趣减退视为正常。

对于第四类原因所致的兴趣减退，主要应对方法有：协调它们的关系，做到有主有次，能动适当。当事人应明白"有得必有失"，所以在协调各兴趣程度时只考虑利大于弊就行了。

对于第五类原因所致的兴趣减退，是心理咨询师在心理咨询实践中会经常遇到的。比如，抑郁症患者必然有兴趣减退的问题。对于这类兴趣减退的主要应对是：一是减压，二是处理心理问题。其中，心理问题的处理包括查因、析因和消因。

针对因懒惰导致的兴趣减退，处理起来是比较麻烦的。因为懒是人的本能之一，如果激活了它，要克服是有一定难度的，且个体兴趣减退后，又会倒过去强化懒。如此恶性循环，就会使问题不断加重。对于此类问题的主要应对方式是修勤克懒。

第十一节　态度系统论

一、概念与特点

（一）概念

态度是一个人对人和事物接受与否、喜欢与否、肯定与否等的反应，通常表现为一定的表情、眼神、情绪、情感、语言和行为。其中包含或涉及了感觉、知觉、情绪、情感、经验、关系、地位、判断、欲望、看法等众多复杂的因素。

（二）特点

1. 表象性与反应性

态度表现出来的只是对人或事物的表象，背后肯定存在某种或多种因素，且是人对这某种或多种因素的反应。如对待一个人的态度，就可能是这个人对另一个人的感觉反应、或知觉反应、或情绪情感反应、或个人经验的反应、或判断及看法的反应、或动机的反应、或他们之间关系和地位的反应。

2. 影响性与互动性

态度对人和事物有很大的影响作用。一是对自身的影响。同一个人，用不同的态度，如用积极或消极的态度去对待自己的生活、工作和人生，其产生结果是完全不同的。二是对他人和周围的影响。同一个人，用不同的态度，如用肯定或否定的态度去对待他人和周围，其产生的结果也是完全不同的。

态度能使对方作出相同、相似或相反的反应。如一个人对别人友好热情，别人就有可能对他也友好热情。这种互动是很常见的。当然，别人也可能对他不友好、不热情。但不管怎样，对方都会有一定的反应。这种反应就是互动性的表现。

态度的影响性和互动性，是态度的显著特征之一。

3. 稳定性与变化性

对某个人或某种事物，人的态度有可能是稳定的，也可能是变化的。因为人是一个主观体，其欲望、情绪、看法、感觉等，既有在一定条件下的相对稳定性，又有在情况不断变化中的多变性。如：一个人对另一个人在有所求时是主动热情的；因长期有所求，所以长期主动热情。但有一天，当他不再对他人有所求时，或对方已无法帮助自己时，他的态度就会发生很大的改变。又如：一个人在父母健在时，一直喜欢玩游戏，似乎游戏就是他最好的朋友。可当父母都不幸去世，他生活没了着落时，他就再也不喜欢玩游戏了。

4. 具体性与模糊性

态度的表现都是具体的，而内涵有可能是模糊的。态度一定是一个人对某人或某事物表现出来的反应，其对象是非常具体的。态度内容是接受还是拒绝，是喜欢还是不喜欢，是肯定还是否定，都是很具体的。但内涵往往不清晰。如：一个人突然对她的闺蜜冷淡到让闺蜜感到不可思议。其中的原因有三个：一是闺蜜最近认识了一个新朋友并去餐厅吃了饭，但没有立即告诉她。"没有立即告诉"，是她无法接受的。二是她觉得闺蜜既然是自己最好的朋友，就没有必要再去结交新朋友。三是闺蜜新交的那个朋友，是自己初中时的死对头。从这个例子可以看出，一个具体的冷淡态度，竟有这样复杂的内涵！而这样的内涵，对于当事人的闺蜜来说，是很模糊的。

5. 建设性与破坏性

态度往往是人与他人和事物关系的反应，但反过来态度又会影响人与他人和事物的关系。态度既可建设关系，也可破坏关系。一个人是想与他人和事物建设关系还是破坏关系，首先会从他的态度上表现出来。这样的例子在现实生活中，到处都可以看到。从这个角度上看，态度是了解一个人与他人和事物关系的风向标或测试剂。

6. 对立性与统一性

态度具有明显的对立面，且对立的双方往往是既对立又统一的。如：有积极就有消极，有乐观就有悲观，有肯定就有否定。

二、种类与系统

概括起来，心络学的态度系统大致如图3-28。

```
        ┌ 心理类态度 ┌ 欲望类态度
        │           │ 性格类态度
        │           │ 能力类态度
        │           │ 认知类态度              ┌ 学习态度 ┐
        │           │ 情绪情感类态度          │ 工作态度 │
        │           │ 行为习惯类态度          │ 生活态度 ├ 综合性态度
        │           │ 意志类态度              │ 处世态度 ┘
        │           │ 感知类态度
        │           └ 人际类态度
        │
        │ 生理类态度 ┌ 因身体特征而表现出来的态度
        │           └ 因机体功能状态而表现出来的态度
态度 ────┤
        │ 社会类态度 ┌ 事件类态度
        │           │ 制度类态度
        │           └ 文化类态度
        │
        │ 自然类态度 ┌ 地理类态度
        │           │ 天文类态度
        │           └ 生物类态度
        │
        └ 对立类态度 ┌ 积极与消极、乐观与悲观、主动与被动、热情与冷淡
                    └ 粗暴与温和、认真与马虎、肯定与否定、支持与反对、喜欢与不喜欢等
```

图 3-28　态度系统图

简单概述如下：

(一) 心理类态度

欲望类态度：因想要什么或不想要什么而表现出来的各种态度。

性格类态度：因自尊或自卑、急躁与沉静、粗鲁与文静等性格特征而表现出来的各种态度。

能力类态度：因能力是否具有、是强还是弱、是大量具有还是少量具有等表现出来的各种态度。

认知类态度：因观念、思维方式等相同或不同而表现出来的各种态度。

情绪情感类态度：因情绪情感因素而表现出来的各种态度。

行为习惯类态度：因行为模式和长期习惯而表现出来的各种态度。

意志类态度：因自觉与否、自律与否、果断与否、坚强与否、有无恒心等意志品质而表现出来的各种态度。

感知类态度：因感觉、知觉不同而表现出来的各种态度。

人际类态度：因人际关系而表现出来的各种态度。

（二）生理类态度

因身体特征及机体功能状态而表现出来的态度。

（三）社会类态度

事件类态度：因社会事件发生所表现出来的各种态度。

制度类态度：因社会制度、法律法规等而表现出来的态度

文化类态度：因社会文化因素而表现出来的态度。

（四）自然类态度

地理类态度：因地理因素而表现出来的态度。

天文类态度：因天文因素而表现出来的态度。

生物类态度：因生物因素而表现出来的态度。

（五）综合性态度

由多种心理因素或生理因素、社会因素而表现出来的各种态度。其中主要有学习态度、工作态度、生活态度、处世态度。在日常用语和成语中，有很多与综合性态度有关，尤其是与工作态度、学习态度等有关的。如：积极主动、认真负责、求真务实、兢兢业业、一丝不苟、精益求精、孜孜不倦、呕心沥血、敷衍了事、心不在焉、马虎大意、粗枝大叶、消极怠工、偷工减料、弄虚作假、袖手旁观、得过且过、玩忽职守等等。

笔者还总结了部分态度与综合性态度的关系如图3-29所示。

（六）对立类态度

积极与消极、乐观与悲观、主动与被动、热情与冷淡、粗暴与温和、认真与马虎、肯定与否定、支持与反对、喜欢与不喜欢等。

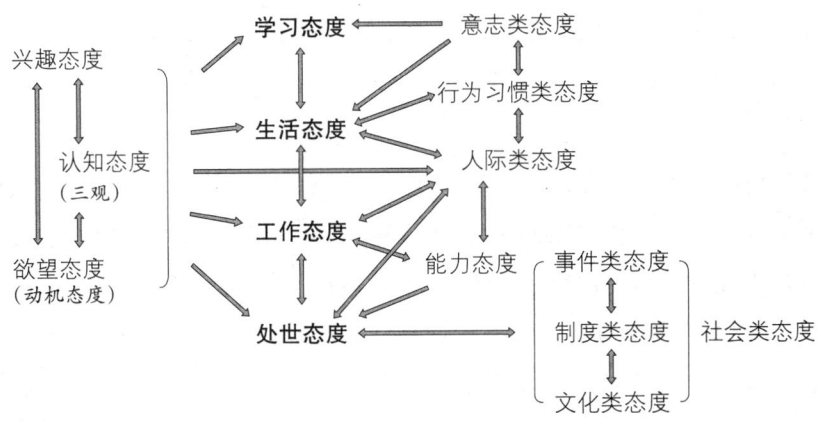

图 3-29 部分态度与综合性态度的关系

三、作用与影响

（一）反映作用

态度能直接反映人的感知、判断、看法、立场以及与他人的关系等。要想了解一个人，可直接从其态度上去观察和分析；要想体现自己的某些东西，也可直接通过态度去表达。态度就像一面镜子，既能照出他人，也可照出自己。

（二）影响作用

态度对人和事物有很大的影响作用。这在态度的特点中已谈过。这里再补充说一下，个体的态度能直接、迅速地影响对方的感觉、知觉、判断、看法，以及与对方的关系等，尤其是态度能影响态度。当一个人面对另一个人时，其态度能迅速地影响对方，并能让对方的态度发生变化。因此，我们能推论出"社会态度"现象。社会态度不仅是对社会的反映，更能强烈地影响社会。从某种意义上讲，态度影响一切，态度决定一切。

（三）关系作用

态度不仅是人与人之间关系的反映，而且能显著地影响人与人之间的关系。要想与人保持良好的关系，就一定要保持良好的相处态度，因为态度是维护双方关系的润滑剂。再好的关系，也会因偶尔的态度不当或态度不好而使关系受影响。反之，要想结束某种关系，最简单的方法就改变你的态度。态度的影响作用和关系作用，使态度在很多时候具有了独特的协调作用。

（四）奖惩作用

当儿童、学生、职工做得很好或做得很差时，家长、老师、领导往往会立即表现出相应的态度。他们表现出来的这些态度，不仅能表明他们的看法和评价，而且能对对方产生直接的奖惩作用。如他们兴奋地说："太棒了！"这就是一种精神奖励，而他们愤怒地说："太不像话了！"这就是一种精神惩罚。

（五）鼓励打击作用

态度对人的鼓励和打击都是有力量的。在各种斗争中，尤其是政治斗争中，如政治谈判较量中，态度的鼓励与打击往往就具有强大的力量。类似地，态度还具有攻击与防卫的作用。笔者称这样的攻击与防卫叫态度攻击与态度防卫。

从态度的奖惩作用、鼓励打击作用、攻击防卫作用这些方面看，态度是方法、工具、武器、力量。由此，我们可以用态度来分别给它们命名：态度方法、态度工具、态度武器、态度力量。

四、问题与应对

有些心理问题与疾病是由态度问题导致的，对此笔者称之为态度症。态度症有太多的种类，从态度种类及系统就可推知。笔者认为，在心理咨询中，从表现特点上看，态度症主要有 5 种：态度消极症、态度冷淡症、态度对立症、态度生硬症、态度蛮横症。这些态度症的具体表现，请见本书第五章第一节心络症中的态度症。

态度的形成是非常复杂的，是心络系统各要素影响的结果，也是生理系统和外界系统影响的结果。所以，解决态度问题的方法也是复杂的，需要系统分析、系统应对。最难解决的态度问题有性格类、能力类、行为习惯类、认知类。在心理咨询中，最多的是情绪情感类、人际类和欲望类态度问题。

态度改变的基本方法有如下几种。

（一）体验法

让来访者体验某种态度，然后利用其体验感来促使其改变，这是朱氏点通疗法常用的一种方法，叫"另态度体验法"。如：一个人对他的女友总是极端情绪化，导致女友要和他分手。他觉得女友不对，不仅不应分手，而且应理解和容忍他的发火。笔者于是扮演了极端情绪化的角色，让其体验，结果他说确实受不了，并愿意慢慢地改变自己的这种不良态度。

（二）利弊选择法

很多事情，包括态度，往往都是利弊同在。人总是喜欢趋利避弊的。咨询师对某些态度不作主观评判，只作客观的利弊分析，由来访者自己去思考和选择。这就是笔者总结的利弊选择法的理论与操作。如一个人总是喜欢用否定的态度去对待他人，无论在哪里都喜欢说三道四，结果导致了人际关系不良。他的家人无数次给他指出这个问题，可就是无法改变他。在咨询时，笔者不反对他对人的否定，而只是客观地分析了某一个人对同一个领导总是进行否定的结果，又分析了另一个人对这个领导总是进行肯定的结果。这两种结果是完全不同的。还举了一个人对自己总是否定的结果和总是肯定的结果的例子。然后对于来访者说，任何选择都有相应的结果，人的结果往往都是自己选择的。你想选择什么样的态度，完全是自己的事情，但必须去接受自己选择的结果。如此对谈后，来访者从此他就开始学习"肯定"了。

（三）模仿练习法

有些态度的形成，是模仿的结果。要让来访者学会某种态度，就需要让来访者模仿某种态度，这也是笔者在开展心理咨询与治疗常用的一种方法。如：一些来访者的交往态度总是被动的、冷淡的，所以交往很困难。笔者就示范主动（主动打招呼、主动找话说等）、热情的态度，然后让他们模仿练习，最后应用到实际交往中。这种方式的效果通常都很好。

（四）提倡法

不管是在学习态度、工作态度方面，还是在生活态度、处世态度方面，我们都提倡正性、积极的态度，不支持甚至反对负性、消极的态度。在青少年成长教育中，监护人或教师尤其需要应用这种方法。在家庭教育中，如果父母总是用积极的态度去应对现实，孩子的态度就大多会是积极的。如果总是用消极的态度去逃避现实，孩子的态度就大多会是消极的。如果社会提倡正能量态度，社会正能量就会多一些，相反，则社会负能量就会多一些。

（五）劝导法

让态度主体能接受的人，用态度主体能接受的信息，在适合态度主体的情景中进行劝导。霍夫兰等人提出了态度改变的劝导模型。该理论认为，影响态度改变的外部刺激，主要包括劝导者、劝导信息和情景。劝导者是否有较高的可信性、是否令人喜欢、是否属于态度主体的参照体系、提供的信息论据是否强有力、是否与原有态度存在差异、是否会唤起恐惧情绪、周围环境是否会使态度主体分心、是否有预先警告出现、态度主体的卷入程度高低等，都与态度是否能改变密切相关。

（六）修塑法

有些态度的形成原因太多，如既有欲望、性格、能力因素，也有认知、行为习惯等因素。有的态度不但形成原因很多，而且形成时间很长，强度很大，可谓是根深蒂固。但这些态度又严重影响了当事人的生活甚至命运，必须改变。如：一个从小到大都是以逃避的态度对待生活和现实的人，从逃避学习开始，逐步走向了逃避学校回到家里、逃避人群不与任何人交往、逃避现实不再出门、逃避家人自闭一室、逃避光亮终日拉上窗帘。要改变当事人这种严重的逃避态度，上面所说的方法都难以奏效的。笔者所用的方法就是修塑法：从身边的任意小事开始，点点滴滴地学习面对和接受，从而逐步改变当事人的欲望、性格、认知、行为习惯，增强其能力等。回归到上例，使他敢于逐步面对光亮，面对窗外的风景和人群，面对卧室门开着，面对家人的吃饭谈话，面对家门的开着，走出门去面对大街、人流、建筑、商店等。让当事人学习接纳自我，接纳他人，接纳现实，做现实中人。这样持之以恒，逃避的态度就会有所改变。这就是修塑法的实施方式。

第十二节 意志系统论

一、概念与特点

（一）概念

心理学界大多数人认为，意志是一个人决定达到某种目的而产生的心理状态，是人有意识、有目的、有计划地调节和支配自己行为的心理过程。笔者认为这些说法有一定的道理，但根据自己长期的心理咨询实践，以及更利于临床心理咨询的应用，而倾向于认为：意志是在多种心络要素综合影响下而形成的，并与之紧密相关的、具有状态稳定性和作用广泛性的心理特征与品质。从其体现的过程看，主要有确定目标的能力、明确判断的能力、果断决定的能力、坚定行动的能力、持久进行的能力、灵活变通的能力、有效达标的能力。这些特征、品质，从某个角度上看，既是人格特征、品质的重要成分，也是整个心理特征、品质的重要成分。

（二）特点

1. 多相关性

意志作为心理的特征与品质，与性格、能力、态度、行为习惯、欲望、认知、兴趣、人生经历，甚至生理功能状态等很多因素相关，甚至是这些相关因素的综合反映。如"坚强"这一意志品质，就与勇敢的性格、很强的能力、积极的态度、无畏的行为、强烈的追求、正性的认知、经历过训练或磨炼等因素有关，甚至可看作这些因素的集中反映。正因为具有多相关性，意志有时像性格，有时像能力，有时像态度，有时像行为习惯……如说某人性格坚强，态度软弱、行为懒散等。其实，这些说法中的坚强、软弱、懒散属于意志，但它们确实也有性格、态度和行为的成分。意志与性格以及行为，在某些时候，几乎是同义语。此外，某些身体疾病或某些脏器的亚健康状态也会引起意志消沉或意志亢奋等，所以有些意志表现也与生理因素有关。

2. 稳定性

意志作为心理的特征与品质，不是一下形成的，而是在多种因素的影响下且在一定时间内逐步形成的，有的甚至是经历练而成的。所以，某种意志品质一旦形成，就具有了较强的稳定性。这种稳定性，有些近似于性格的稳定性。如：一个人的恒心，往往就是在某些欲望、认知、态度、行为等因素的综合影响下，在长期的过程中形成的。

3. 难改性

意志的稳定性，决定了意志犹如性格，具有难改性。如一个人已形成了软弱或懒惰的意志品质，要让其改变为坚强或勤奋就很困难。一个人的意志品质如果发生了变化，就像这个人的性格发生了变化一样，就意味着他的心理发生了某些性质的变化。如意志的减退，就意味着出现了较大的问题。

4. 影响的持久性和广泛性

意志的稳定性和难改性决定了意志对人影响的持久性。如生活或工作行为，有些人一生都很自觉，而有些人则一生都是被迫。很多人的一生，往往是其意志品质影响的结果。如有些人是因勤奋而成功，而有些人则是因懒惰而潦倒。

意志对人的影响是广泛的。它可使人自觉地去确定目标，使行为具有指向性和目的性；可使人去追求和达到目标，使行为具有连续性和价值性；可使人能动地调节和控制各种行为，使行为具有可变性、灵活性和相对的稳定性；可使人去克服各种困难，使行为具有硬性、韧性和持久性；可使人去改变现实，也可使人去逃避现实，使行为具有进退性和一定的弹性或柔性。人的一切，似乎都与一定的意志品质紧密相关。所以有人说，人的行为，其实很多都是意志行为。

5. 两极性

意志品质的表现通常有对立的两极。如：自觉——被迫；自律——外律；勤奋——懒惰；恒久——短暂；坚定——动摇；坚强—软弱；坚韧——脆弱；灵活——僵化；果断——犹豫。

二、种类与系统

概括起来，心络学的意志系统大致如图3-30。

```
意志 ┬ 从个体与群体方面区分 ┬ 个人意志
     │                        └ 群体意志
     ├ 从感性与理性方面区分 ┬ 感性意志
     │                        └ 理性意志
     ├ 从心理方面区分 ┬ 本能类意志 ┬ 生命意志、生存意志、自由意志
     │                │              │ 攻击意志、防卫意志、爱意志、恨意志
     │                │              └ 追求意志、做强意志等
     │                ├ 性格类意志 ┬ 坚定意志、坚强意志、坚韧意志
     │                │              │ 顽强意志、不屈意志、超越意志
     │                │              └ 勤奋意志、懒散意志、薄弱意志等
     │                ├ 能力类意志 ┬ 自制意志、自律意志、
     │                │              └ 自控意志、执行意志等
     │                ├ 认知类意志：信念意志、信仰意志等
     │                ├ 情感类意志：消沉意志、亢奋意志等
     │                ├ 注意类意志：专注意志、涣散意志等
     │                └ 态度类意志 ┬ 主动意志、被动意志、果断意志
     │                               └ 犹豫意志、积极意志、消极意志等
     ├ 从社会方面区分 ┬ 国家意志、民族意志、集团意志、征服意志
     │                  │ 革命意志、斗争意志、独立意志、团结意志
     │                  └ 抗日意志、抗美意志、文化意志、道德意志等
     └ 意志品质的分类 ┬ 自觉性、自制性、果断性
                      └ 坚韧性、坚强性、恒久性等
```

图 3-30 意志系统图

简单概述如下：

（一）从个体与群体方面区分

个人意志、群体意志。

（二）从感性与理性方面区分

感性意志、理性意志。

（三）从心理方面区分

本能类意志（含欲望类）：主要与本能、欲望、意愿有关的意志，如生命意志、生存意志、自由意志、攻击意志、防卫意志、爱意志、恨意志、追求意

志、做强意志等。

性格类意志：主要与性格有关的意志，如坚定意志、坚强意志、坚韧意志、顽强意志、不屈意志、超越意志、勤奋意志、懒散意志、薄弱意志等。

能力类意志：主要与能力有关的意志，如自制意志、自律意志、自控意志、执行意志等。

认知类意志：主要与认知有关的意志，如信念意志、信仰意志等。

情感类意志：主要与情绪情感有关的意志，如消沉意志、亢奋意志等。

注意类意志：主要与注意有关的意志，如专注意志、涣散意志等。

态度类意志：主要与态度有关的意志，如主动意志、被动意志、果断意志、犹豫意志、积极意志、消极意志等。

（四）从社会方面区分

国家意志、民族意志、集团意志、征服意志、革命意志、斗争意志、独立意志、团结意志、抗日意志、抗美意志、文化意志、道德意志等。

（五）意志品质的分类

通常有：自觉性、自制性、果断性、坚韧性、坚强性、恒久性等。

三、作用与影响

在前面讲意志的特点时，我们简单讲了意志影响的持久性和广泛性。在这里再讲讲它的以下作用与影响：

（一）对日常活动的支撑作用和调节作用

在笔者眼中，意志就像支撑整个人体的骨架。没有意志就等于人体没有骨架。

人的活动，都需要人的行动。而行动是需要一定意志（行动力）来支撑的。有些人尤其是心理病患者，往往因懒惰拖拉而总是缺乏行动。所以他们的生活、工作往往很糟糕。

人的很多活动，哪怕是日常活动，并不是有了行动就行的，而是还需要一定的坚持。这就需要一定的意志（坚持力）来支撑。很多人一事无成，不是缺乏行动，而是缺乏坚持。

人们活动中的许多行为，哪怕是日常行为，都是需要根据主、客观不断变化的情况进行能动调节的。这些调节就需要一定的意志（果断性、能动性等）。

人们说，人的活动都离不开意志，因为没有意志的支撑和调节，活动就无法开展和完成。

（二）对目标达成的前提作用和关键作用

任何目标达成的前提，都是行动和坚持，所以说意志在目标达成中具有前提的作用。但很多目标的达成都会遇到很多的困难，甚至是极大的困难。如果不能克服或战胜这些困难，活动就根本无法继续进行，更别说什么目标达成了。而要克服或战胜困难，就需要健全的足够的意志（如勤奋、坚强、坚韧、顽强、不屈、恒久等）。其实意志都是在面对困难才明显地充分地表现出来的。很多人终生奋斗，但往往在最困难的时候放弃了对目标的追求，才使一生的努力功亏一篑。而有些人则在这样的时候因有顽强、不屈等意志而终于达到了目标，获得成功。在这两种完全不同的结果中，意志就起了关键的作用。所以，笔者认为，很多成功，往往是意志的成功。因此，笔者有这样的人生结论：尽力即为成功，不懈便是辉煌。

（三）对人生的质量与成败有决定性的影响

笔者认为，人生的质量与成败，与意志有着密切的关系，甚至从某种意义讲，是意志决定人生。

如果一个人的自觉性很强，就拥有了个人的自主与自由。如果缺乏自觉性，就会感觉处处被迫，身不由己，痛苦异常。起床、洗漱、做饭、吃饭、出门、上学、上班……这些日常事务，如果都成为一个人的自觉行为，这个人就不会有痛苦，甚至会有享受感。反之，就会有痛苦感。在这方面，你是享受还是痛苦，就要看你意志品质的自觉性怎样。现在很多家长溺爱孩子，不但没培养孩子的自觉性，而且还使孩子本身的一些自觉性丧失，结果给孩子带来了无穷的痛苦。如一个30多岁的白领，在外独立生活得很好。回到老家一个多月，父母每天硬要给他端饭、夹菜、洗脸、洗脚……他先感到很难过，这是因为他的自觉性受到压抑，后逐步适应，可回到单位后，他就感到非常痛苦了，因为要自己做饭、洗脸、洗脚了。

自制性强或自我管理能力强的人，会根据现实的各种客观情况因时而异地调整自己的欲望和选择，不为欲望所累所困，始终是自己和现实的主人。自制性差的人，很容易被自己的无穷欲望和现实的种种诱惑所牵制，总是感到处处不如意。其行为要符合社会规范，就必靠外部的有力约束。这就使之感到人生太不自由，因而长期痛苦。这些人因缺乏自律、靠外律的状态，就成了自己和现实的奴隶。

勤奋的人，就会不断拥有成就感、价值感、快乐感。勤使人蓬勃奋进，勤奋使人无畏坚韧。学习优异在于勤，事业成功在于勤。所有的天才在于勤，所有的辉煌在于勤。所以，勤为无价之宝。

懒惰的人容易使意志减退，使身心俱疲。懒是人生最大、最难战胜的身心之敌，懒是人生的灾难。所以，很多来访者都有我送给他们的四个字：修勤克懒。

笔者经常对人说："我感谢苦难！"因为苦难最能培养和磨炼人的坚强、无畏、不屈等优良的意志。如果没有那些让现在年轻人无法想象的苦难经历，我不可能成为现在的自己。在《朱氏诗文疗法》中，有一首诗就是我在这方面的感悟："不经磨炼，哪有坚强；不经拼搏，哪有辉煌；人生传奇，苦难沧桑。"所以，善待苦难，苦难就成了最宝贵的精神财富；抱怨苦难，苦难就成了最沉重的精神负担。

四、问题与应对

有些心理问题与疾病是由意志问题导致的，笔者称之为意志症。意志症主要有 5 种：意志薄弱症、意志缺乏症、意志过强症、意志动摇症、意志减退症。这些意志症的具体表现请见本书第五章第一节心络症中的意志症。在心理咨询中，最常见的是意志减退症、意志薄弱症和意志缺乏症。

意志问题在人群中普遍存在，给人们的学习、生活及工作带来不同程度的影响。在笔者接触的来访者中，意志问题也比较突出。很多焦虑、抑郁问题的后面，往往都有一定的意志问题。在精神病性患者中，有意志增强、意志减退甚至意志衰退问题者都是较多的。

意志问题的应对方法，笔者通常应用的主要有以下这些：

（一）从小事开始，有意培养

意志品质的形成、体现，主要是在日常生活的小事中，在平常自觉与不自觉的行动中。人们从点点滴滴的小事出发，有意识地培养自己自觉、自制、果断、坚韧、勤奋、耐心等意志品质，这是应对和预防意志问题最重要的方法。如：要自觉地按时作息、洗脸、刷牙、打扫卫生、有规律地生活；要自觉、自制地遵守各种规则，掌控自己的各种欲望、情绪、情感和行为；做任何小事都要及时而不拖拉，都要勤快而不懒散，都要专注而不三心二意，都要坚持而不半途而废，都要迎难而上而不是退缩逃避等等。长期坚持这样，良好的意志品质就会逐步形成。如果一个人在小时候就能这样有意培养，那就肯定会自然拥有良好的意志品质。

（二）从目标出发，刻意训练

人无论做什么，都要确定一个有一定难度的最终目标或若干个过程目标，然后按一定的设计步骤去努力达成。目标如果达成，就奖励；如果没达成，就惩罚。经常进行这样的目标性训练，意志品质就能逐步形成，其意志水平也就会不断提高。

我们有时还可进行一些专项训练，如自觉性训练、自制性训练、坚持性训练、耐受性训练等。

（三）总是行动，坚持实践

意志跟能力一样，都是从无数的行动中和长期的实践中逐步形成和巩固的。没有行动，就没有意志产生的可能。不能坚持实践，即便当事人有一定的意志品质或水平，其意志力也可能逐步减退。行动和实践，是产生良好意志品质的源源不绝的源泉。对于个体而言，若是做到总是行动，坚持实践，就会使优良的意志水平不断得到保持。

（四）借助运动，借助群体

登山、长跑、游泳、举重、俯卧撑等，都能锻炼人的意志品质。此外，去参加一些有一定强度的体力劳动，尤其是在艰苦的环境中生活一段时间，也能有效提升个人意志水平。

把人置身于某些群体及活动中，也能促使人改变意志问题。如平时不自觉、无自控力的人，其不良意志表现往往会在群体活动中得到有效改善。经常参加群体活动，不但能抑制人的一些意志问题，还能催生出一些良好的意志品质。

（五）修塑意志，健全意志

笔者所创的朱氏点通疗法中有一个分支疗法为修塑法。其中所提的意志修塑就是专门针对意志不健全问题的。

第十三节　感知系统论

一、概念与特点

（一）概念

感知是感觉与知觉的统称。它是人的感官对客观事物的直接反映，也是通过大脑对客观事物进行主观加工后的主观结果。

感觉是感觉器官直接对客观事物的个别属性的反映。人对客观事物的认识都是从感觉开始的。或者说，人都是通过视觉、听觉等各种感觉来认识客观事物的各种属性的。

知觉是感觉器官直接对客观事物的整体属性的反映，是对感觉的集中和概括，是对所有感觉信息进行综合加工后的结果。现代神经心理学认为：知觉是一个复杂的机能系统。该系统依赖于许多皮层区域的完整复合体的协调活动。

感觉、知觉反映的都是事物的外部特征及联系，都还不是事物的本质，所以都属于感性认识。如果要反映事物的本质，就要在感觉、知觉的基础上，进行如思维、联想、推理等综合的心理活动。

感觉和知觉的关系非常紧密。感觉是知觉的来源和基础，知觉是各种感觉作用的结果；感觉是单一感官活动的结果，知觉是各种感官协同活动的结果；感觉不依赖于个人的知识和经验，而知觉要受个人知识经验的影响。

感知的形成都是感官作用的结果。人的感官，是信号的"接收器""反应器"。当感官触及客观事物时，能迅速接收并迅速转换成为感觉信号。然后经神经网络传输到大脑中进行处理，最后形成了感知。从心络学的观点看，感知，尤其是知觉，要受到"三大系统"（心络系统、生理系统、外界系统）的影响。其中心络系统中每一个要素都可能对它产生影响。可以说，知觉往往是多种心络要素综合影响的结果。在心络各要素中，影响感知最大的是欲望、性格、认识、情绪和兴趣等。

（二）特点

1. 感觉的特点

（1）直接性。感觉是直接与客观事物发生作用后的反应和结果。如果没有这种直接性，就没有感觉的产生。

（2）个别性。感觉是对客观事物个别属性的反映。这种个别性，是与知觉的最大区别。

（3）基础性。感觉不仅是知觉的基础，还是一切心理现象的基础。没有感觉，就没有其他任何心理现象。

（4）适应性。除痛觉外，其他感觉往往都能随环境的变化而逐步适应。这种适应就叫感觉适应。如光适应中的明适应、暗适应，嗅觉适应中的香适应和臭适应。

（5）先天性与后天性。人一出生就有各种感觉的能力，所以说感觉具有先天性。但由于实践或训练的程度不一，不同的人或同一人在不同时期，其感受能力是有很大差异的。所以说感觉也具有后天性。

2. 知觉的特点

（1）整体性。知觉是对客观事物的整体性的反映，能使人对事物有一个完整的认识。所以整体性是它的显著特点。

（2）概括性与加工性。知觉是对感觉的集中和概括，是对所有感觉信息进行综合加工后的结果。所以它具有概括性和加工性的特点。

（3）选择性与相对性。同样的事物，因某些情况不同，有的容易成为知觉对象，有的则不容易。如暖色的比冷色的容易知觉，被包围的比包围的容易知觉，垂直或水平的比倾斜的容易知觉。影响知觉反应的因素有很多，如刺激的大小、次数、程度、强度、位置、距离、背景与参照物等等。这就说明知觉具有选择性。知觉的选择性还表现在知觉要受知觉者的需要、兴趣、情绪、经验等主观因素的影响。知觉的选择性，决定了在面对同一事物时，不同人会有不同的知觉反应。

知觉反应既受到客观事物的种种因素的影响，又受到人的种种主观因素的影响，所以它就具有了相对性的特点。

（4）恒常性。对已知的对象，在不同角度、不同距离、不同明暗度以及不同参照物的情况下进行观察，知觉反应是不同的。人们对该对象的知觉结论或本质认识，却一直保持不变。如看一个在行走的老朋友，随着距离越来越远，眼中的老朋友会变得越来越小，但我们不会因此就真的觉得老朋友变小了。像这种因不同条件影响使知觉对象发生发化，但在知觉结果上仍保持不变的心理现象，就是知觉的恒常性。知觉的恒常性，能使我们稳定地、客观地认识事物，而不因事物的某些变化而使客观的知觉结果发生变化。

二、种类与系统

下面是从普通心理学和精神病学的角度去看感知的种类和系统的。因这些分类已成业内人士的共识，且已在很多领域应用，所以笔者也赞同这些分类（图3-31）。

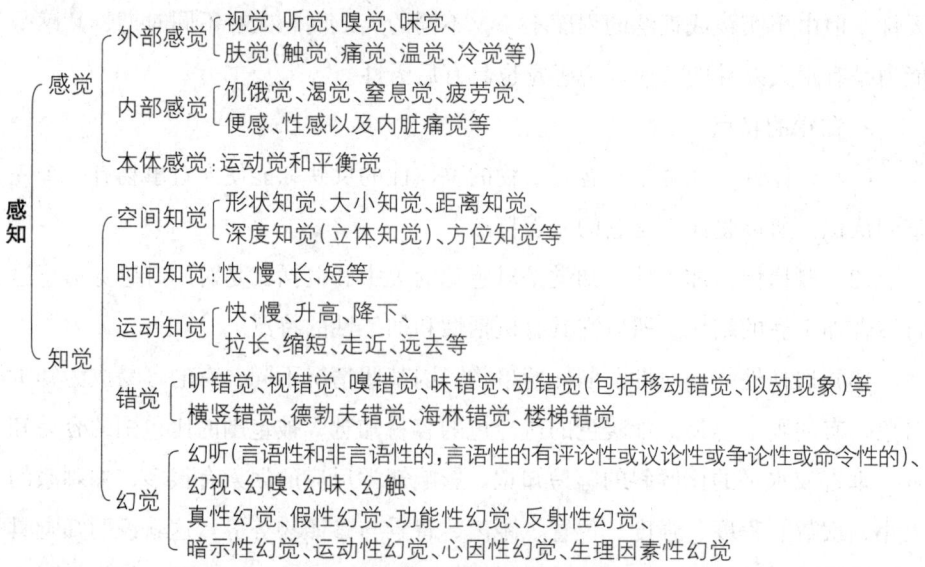

图 3-31　感知系统图

(一) 感觉的种类

从心理学的角度看,主要有外部感觉、内部感觉、本体感觉三大类。

1. 外部感觉

位于身体表面,是受各种外部刺激而产生的感觉。主要有:视觉、听觉、嗅觉、味觉、肤觉(合称五大感觉)。肤觉又可分为触觉、痛觉、温觉、冷觉等。

2. 内部感觉

又叫内脏感觉或机体感觉,是由内脏器官及组织内部的神经末梢产生的。主要有:饥饿觉、渴觉、窒息觉、疲劳觉、便感、性感以及内脏痛觉等。

3. 本体感觉

介于内、外分析器的感受器中间,分布于肌肉和韧带内。主要有运动觉和平衡觉。

(二) 知觉的分类

主要有:空间知觉、时间知觉、运动知觉、错觉和幻觉。

1. 空间知觉

是从物体的形状、大小、远近、方位等空间特性获得的知觉。其中有形状知觉、大小知觉、距离知觉、深度知觉(立体知觉)、方位知觉等。空间知觉主要是视觉、听觉、触觉、运动觉等相互作用的结果。其中视觉起着主导作用。

2. 时间知觉

是指在不使用钟表等计时器的情况下,个人对时间快慢长短等变化的感知和判断,也叫时间感。人在不同心情和环境中,对时间的知觉是不同的。在愉快时或忙碌时,就会感觉时间过得很快,而在痛苦时或无聊时,就会感觉时间过得很慢。

3. 运动知觉

是指对空间物体运动特性的知觉。如对快、慢、升高、降下、拉长、缩短、走近、远去等的感觉。

4. 错觉

是对客观事物错误的知觉。常见的有听错觉、视错觉、嗅错觉、味错觉、动错觉（包括移动错觉、似动现象）等。另外还有下面这些错觉：

横竖错觉：横竖两等长直线，竖者垂直立于横者中点时，会让人感觉竖者较长。

德勃夫错觉：相距一定距离的两小圆相等，但看起来会感觉居右者较小。

海林错觉：当两平行线被多方向的直线所截时，会让人感觉失去了原来平行线的特征。

楼梯错觉：注视同一楼梯图形几秒钟后，可发现有两种透视感：有时看似正放的楼梯，有时看似倒放的楼梯。

5. 幻觉

是指在并无客观事物作用下而产生的知觉。幻觉的种类很多，其中有：幻听、幻视、幻嗅、幻味、幻触、真性幻觉、假性幻觉、功能性幻觉、反射性幻觉、暗示性幻觉、运动性幻觉、心因性幻觉、生理因素性幻觉等。

真性幻觉的知觉体验，定位清楚，对象完整、清晰、鲜明、生动；幻觉者有相应的情绪、思维等体验和感受；体验来源于外界，是通过感官而感觉到的。

假性幻觉的知觉体验，无明确的定位，对象不完整，也不鲜明生动，有假的感觉；幻觉者没有相应的情绪、思维等体验和感受；体验来源于脑中，不是通过听觉视觉等感官而感觉到的。

功能性幻觉是感官处于某种功能状态时出现的涉及该感官的幻觉。

反射性幻觉是感官处于某种功能状态时出现的涉及另外感官的幻觉。

暗示性幻觉是在某种暗示下如催眠暗示下产生的幻觉。

运动性幻觉是在本无运动性的状态下而出现的涉及运动性的幻觉。

心因性幻觉是在某种心理状态（如恐惧等）下出现的幻觉。

生理因素性幻觉是因引起中枢神经系统改变或过敏的药物、食物或化学物质中毒以及某些疾病导致的幻觉。如曼陀罗中毒、甲状旁腺危象、甲状旁腺功能减退、基底动脉型偏头痛等导致的幻觉。

（三）心络学的感知分类及系统

上述分类和系统是从症状角度去看，且主要是从生物学角度去看的。心络学的分类主张症因为主、症状为辅，且要从"生理人 + 心络人 + 社会人"这个"人系统"出发，所以它的分类和上述的分类有明显的不同。

心络学的感知观认为：人的感知结果不仅仅是人的感官对客观事物的反应，不仅仅是大脑加工的结果，而是"人系统"（生理系统＋心络系统＋社会系统）对客观事物综合影响的结果。所以，应该从整体的"人"的角度去看待感知现象。如：精神病治疗中常遇到的错觉和幻觉的问题，如果仅仅从生物学的角度去看，就会认为是感官或大脑出了问题，就只能是服药治疗。而事实上，很多的错觉和幻觉是心理因素和社会因素导致的。只要解决了这些因素，错觉和幻觉就会自然消失。用对因治疗的心理方法治疗错觉和幻觉，往往比用对症治疗的药物治疗更有效，预后更好。这是因为它消除了导致错觉、幻觉的心理因素或社会因素。

心络学的感知分类主要有四类：生理性感知、心理性感知、社会性感知、综合性感知（图3-32）。

```
         ┌ 生理性感知 ┌ 内脏感知：饱感、饿感、胀感、渴感、痛感、酸感、闷感、堵感、不适感、变形感等
         │           │ 感官感知：视感、听感、味感、嗅感、肤感、性感等
         │           └ 运动感知：动感、静感、快感、慢感、平衡感、失衡感、飞越感、降落感、施转感等
         │
         │           ┌ 欲望感知：视欲感、听欲感、味欲感、嗅欲感、肤欲感(触感)、性欲感等
         │           │ 性格感知：自尊感、自卑感、优胜感、自负感、自责感、倔强感、谦和感、温柔感等
         │           │ 能力感知：高能感、低能感、胜任感、无能感等
         │           │ 认知感知：正确感、错误感、志同感、道合感、理智感、良知感、美感、丑感等
         │           │ 情绪与情感感知：愉快感、兴奋感、轻松感、舒畅感、平静感、不安感、紧张感、恐
感知 ─── ┤ 心理性感知 ┤                惧感、焦虑感、抑郁感、寂寞感、绝望感、同情感、内疚感等
         │           │ 兴趣感知：浓厚感、盎然感、无趣感、无聊感、枯燥感等
         │           │ 态度感知：进取感、退缩感、希望感、无助感、自主感、依赖感、责任感等
         │           │ 意志感知：自觉感、自律感、自由感、毅力感、无畏感、坚强感等
         │           └ 人际感知：亲密感、亲切感、亲近感、慈祥感、友好感、和谐感、虚伪感、疏远感、
         │                      冷漠感、嫉妒感、压抑感、厌恶感、对立感、无情感、仇恨感等
         │
         │ 社会性感知 ┌ 先进感、落后感、富强感、贫穷感、秩序感、混乱感、发展感、停滞感、美好感、
         │           └ 丑恶感、满意感、愤怒感、接纳感、排斥感、正义感、公平感、文明感、祥和感等
         │
         └ 综合性感知：快乐感、幸福感、成就感、价值感、意义感、光荣感、自豪感、崇高感、神圣感等
```

图3-32　心络学提出的感知系统图

1. 生理性感知

是因生理因素而产生的感知。它主要有三类：内脏感知、感官感知、运动感知。

内脏感知主要有：饱感、饿感、胀感、渴感、痛感、酸感、闷感、堵感、不适感、变形感等。

感官感知主要有：视感、听感、味感、嗅感、肤感、性感等。

运动感知主要有：动感、静感、快感、慢感、平衡感、失衡感、飞越感、降落感、旋转感等。

2. 心理性感知

是因心理因素而产生的感知。

欲望感知：是因欲望而产生的感知。主要有：视欲感、听欲感、味欲感、嗅欲感、肤欲感（触感）、性欲感等。

性格感知：因性格而产生的感知。主要有：自尊感、自卑感、优胜感、自负感、自责感、倔强感、谦和感、温柔感等。

能力感知：因能力而产生的感知。主要有：高能感、低能感、胜任感、无能感等。

认知感知：因观念、思维方式等认知因素而产生的感知。主要有：正确感、错误感、志同感、道合感、理智感、良知感、美感、丑感等。

情绪与情感感知：因情绪、情感而产生的感知。主要有：愉快感、兴奋感、轻松感、舒畅感、平静感、不安感、紧张感、恐惧感、焦虑感、抑郁感、寂寞感、绝望感、同情感、内疚感等。

兴趣感知：因兴趣而产生的感知。主要有：浓厚感、盎然感、无趣感、无聊感、枯燥感等。

态度感知：因态度而产生的感知。主要有：进取感、退缩感、希望感、无助感、自主感、依赖感、责任感等。

意志感知：因意志而产生的感知。主要有：自觉感、自律感、自由感、毅力感、无畏感、坚强感等。

人际感知：因人际关系而产生的感知。主要有：亲密感、亲切感、亲近感、慈祥感、友好感、和谐感、虚伪感、疏远感、冷漠感、嫉妒感、压抑感、厌恶感、对立感、无情感、仇恨感等。

3. 社会性感知

因社会因素而产生的感知。主要有：先进感、落后感、富强感、贫穷感、秩序感、混乱感、发展感、停滞感、美好感、丑恶感、满意感、愤怒感、接纳感、排斥感、正义感、公平感、文明感、祥和感等。

4. 综合性感知

因生理性感知、心理性感知、社会性感知综合影响而产生的感知。主要有：快乐感、幸福感、成就感、价值感、意义感、光荣感、自豪感、崇高感、神圣感等。

从上可看出，心络学的感知分类基本上包含了普通心理学和精神病学感知分类的内容。心络学的生理性感知和心理性感知中的欲望感知的内容，基本上等同于普通心理学中的内部感觉、外部感觉和本体感觉的内容。心络学的认知感知中的"错误感"则包含了普通心理学和精神病学中的错觉和幻觉。

在这里，笔者想特别谈谈所谓的"潜意识""第六感觉""超感觉""联觉""通感"等。

笔者在研究感觉中发现：人所有的感觉器官（眼、耳、鼻、舌、身）每时每刻都在感受着周围的一切，包括睡着的时候。但真正让我们注意到或意识到的，只是其中很少的一部分。因为注意和意识是有选择性的，而且阈限是很有限的，所以有相当部分没被我们注意到、意识到，这是很正常的。但我们普遍有一个错误的看法：没被我们注意到或意识到的就是不存在的。如：我们坐在公共汽车上看窗外，所有的感觉器官都在感受着窗外的一切，但真正让我们注意到或意识到的，只是其中很少的一部分。当车到站停下后，问大家感觉到了哪些东西，每个人所感觉到的东西肯定比在全程中实际感觉到的东西少很多，而且具体感觉到的事物往往各自不同。如有人感觉到了一个特别有创意的广告，其他人却没感觉到。这就是受感觉阈限和感觉选择性影响的结果。所以，不能因为我们最终下车后自己没感觉到那个有创意的广告，就去否认别人的感觉。

相对意识到的而言，没被意识到的，往往就被一些人认为是"潜意识"或"无意识"。所谓的"第六感觉""超感觉"等，其实都是人感受的一部分，因为它们不是我们经常感觉到的、意识到的，或者不是我们感觉的主要部分，所以我们对它们就感到陌生，感到惊讶，感到不理解，于是就产生了这样那样的主观猜测和联想，甚至将它们神秘化。

从生理的角度看，人都是生理人，都是一个有机体，都是一个感受体。因此，除了视觉、听觉、嗅觉、味觉、触觉外，还有心、肝、脾、肺、肾、大肠、小肠等的感觉。因这些感觉不是来自人们常识中的感觉器官，所以就被一些人称为"第六感觉""超感觉"。

人体作为一个感受体，通常各部分都有自己的分工或有自己的主要职能。如眼是负责看，产生的是视觉，耳是负责听，产生的是听觉。但在某些生理、心理或外界因素影响下，有些部分之间会产生相互影响。如在恐怖情况下，看到黑影时会听到某种叫声，或听到风声时会看到某种鬼神。笔者的一位来访者，在做数学题时，看到那些数字，就总会听到它们发出的音乐声。这些都是人这个感受体的功能发生紊乱或有些部分相互影响所致，一点儿都不神秘。人们所说的"联觉""通感"等，就属于这一类。

有些精神病人，由于排斥、逃避现实，自我封闭，长期生活在个人的主观想象中，甚至用想象来代替现实，所以他们的内部关注、内部意识就很强，就出现了一些与大多在现实中奔波的人显著不同的感觉。这些感觉对于他们来说，是真实的，是客观存在的。但对于生活在现实中的大多数人来说，是无法感受到的，或是根本不可能存在的。但正常人在生了重病，或在巨大压力下，在某些心理暗示下，也会出现这些异常的感觉。于是，这类在正常人中少见的、自己无法理解、无法解释的感觉，就被一些人认为是"第六感觉""超感觉""联觉""通感"等。而在一些精神病学家或精神科医生看来，这些都是精神病态的异常感觉。

三、作用与影响

（一）前提作用

感知是心理活动以及整个人正常生存的前提。人的一切心理活动和生存活动都是从感知开始的。有了感知，人才能知道各种事物的属性，如形状、大小、颜色、声音等，人才能知道自己的状态，如身心情况、能力大小、与人的关系等。没有感知，人就无法感知客观事物，无法知道自己的状态，无法获取任何信息与知识，无法和外界的人或事物产生和发展关系，也就无法正常生存。所以，感知正常是心理正常和生活正常的基本前提之一。如果感知出了问题，就将给心理和生活带来极大的困扰，甚至严重的后果。

（二）主观作用

感知是对客观事物主观的感性的反映。任何客观事物的存在，对于人来说，都是通过感知存在的。客观事物本身的存在，是客观存在。通过感知后的存在，是主观存在。主观存在和客观存在有时是一致的，但更多的是有一定的差异的。

由客观存在产生的作用叫客观作用；由主观存在产生的作用叫主观作用。

主观作用，对人的影响往往是巨大的。很多时候，人们的主观作用会超过客观作用。因为，人大多都是生活在主观存在之中的。

对同一现实，不同人有不同的感知；对同一现实，同一人在不同条件下也有不同的感知。面对春天的阳光明媚、鸟语花香，一般人都会感觉美好。可大诗人杜甫的感觉却是"花溅泪""鸟惊心"（感时花溅泪，恨别鸟惊心）。

面对完全相同的世界，有些人生活快乐，满怀感恩，而有些人终日痛苦，满腔愤怒。导致他们不同的因素固然很多，但其中有一个重要的因素是：他们各自受到了不同感知产生的不同主观作用的影响。

（三）定势作用

在感知的前提作用和主观作用影响下，往往会形成感知的定势作用。人们最初感知所获得的感知结果，往往会持续发挥作用。如一个人第一次感觉某人是坏人时，这种感知结果就会持续影响这个人对某人的感知评价。首因效应几乎就是这种定势作用的结果。在人们的心理世界中，普遍存在着泛化现象、爱屋及乌现象。其实这些现象都与人感知的定势作用有关。

四、问题与应对

（一）常见问题类型

从精神病学和变态心理学的角度看，以感知问题为主的心理或精神问题主要有3种：感觉症、知觉症、感知综合征。感觉症包括感觉过敏症、感觉迟钝症、感觉倒错症、内感性不适症。知觉症包括错觉症、幻觉症。感知综合征包括视物变形症、时间感知症、空间感知症、运动感知症、体形感知症、非真实感症、解体症。

从心络学的角度看，除上面这些种类外，综合起来，可还有：感知缺失症、感知增强症、感知变异症。

上述这些感知症的具体表现，请见本书第五章第一节心络症中的感知症。

概括起来，感知症系统大致如图3-33。

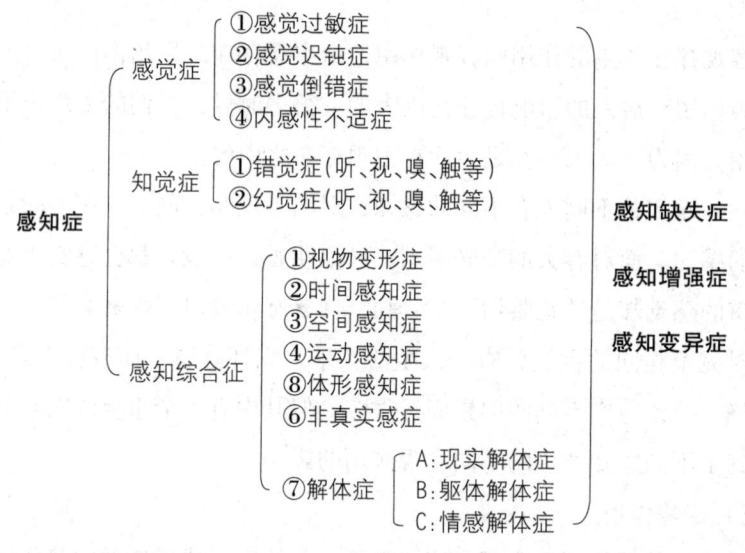

图 3-33　感知症系统图

感知症从总体上看，属于精神病学中的精神障碍，所以一般人是不具有的。有的会被神化为有"特异功能"等。那些不为一般人所具有的神奇或神秘的感知现象，其实都是由感知异常所致。

感知出现问题，原因是众多的。所以，应对的方法也很多。

（二）应对方法

1. 同感导引

有感知异常或感知症的人，通常是没有自知力的。因为他们跟一般感知正常的人一样，都相信自己真真切切地感知，都是活在自己的主观存在之中的。所以，当人们说他们所看到的、所听到的、所感知到的东西不是真实、不是客观的时，他们是无法理解和相信的。甚至有些人会说："你们所看到的、所听到的才不是真实的、不是客观的。"在精神病人的感知世界里，正常人的感知才是异常的。对此，有些人总是给他们讲道理、摆事实，甚至用极端的方式，强迫他们要接受真实的客观的事实或现状，结果总是毫无效果，甚至会加重他们的病情。对于他们来说，感知出问题是非常痛苦的，而人们的不理解、不尊重以及强行要求其改正，更使他们苦上加苦。所以，怎样能让精神病人从内心里真正认识到的确实是自己出了问题，是应对感知问题的首要任务。

笔者经过大量案例的实践，认为同感导引法是最有效的。所以应对感知问题，笔者总是会先同感，后导引。通常的操作是：笔者先说自己对他们的这些感知和感受很理解，而且这些感知和感受都是真实的。然后再讲其他人感知异常的情况。如笔者对来访者举例，一个人指着面前的花问笔者："朱老师，你怎么在茶几上放这样灰色的花？"这时，来访者会很惊讶："这花明明是红色的，他怎么会说是灰色的？"笔者说："因为他的感知出了问题。在我们的眼里，都是红色的，可在他的眼里，就是灰色的。人的感知就是这样：有时是客观的，有时是非客观的，但每个人都会认为自己的感知是客观的。所以，我们有时不能完全相信自己的感知。"这时，来访者通常会问："那怎样才能知道自己的感觉是客观的呢？"笔者说："一般方法是教他们了解多个人对同一事物的感知。如果自己的感知和大多数人的不一样，那么自己的感知就有可能是出了问题。"当他们知道自己的感知已出问题，笔者通常会请他们说出自己的悟言：感觉完全真实，客观并不存在。或者是：感觉真实，客观不实。同感导引法是朱氏点通疗法的一个分支疗法，在应对感知问题上，应用得特别多。

2. 释放、管理情绪

情绪达到一定程度或持续到一定时候，就会影响感官甚至人体的功能。有许多自残的来访者问笔者："我当时用刀片划自己时，为什么不痛？如果是平时，就会痛得不行。"笔者说："情绪是会影响人的感觉的。当情绪达到一定程度时，痛感就会变得迟钝。"有些来访者还说："划自己时，不但不痛，而且还觉得舒服，这是为什么？"笔者说："情绪达到一定程度时，有时会使感觉发生变异。本来应是感觉痛，可感觉却是舒服，这就是感觉的一种变异。"

长期的咨询实践使笔者无数次看到，当恐惧、紧张、愤怒、焦虑、抑郁、悲伤等达到一定程度时，人就有可能出现错视、错听，甚至幻视、幻听以及定向力障碍等。如：有两个人晚上经过一道山梁时，其中一个人因很怕鬼，就把路旁的一块大石头看成一个鬼，并把风声听成了鬼叫，甚至看到了前面不远处有许多鬼挡在路上，还听到了那些鬼在说要怎么吃掉他们。结果被吓得两腿发软，倒在了地上。同行的人不信鬼，也没有感知问题，看到同伴这样，感到非常可笑。最后，胆小的人只得由同伴背着过了山梁。

在临床咨询中，笔者发现：有很多感知症都是因长期情绪积压而逐步形成的。用倾诉、各种放松等方法来释放情绪，是能有效缓解甚至能消除感知问题的。有些感知问题是由情绪爆发而导致的。因此，及时管理或处理情绪是解决或避免感知问题的重要方法。如果能长期保持情绪稳定，感知问题就很难出现。所以，情绪稳定就成了笔者对来访者经常的告诫之言，并成了心络学心理健康的重要标准之一。

3. 欲望调节

当欲望严重受挫后，人很容易产生挫败感、痛苦感、无价值感、无意义感，情绪也容易随之低落，认知也往往会呈负性。当欲望矛盾或失衡时，也容易产生困扰感、痛苦感和不知所措感。欲望会直接快速地影响情绪的变化，进而直接或间接地影响感知的变化。所以，要有效地应对感知问题，就要进行欲望调节。欲望调节法是朱氏点通疗法的四大技术体系之一。从临床咨询的实践看，只要欲望得到有效调节，情绪往往就能得到有效的预防或管理。欲望调节有六调，因人、因事、因时而异。但不管怎样调，笔者都要建议来访者"从现实出发，总是尽力，总是满意"。"从现实出发"，就意味着不能完全从欲望出发，不能做欲望的奴隶。"总是尽力"，就意味着总是张欲和践欲。"总是满意"，就意味着总是足欲。从感知的角度讲，总是尽力，就是总有自信感和责任感，总是满意，就是总有满意感、成就感、价值感和意义感。这样的处事观、应世观，就会有效地改变来访者的心态以及感知问题。所以，笔者经常会书写这样的悟言送给一些来访者：尽力即可，或尽力即为成功。

4. 改善人际关系

从临床咨询的实践看，很多感知问题与人际关系不良紧密相关。事实上，很多感知症患者都存在着人际关系不良的问题。因为人际关系不良，感知症患者经常处于不良情绪、认知负性及夸大、行为逃避或攻击等状态中，这样就使感官和整个人体都不断受到冲击。当人际关系改善后，那些不良的情绪、认知、行为就发生了改变，从而使感知问题逐步得以解决。这是笔者应对感知问题的重要方法之一。然而，改善人际关系是很困难的，因为这不仅涉及复杂的客体问题，还涉及患者主体的欲望、性格、能力、生活观、处世观、交往观等众多的问题。感知问题之所以不好解决，其中一个重要的原因就是患者的人际关系问题难解决。

5.建立或恢复社会功能

除情绪问题非常严重外，一般人最初都不容易出现感知问题。但当人的生理功能、心理功能尤其是社会功能出现问题后，就容易出现感知问题。所以，有些感知问题实际就是人的功能问题所致。可以这样说：人的功能问题可导致感知功能问题，而感知功能问题也可导致人的功能问题，两者无限循环。如：听觉或视觉功能出问题，就可导致幻听或幻视。又如：不能正常生活、学习、工作、社交，就可导致无助感、绝望感、无价值感、无意义感等，继而导致幻听、视物变形、体形感知障碍、时间知觉障碍、空间知觉障碍、运动知觉障碍等。再如：当认知功能，尤其是记忆功能出现问题后，人就会出现种种错觉和幻觉等。笔者一直认为，很多心理问题与疾病，包括感知问题，是因人的系统功能（生理功能＋心理功能＋社会功能）出现问题而导致的。因此，笔者一直主张：心理治疗的目标应是建立或恢复人的系统功能，尤其是要建立或恢复人的社会功能。

6.应用心感规律

所谓心感，是指心理感觉、心理感应。笔者从大量来访者的心理实际看，有些人的心感是客观的，有些人的是主观的，有些人的是二者皆有的，只是比例不同。但从总体上看，心感主要是主观的。

心感规律，是指心理感觉或感应的规律。即从心感的主观方面看，只要感觉是什么，心理结果就可能是什么。或者说：心理结果主要是感觉的结果。

例如：一位来访者，长得很漂亮，谁都说她是美女，可她感觉自己不美，死活要去整容，结果把自己整成了"另类"。起初，她认为这才美，但由于周围人都不认可，她又认为自己不美了。从这里可看出：她认为的美与不美，都是她在某些内外因素影响下主观感觉的结果。

笔者在生活中发现，一个人无论多么贫穷，都肯定会有一定的拥有。一个人无论多么富有，都肯定都会缺少某些东西。由此，笔者根据心感规律，总结出了一条"心理有无规律"：人只要感到拥有，就会有一定的满足感，只要感到缺少，就会有一定的不足感。由此，笔者还在《朱氏诗文疗法》一书中写了《说有才有幸福感》这首咨治诗：总说这无那无／就会感到痛苦／总说这有那有／就会感到幸福。

心感规律告诉我们：人的感觉十分重要，一定要高度重视，有时比客观现实还重要；它既是人的宝贵财富，也可能是可怕的灾难；人既要活在客观现实中，也要生活在主观感觉中。

因此，应用心感规律，就能有效应对或避免某些感知问题。

7. 顺其自然

有些感知症是由很多因素导致的，很难改变。而且当症状已成为人习惯的一部分，真的改变了反而还不适应。如一个人由种种因素导致了总是冬天穿短袖，夏天穿棉衣，长年都是这样，他无论是生理上，还是心理上都完全习惯了。又如，人到年老时，身体和心理的功能都大量衰退，就容易出现感知问题。对这类也应顺其自然。

8. 感知修塑

感知的正常与不正常，都不是一成不变的，都会因生理、心理、外界的不同情况而发生变化。不同的人，同一人的不同时期，感知能力和水平也是不一样的。因此，要保持感知正常或提高感知的能力和水平，就需要一定的修塑。修塑也是朱氏点通疗法的重要技术之一。修塑是一个系统工程，包括了上述所讲的释放和管理情绪、欲望调节、改善人际关系、建立或恢复社会功能。另外还有性格良好、能力兼备、认知完善、行为适当、意志健全等的修塑。感知出现问题，从精神病学的角度看，就意味着是人的精神出了问题。众所周知，精神出问题，人就出了大问题。修塑则是解决整个人系统问题的关键之法。

（三）一般问题的应对

上面所谈的是感知症及其应对。下面笔者想简单谈谈某些感知的一般问题及其应对。

在生理感知中，人们普遍都有某方面的不同程度的痛感。这种痛感有可能完全是生理性问题的反应，但也有可能是心因性问题的反应。如果做过各种检查都不能证明是器质性的病变，那就要进行心理治疗。而心理治疗的重点是稳定情绪和消除情绪产生的相关原因。其次是尽量忽视该痛感，把全部注意力转移到其他地方。这样就有可能减轻疼痛。

在性格感知中，有很多人都有不同程度的自卑感。造成自卑感的因素很多，其中一个重要的原因是过分自尊、死要面子。应对的方法主要有淡化自我，不要太在乎别人的评价，少要面子，不卑不亢，从而拥有或增强自信感。

在兴趣感中，有较多的人有无趣感。原因主要有：欲望高于现实、欲望过分得到满足、缺乏追求、兴趣太少或兴趣不浓等。应对的方法主要有：欲望调节，兴趣培养及保持。

在社会性感知中，很多人的满意感较低，而排斥感较重，甚至有愤怒感和丑恶感。应对的方法主要是要尽量客观，除看到社会的落后与阴暗面外，还要看到社会的进步和光明面。

在综合性感知中，有不少人缺乏快乐感、幸福感、成就感、价值感、意义感。应对的方法很多，且因人、因时、因情况而异。对此，笔者曾写过《知足也不知足》《享受处处》《要有满意感》《幸福》《收获人生四金感》《三热爱三悦纳》等很多与之相关的诗。

第十四节　人际关系系统论

心络图中如渔网般的网络线部分，代表人际关系。按一般来理解，人际关系不应是心络要素。因为它并不完全是一个人的心理反应，而是一个人与其他人互动的反应。笔者之所以把它也作为一个单独的心络要素来看待，是因为笔者在心理咨询实践中发现它包含了太多的心理因素或成分。它就像行为这一心络要素一样，往往都是人的欲望、性格、认知等众多心理因素的反应。人际关系确实是一个人与他人之间的关系，但也是一个人的心理与他人之间的关系。一个人有什么样的心理，就有什么样的人际关系。通过人际关系，我们可以看到一个人的心理。一个人的心理出现问题，人际关系就可能出现问题。几乎所有的精神病人,都没有良好的甚至没有正常的人际关系。一个心理健康的人,一般都有良好的人际关系。从某种意义上讲,人际关系状态是心理健康状态的晴雨表。因此,笔者认为,要看一个人的心理,就有必要看其人际关系,就像要看其欲望、性格、能力、认知等其他要素一样。

一、概念与特点

(一) 概念

人际关系的概念,有各种各样的说法:有的说是人与人之间在相互交往的过程中,借由思想、感情、行为表现进行相互交流而产生的互动关系;也有的说是人与人之间相互认知而产生的吸引或排斥、合作或竞争、领导或服从等关系;还有的说是人与人在交往中建立的直接的心理上的联系。笔者认为:简单地说,人际关系就是人与人之间的关系。从广义上讲,也是人与人、人与团体、人与社会以及团体与团体之间的关系。

人际关系都是在人与人的交往、互动中建立和形成的,所以有人称之为人的交往关系,也有人称之为人的互动关系。由于交往和互动往往带有一定的社会性,所以也有人称之为社交关系。

(二) 特点

1. 互动性

人际关系都是在一定的互动中建立、维系和发展起来的。没有互动,人际关系就建立不起来,就不能维系,就不能发展。所以,互动性是人际关系存在的前提和保障,是人际关系的最大特点。

2. 条件性

人际关系的建立、维系和发展,都是有一定条件的。没有一定的条件,关系是无法建立的。如果条件发生变化,关系就可能发生变化。如果条件不具备了,关系也就可能不存在了。如:在双方某种利益条件下建立起来的利益型人际关系,如果利益能保持,关系就可能得以保持,如果利益没有了,关系就可能随之结束或淡化。又如:在双方情感需要条件下建立起来的情感型人际关系,如果情感需要能保持,关系就可能得到保持,如果情感没有了,关系就可能随之结束或淡化。人际关系的条件有的很简单，有的很复杂。通常的条件是：有共同的愿望，或追求，或需要，或爱好，或兴趣，或语言，或对立面以及有共同可接受的交往规则、方式、时间、地点、经济成本等。

3. 变化性

人际关系建立后，虽说在相应条件下有一定的稳定性，但从总体上看，变化性是较大的。主要原因有：一是人的需求是不断变化的。有些人一直梦想与你建立关系。当真的与你建立关系后，就可能发现并没有什么，也不是其所想象的，于是逐步淡化。有些人想与你建立关系，是想达到什么目标。当目标达到后，对方就可能逐步疏远你。如果达不到目标，更容易疏远你。二是人际关系往往都是脆弱的，在利益、荣誉、评价等很多方面，一不小心就会导致破裂。正如常言所说：友谊的小船儿说翻就翻。三是随着时间的推移，有许多新的情况不断涌现，这些新情况就可能使原有的人际关系发生变化。如：有两个人因酷爱诗歌创作而成了很好的诗友。随着诗歌被边缘化，一个人不再写诗了，而开始去搞动漫创作，而另一个人对动漫创作毫无兴趣，于是两人的关系就逐步淡化而最终结束。四是人际关系会涉及其他众多的关系，而这些关系有可能是矛盾的。如：两个老朋友合办了一个公司，之后都喜欢上了同一个漂亮的员工。这就涉及了合作关系、利益关系、情感关系、竞争关系等。最后两人分道扬镳。人们通常都有这样的体验：关系建立容易维系难。这都是因为其有变化性的特点。

4. 复杂性

虽说人际关系有的简单，但从总体上看，都具有复杂性。一是因为每个人都有自己的欲求、性格、思想、兴趣、态度、行为及习惯等，所以在进行交往时，很难与他人形成真正的共同语言，很难达到双方完全一致。二是各自交往的内容、方式、规则、目的等往往各异，甚至还不能相容。三是人际关系所涉及的对象、内容、性质、范围等十分广泛，加上容易变化，所以显得错综复杂。从总的方面来看，它既是个人关系，也是团体关系，还是社会关系。从具体方面看，它既是物质关系，也是心理关系（包括欲望关系、情感关系、认知关系、性格关系、志趣关系等），还是经历关系。从范围上看，它不仅涉及个人、家庭、学校、工作单位、社会组织，而且涉及民族、国家和地区等。在这些关系中,又涉及亲属关系、同学关系、师生关系、同事关系、上下级关系、朋友关系、同乡关系、同族关系、同国关系、同洲关系。

亲子关系也是一种人际关系。从表面看,亲子关系应该比其他人际关系简单。但从笔者总结的"亲子关系问题原因结构图"(图3-34)中可看出,看似简单的亲子关系,其实也具有明显的互动性、条件性、变化性和复杂性的特点。

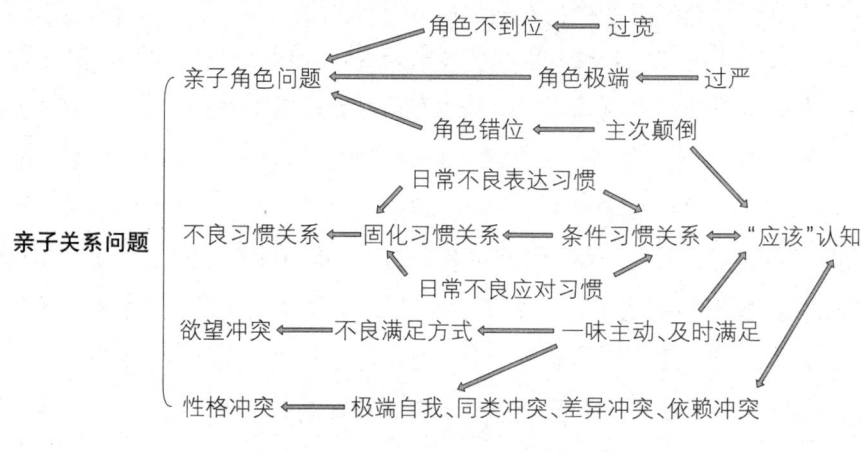

图 3-34 亲子关系问题原因结构图

上述特点说明:人际关系是互动的结果,是一定条件下的产物。它是变化的、复杂的。因此,要想建立和拥有良好的人际关系,就要善于互动,注重条件,明白其变化性和复杂性,并能适时应对。

二、种类与系统

从不同方面去看,人际关系有不同的种类。概括起来,心络学的人际关系系统如图3-35。

(一) 从个体与群体方面去看

个人与个人的关系,个人与群体的关系,群体与群体的关系。

```
                    ┌ 个人与个人的关系
从个体与群体方面去看 ┤ 个人与群体的关系
                    └ 群体与群体的关系

               ┌ 友好型:亲密关系、互助关系、协作关系、包容关系等
               │ 对立型:攻击与防卫关系、欺压与反抗关系、支配与反支配关系、
从主要性质方面 ┤        主导与从属关系、嫉妒与被嫉妒关系、排斥关系、仇恨关系等
               └ 中间型:不好不坏型、可继续可结束型、可拉近可疏远型

               ┌ 欲望型:各种利益型、各种需要型、各种追求型等
               │ 性格型:强势型、弱势型、主从型、表现型、批评型、逃避型等
               │ 认知型:各种观念型、各种流派型、各种信仰型等
               │ 能力型:各种专业型、各种技术型、各种特长型等
               │ 情绪情感型:倾诉与倾听型、发泄与忍让型、感情亲密型、
               │            感情依赖型、感情矛盾型、感情冷淡型等
从"人系统"方面去看 ┤ 兴趣型:文友关系、诗友关系、歌友关系、舞友关系、
               │        画友关系、球友关系、棋友关系等
               │ 经历型:同学关系、师生关系、同事关系、上下级关系、恋爱关系、
               │        交友关系、合作关系、竞争关系、事件关系、组织关系等
               └ 生理型:血缘关系、性关系、餐友关系、酒友关系、
                        茶友关系、烟友关系、病友关系等
```

图 3-35　人际关系系统图

（二）从主要性质方面去看

友好型（包括亲密关系、互助关系、协作关系、包容关系等）；

对立型（包括攻击与防卫关系、欺压与反抗关系、支配与反支配关系、主导与从属关系、嫉妒与被嫉妒关系、排斥关系、仇恨关系等）；

中间型（包括不好不坏型、可继续可结束型、可拉近可疏远型）。

（三）从"人系统"方面去看

欲望型（包括各种利益型、各种需要型、各种追求型等）；

性格型（包括强势型、弱势型、主从型、表现型、批评型、逃避型等）；

认知型（包括各种观念型、各种流派型、各种信仰型等）；

能力型（包括各种专业型、各种技术型、各种特长型等）；

情绪情感型（包括倾诉与倾听型、发泄与忍让型、感情亲密型、感情依赖型、感情矛盾型、感情冷淡型等）；

兴趣型（包括文友关系、诗友关系、歌友关系、舞友关系、画友关系、球友关系、棋友关系等）；

经历型（包括同学关系、师生关系、同事关系、上下级关系、恋爱关系、交友关系、合作关系、竞争关系、事件关系、组织关系等）；

生理型（包括血缘关系、性关系、餐友关系、酒友关系、茶友关系、烟友关系、病友关系等）。

三、作用与影响

（一）心理健康作用

人是群体动物，有交往的本能。如果这个本能没获得满足，就容易产生孤独感和空虚感。这两种感觉如果长期存在，就很容易导致抑郁；如果交往本能可以得到满足，就会获得集体感和充实感，从而让人精神充实、饱满。这就需要有一定的人际关系。

人都有安全的需要和归属的需要。这两种需要如果得到满足，就能获得安全感和归属感；如果没得到满足，就可能失去安全感和归属感。所以人特别需要拥有一定的社会支持系统。因此，就必须拥有一定的人际关系。心理学的许多研究表明：社会支持可减少或防止心理受损或伤害；社会支持是心理健康的一大重要因素。

人都有想得到他人尊重、肯定、赞扬，甚至关心的心理需要。这些需要如果得到满足，就会感到高兴，心情愉悦；如果得不到满足，就可能烦恼、苦闷，甚至痛苦。这也需要一定的人际关系。

身体需要吸收食物等养料，也需要排出两便和汗液。心理也一样。

在人际交往中去获取与人有关的信息，就等于是吸收精神养料。向他人说出自己内心的种种想法、感受，尤其是焦虑、担心、烦恼等，就等于是在排出心理的粪便和汗液。而这种新陈代谢，就离不开一定的人际关系。可以说，良好的人际关系，是心理健康的必需品，也是效果显著的心理保健品。

从心理咨询的实际看，人际关系的缺乏或人际关系带来的问题，往往是许多心理问题与疾病的重要原因，有时还是主要原因。看那些精神病人，几乎都是没有朋友、严重缺乏人际关系的人。我们看那些拥有良好人际关系的人，是不容易有心理问题与疾病的。

以上这些都说明：人际关系在人的心理健康中，有着举足轻重的作用。

（二）人生平台作用

人都会有各种各样的与生活、学习、工作、社交、玩乐等有关的活动。活动的开展往往需有人的参与和配合，活动的有些情况需有人了解，活动的成果需有人分享，活动的价值需有人肯定。而这一切，都离不开人际关系这个平台。无论在哪个人生阶段，人都有很多的欲望，如表现欲、被关注欲、被赞赏欲等等。而这一切欲望的满足，也离不开人际关系这个平台。纵观每个人的人生，人际关系都是其中的一个重要平台，都是人生不可缺少的。如果一个人在其人生的每一个阶段，都有或无相应的良好的人际关系平台，那人生的景象就可能完全是两回事。无数事实证明，人生的很多东西都离不开人际关系这个平台。

（三）命运资源作用

人的命运与人所具有的资源有关。在人的各种资源中，人际关系是非常重要的资源，笔者称之为人际资源。人际资源中有家庭关系资源、家族关系资源、同学关系资源、师生关系资源、朋友关系资源、同事关系资源、组织关系资源、老乡关系资源、同族关系资源、同国关系资源等。纵观古今中外的成功人士，他们的成功和命运，都与人际资源紧密相关。农夫诸葛亮如果没有徐庶的保荐，刘备就不可能三顾茅庐。没有刘备的起用，诸葛亮就不可能成为蜀汉丞相，就不可能成为名扬千古的历史人物。可以说，诸葛亮的命运与成功，是和人际资源密切相关的。所以说，人际资源是人的一种命运资源。因此，人们常说：在家靠父母，出门靠朋友。

上面只是谈了人际关系在三个方面的作用与影响，其实它的作用远不止这些。人际关系不仅对个人的生活、学习、工作、成败、人生命运等有很大影响，而且对家庭、对学校、对工作单位、对社团组织、对朋友圈、对社会也可能产生一定的影响。

四、问题与应对

有很多心理问题与疾病是由人际关系问题导致的。由人际关系问题导致的并达到一定程度的心理症，笔者称之为人际症。常见的人际症主要有5种：人际交往恐惧症、人际交往困难症、人际交往矛盾症、人际交往缺失症、人际交往过多症。各类人际症的具体表现请见本书第五章第一节心络症中的人际症。

（一）关于人际交往恐惧症（社交恐惧症）的应对

对于因胆小导致的恐惧，笔者的应对主要是练胆。练胆的主要方法是鼓励其多与人接触，多参与团体活动，争取能发言，能与人交流。与人接触多了，参加活动多了，恐惧就会逐步地自然地减少。

对于怕不被人重视导致的恐惧，笔者的应对主要是：通过另角色体验来让其重新审视被人重视的问题。具体操作是：你重视了参加活动的每一个人了吗？然后进行讨论，得出这样一些结论：我们不可能去重视每一个人，这很正常，所以，我们不被一些人重视是正常的、必然的；很多人参加活动后，都没有得到重视，但他们不会因此而恐惧社交，因为他们是重在参与，以参与为乐；希望能得到别人重视是可以理解的，但过分希望就必然导致欲望受挫而恐惧。

对于怕别人知道自己的一些问题或隐私而导致的恐惧，笔者的应对主要是：第一，表示理解和尊重。第二，强调只要自己不说不暴露，别人基本上都是不能知道自己的问题或隐私的。第三，自己的有些并不重要的问题或隐私，即便别人知道了，也不会有多大害处，就像我们也知道别人的某些问题或隐私，可并不会对别人有什么影响一样。第四，其实，有些内心的东西说出后，反而会不怕了或轻松了，总怕，往往会更怕。

对于怕遭人议论或否定导致的恐惧，笔者的应对主要是：第一，只要注意把握自己言行，别人一般不会议论你或否定你的。第二，其实有时或经常遭人议论或否定也是正常的，甚至是必然的，只要你视为正常，或不在意，就什么事也没有，而且还会使自己变得越来越坚强。第三，自我暴露法：我是长期遭人否定、攻击、打压、嘲讽，甚至谩骂的（可让他们看有关文章或截图或视频），但我把这些都作为了锤炼自己的机会，结果使自己变得更加自信和顽强。

对于怕交往失败导致的恐惧，笔者的应对主要是：第一，交往可能失败也可能成功，这很正常。我们不仅要追求结果的成功，更应追求参与及过程的成功。对于我来说，只要参与就是成功，只要尽力就是成功。第二，其实越怕失败越易失败，不怕失败更易成功。失败为成功之母。把失败也视为成功，成功的概率会更大。笔者为什么拥有广泛的人际关系？就是从没有考虑过失败而总是尽力的结果。

对于曾有过与恐惧有关的创伤而导致的恐惧，笔者的应对主要是：多次在想象中或现实中，逐步重回创伤情景，应用系统脱敏法、放松法等，对恐惧遗痕进行逐步消除。

（二）关于人际交往困难症的应对

人际交往困难的原因有很多，其中主要有：不知该说什么，缺乏谈资，表达能力低，缺乏社交常识或技巧，理解他人话语困难，不知别人的交往需要，极端自我中心，总是被动，缺乏魅力或吸引力等。

对于这类人际症，笔者的应对主要是帮助和指导他们学习人际交往的知识、方法、技巧，尤其是要进行人际交往的训练。其中内容有：让他们如何找话说，如何问答，如何积累谈资，如何了解和知道别人的需要和忌讳，如何增强表达和互动的能力等。另外，笔者也建议他们学习和应用下面这些咨治诗：

人所欲施于人：己所欲非人所欲／己所不欲非人所不欲／／人所欲施于人／人所不欲勿施于人。

要想人缘好：主动对人好／决不求回报／随他褒与贬／决不去计较。

可与天下人为友：与人相处随大流／多听少说暗点头／纳是容非放眼量／可与天下人为友。

这类求助者通常都会提出这样的问题：怎样才能进行成功的交往？对此，笔者作过总结，并写成了如下咨治诗：

你想进行成功的交往：你想进行成功的交往／就应热情友好主动大方／充分考虑别人的需求感受／并要巧妙进行肯定和欣赏／／你想进

行成功的交往／就应显露自己的优势特长／让别人感觉有魅力／并能产生期待与渴望∥你想进行成功的交往／就应把理解尊重奉上／还有真诚和宽容／以及付出以及谦让。

因性格极端自我中心导致交往困难的，笔者通常会用朱氏点通疗法的另角色体验来让他们感受和明白交往中"三种中心"的结果，并将这种体验及其结果写成了如下咨治诗，还作成了图3-36。

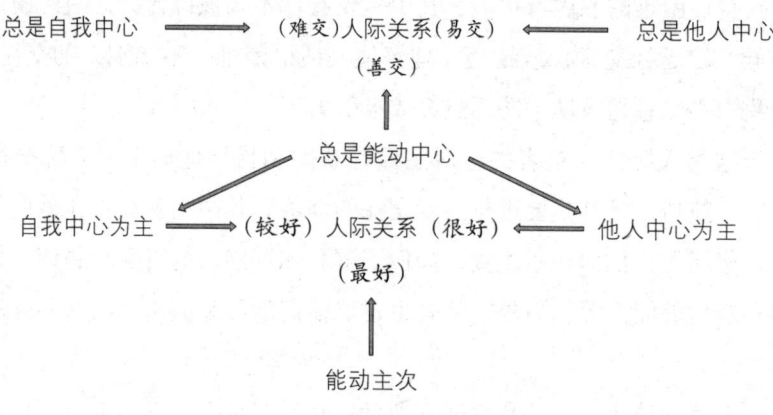

图 3-36 人际中心与人际交往

能动中心友谊常新：总是以自我为中心／难有朋友难有知音／只要交往就会痛苦／最终都是怨恨他人∥总是以他人为中心／易交朋友易受欢迎／只要交往就能和谐／创造愉快也收获友情∥总是自然能动中心／相互平等心理平衡／只要交往就是享受／关系长久友谊常新。

（三）关于人际交往矛盾症的应对

人际交往矛盾有很多种，其中常见的两种是：应与某些人交往而不愿与之交往，不应与某些人交往而被迫与之交往。这类矛盾症的应对，笔者主要是应用朱氏点通疗法的衡欲法。衡量的原则或标准是：选主舍次，利大于弊，尽量兼顾。例：如果是生活或工作需要所迫必须与有些人交往，而自己内心并不想交往，那就要看自己选择什么。如果认为前者重于后者，那就选择去交往，忍受一下痛苦。如果认为后者重于前者，那就不去交往，甘愿放弃一些东西。有时也可去交往一下，但不一定很投入。

(四) 关于人际交往缺失症的应对

人际交往缺失有两种情况：一是从来就缺乏或没有人际交往，二是原有一定的人际交往，但后来逐步减到很少或完全没有。

针对第一种情况，笔者的应对主要是：第一，要分清是否想交往？第二，如果是想交往但怕交往，就用应对社交恐惧的那些方法；如果是想交往但社交困难，就用应对社交困难的那些方法。第三，如果是从来就不想与人交往，那就在理解尊重他们的前提下，逐步应用朱氏点通疗法的张欲法，激发他们交往的欲望，然后根据情况进行交往指导。无论结果怎样，都要让他们有一定收获。在张欲方面，笔者通常会应用自己创作的咨治诗。其中应用最多的是下面两首：

如果没有朋友：如果没有朋友／心灵会慢慢枯瘦／作为群体动物／交往是最基本的需求∥如果没有朋友／心灵会死水一沟／许多心理病患者／就是缺乏沟通与交流∥如果没有朋友／心灵会被孤独驻守／安全感无声消失／不断滋生危机和悲愁。

没有朋友的人很可怜：没有朋友的人很可怜／心灵封闭缺乏情感／有福无人分享／有难无人分担∥没有朋友的人很可怜／独往独来人生孤单／活着无人关注／死去无人遗憾。

针对第二种情况，笔者的应对主要是：第一，弄清其缺失的原因，根据这些原因进行逐一处理。第二，根据其以往交往的情况，充分发挥原来的交往优势，在不断鼓励中让其逐步恢复。

(五) 关于人际交往过多症的应对

人际交往过多，通常有三种情况：一是交往圈子过大，二是交往过于频繁，三是交往内容过于复杂。笔者的应对通常是：和求助者一起分析现在交往的总体情况，分清存在的利弊，然后根据他们的意愿和留主舍次、尽量兼顾的原则，逐步缩小交往圈，减少交往次数和内容。

（六）关于人际和谐的修塑

人际关系是为人处世的重要内容，涉及面极广，有很多东西需要学习，其中尤其需要学习心络学的交往观，即"六维交往理论"。要持续地拥有良好的人际关系，很不容易，需要我们作很多方面的努力，甚至需要毕生的努力。这就需要一定的修塑。所以，不管求助者存在哪方面的问题，笔者都希望他们要进行修塑。

第四章　心络学的心理病理观

心络学的病理观认为：心理问题或疾病（简称心理症），从宏观的角度看，有些是"人系统"的产物，即是心络系统和生理系统及外界系统相互影响的反映；从中观的角度看，有些是心络系统的反映；从微观的角度看，有些是某心络要素所致。

笔者在长期的心理咨询实践中一次次深刻地体会到，心理症的导因往往是外界的某些具体事情或事件，其表现通常为各种压力问题、不适问题和人际问题，然后表现为情绪问题（如焦虑、恐惧、抑郁等），行为问题（如攻击、对抗、逃避等），意志问题（如缺乏自觉性、自律性、有恒性和韧性等），注意问题（如注意力不集中和涣散等），记忆问题（如健忘、记忆减退等），生理问题（如失眠、头痛、胸闷等），而从心络系统看，其症结往往是欲望问题、人格问题、认知问题、能力问题等。

因此，心络学的心理病理观认为：心理症，就心络系统而言，首先可能是心络中的某部分或多部分出了问题；其次可能是心络要素问题的传导性所致；就生理系统而言，是疾病因素、躯体状态、遗传因素、生化因素、理化因素、性别因素、年龄因素、长相身材因素等对心络影响的反映；就外界系统而言，是自然事件、社会事件、个人生活事件、社会文化因素等对心络影响的结果。

第一节　心理症是心络部分问题影响所致

心理症，往往都是心络中的某部分或多部分出了问题。

一、网络线部分的问题

这部分出现的心理问题,起初通常表现为心理压力大,然后表现为不适,如学习不适、工作不适等,再后就可能表现为人际关系问题等。这部分出现的问题最多,也最为常见。

二、末干部分的问题

这部分出现的心理问题主要表现为情绪问题、情感问题、行为问题、意志问题、注意问题、记忆问题、感知问题、兴趣问题、态度问题等。

(一)情绪问题

通常表现为焦虑、愤怒、压抑、抑郁、冷漠、嫉妒、紧张、恐惧、悔恨、内疚、悲伤、委屈、抱怨、苦闷、疯狂、仇恨、急躁、烦恼、羞愧、对立、失望、绝望、担忧、消沉、寂寞、无聊、厌恶、厌倦、犹豫、困惑、惊惶、不安、沮丧、反感、不满、冲动、强迫等。

(二)情感问题

通常表现为情感高涨、情感低落、情感迟钝、情感淡漠、情感倒错、情感脆弱等。

(三)行为问题

通常表现为攻击、破坏、敌对、退缩、逃避、懒散、自伤、自杀、撒谎、赌博、酗酒、嫖娼、性虐、卖淫、吸毒等等。行为问题也包括各种惯有的日常行为问题、习惯问题、生活方式问题等。病理性的行为障碍通常有精神运动性兴奋和精神运动性抑制两大类。

(四)意志问题

通常表现为自觉性、自律性差,没有恒心和毅力,缺乏坚定与果断,意志薄弱。病理性的意志障碍有意志增强、意志减退、意志缺失、病态疏懒等。

(五)注意问题

通常表现为注意力不集中、注意力减退。病理性的注意障碍有注意增强、注意衰退、注意固定、注意狭窄、随境转移等。

（六）记忆问题

通常表现为健忘、记忆减退。病理性的记忆障碍有记忆增强、记忆歪曲、错构和虚构等。

（七）感知问题

通常表现为感觉、知觉失常和感知综合障碍。如感觉过敏、感觉迟钝、感觉倒错，又如幻觉、错觉、视物变形等。

（八）兴趣问题

通常表现为兴趣缺乏、兴趣过浓、兴趣减退、兴趣丧失等。

（九）态度问题

通常表现为态度消极、态度冷淡、态度对立、态度生硬、态度蛮横等。

三、次干部分的问题

这部分出现的心理问题主要表现为人格问题、认知问题和能力问题。

（一）人格问题

通常表现为过分自我中心、过分自尊、自负、狂妄、容易冲动，或自卑、胆怯、内向、孤僻、依赖、回避，或多疑、偏执、狭隘、强迫，喜欢嫉妒，惯于逆反等。严重者就成了"人格障碍"。

（二）认知问题

通常表现为认知偏差问题、认知乏据问题和认知障碍问题等。认知偏差问题表现为认知片面、认知绝对化、认知严重化或认知负性化等。认知乏据问题主要表现为认知无事实根据、认知的事实根据错误，或认知完全是对事实的歪曲解读。认知障碍问题主要有思维障碍，含思维形式障碍（如思维奔逸、思维迟缓、思维松弛、思维贫乏等）和思维内容障碍（如妄想、超价观念和强迫观念）。

（三）能力问题

通常表现为自理能力、适应能力、承受能力、耐受能力、应对能力、交际能力等差。严重者表现为这些能力的缺乏或丧失。

四、主干部分的问题

这部分出现的问题主要表现为本能严重压抑或严重失控、欲望过多过高或过少过低、需要过分受阻或过分满足等。

主干和次干部分出现问题，容易导致严重后果。笔者的许多"精神病""人格障碍""神经症""癔症""习惯与冲动控制障碍""性心理障碍""心理生理障碍"等患者，都与这两部分的问题直接或间接相关。末干部分的情绪问题、行为问题等和网线部分的压力问题、不适问题、人际关系问题，也往往是由主干和次干部分的问题直接或间接所致。

第二节 心理症是心络要素传导影响所致

心理症往往也是心络中某些要素的传导影响的反映或传导影响的结果。

因传导性，心络的任何部分出现问题，都可能对整个心络造成程度不同的影响，就像中医经络学说所说的，经络壅塞，气血不通，身体就会出现这样那样的疾病；心络正常或健康时，心络就会通畅并相互协调，也犹如中医经络学说所说的，身体在正常情况下，经络通调，各方面处于相对平衡的状态。从大量临床实践看，心理问题与疾病，有些是心络中主干、次干、末干或网线问题的直接反映；有些是这些部分的问题的延伸或泛化；有些则是这些部分的问题的传导影响的反映。

在正常情况下，心络内部保持着基本的平衡。但在心络内、外某些因素的影响下，它也可能失去平衡。一旦失衡，因传导性，人就会马上表现为心理的某种失衡。因传导性，当事人还会继而表现为情绪问题、行为问题或不适问题等。

正因为心理症既有可能是心络的某部分或多部分出现问题所致，又有可能是这些问题的传导反映结果，所以我们在分析心理症时，一定要将两者加以区别。

第三节　心理症是生理系统对心络影响所致

从生理系统层面看心理症，是疾病因素、躯体因素、遗传因素、生化因素、理化因素、性别因素、年龄因素、长相身材因素等对心络产生了较大的影响所致。这类影响的反应可称为生理问题的心理反应。

疾病因素可能导致心理症的出现。如人的心脏患病后，人就容易情绪不稳，易惹甚至抑郁，也会注意力不集中，记忆力下降，甚至可能引发死亡恐惧。而人的肾脏患病后，人就容易精神萎靡，情感淡漠，甚至导致幻觉妄想等。

躯体因素可能导致心理症的出现。如躯体处于虚弱状态，疲劳状态，饥饿状态或缺氧、缺血状态时，就可能出现一系列心理问题与疾病。

遗传因素可能导致心理症的出现。如躁郁症属于单基因显性遗传，精神分裂症属于单基因隐性遗传。

生化因素可能导致心理症的出现。如：5-羟色胺和儿茶酚胺的含量增高，都会使人兴奋，而降低都会引发抑郁；乙酰胆碱的含量增高会引发抑郁，而降低会使人兴奋。

理化因素可能导致心理症的出现。如脑部受伤、高温、严寒、酒精或毒品滥用、食物或药物中毒、重金属中毒、一氧化碳中毒等会导致一系列心理问题与疾病。

性别因素可能导致心理症的出现。如女性在经期易情绪化，因主具柔性而易有自卑倾向、过度依赖等，男性因男性荷尔蒙等易多恋泛爱，因主具刚性而易表现出支配、专横等特点。

第四节　心理症是外界系统对心络影响所致

心理症，就外界系统而言，是自然事件、社会事件、个人生活事件、社会文化因素、家庭因素等对心络产生了较大的影响。这类影响的反应可称外物问题的心理反应。

自然事件有地震、海啸、洪灾、风灾、冰雹、冻雨等一系列的自然灾害。

社会事件有战争、动乱、移民、通货膨胀、金融危机、社会变革等。

个人生活事件有失业下岗、经营亏损、离婚、丧亲、人际纠纷、财产诉讼、被盗被骗、交通事故、投资失败、被人诬陷或侵犯等。另外还包括过去的特殊经历，如早期的各种创伤性经历和各种幸运性经历。

社会文化因素有信仰问题、民族问题、道德问题、时尚问题、风俗问题等。

家庭因素有教育因素、结构因素、互动因素等。

外界系统对心络影响的一大反应是自我与外界的不适应或不协调，即人与外界的失衡。

综上所述，心理症的出现，特别是"灵魂"问题的出现，往往都存在着内部、外部的或内外相互影响的错综复杂的原因，且都是因这些复杂原因相互影响而形成的。

第五节　心理症存在主次症结

前面已述，任何心理症的原因，往往都是多方面的，且呈一定的结构性。心络学的心理病理观认为，在这多方面的呈一定结构性的症因中，都存在着"症结"的问题，而且"症结"还有主次之分。

如果仅从心络的范围看，心理症的主要原因是本能问题、需要问题、欲望问题、认知问题、人格问题、能力问题、情绪情感问题、行为问题、注意问题、记忆问题、兴趣问题、态度问题、意志问题、感知问题和人际关系等。而这些问题的累积，就可能形成各种各样的症结。

位于主干部分的症结是主症结，主要有由本能问题、需要问题和欲望问题凝聚而成的欲望结，简称欲结。位于次干部分的症结是次症结，主要有认知结、人格结、能力结。位于末干部分的症结为末症结，主要有情绪情感结（简称情结）、行为结、注意结、兴趣结、态度结、意志结等。位于网络线部分的症结为网线结，主要有人际结。

在主症结、次症结、末症结和网线结之间，存在着非常复杂的关系。因传导性，有时它们会出现互为症结的现象。尤其在同一层次症结中，这种互为症结的现象很普遍。如我们看有些人格问题，是能力不行或认知负性所致，但看其为何能力不行或认知负性，却发现其是人格问题所致，真可谓因果难分！但从一般情况看，心理问题的症结间还是有这样一种基本的顺序关系：因本能的生理和心理的需要，各种欲望层出不穷；在欲望满足或不能满足的人生过程中，各种人格逐步形成或发生着相应的变化；在欲望因素和人格因素的复杂影响下，人的认知模式以及其中的观念系统也渐渐形成；在欲望因素、人格因素、认知因素更为复杂的交互作用下，人形成了或丧失了种种的能力；欲望、人格、认知、能力又相互作用影响，便可能导致一系列情绪情感、行为、注意、记忆、兴趣、态度、意志和感知问题的出现。而这些问题又可能演变为各种压力问题、不适问题和人际关系问题。

正因为这些症结的存在及其相互影响，所以许许多多的心理症，究其原因，是情绪或情感问题、行为问题、注意问题、记忆问题、兴趣问题、态度问题、意志问题、感知问题；再究其原因，却是认知问题、人格问题和能力问题；再深究其原因，则是欲望问题、需要问题及本能问题；从总的来看，则是由综合因素而凝成的"灵魂"问题。心理问题的最本质、最核心问题是"灵魂"问题。

非常遗憾的是，长期以来，我们都没有发现这些症结问题以及这些症结之间的相互影响关系，或即便发现也没重视这些问题。就目前而言，心理咨询与治疗大都还停留在网络线或末干的一些问题上，即种种压力问题、不适问题、人际关系问题、情绪与情感问题以及行为问题等方面。

需要注意的是，上述的主、次症结等，是从心络的角度，即从心理问题的总体原因上去看的。对于具体的案例而言，则不能简单地认为其主症结都是欲结，次症结都是认知结或人格结或能力结，末症结都是情绪情感结或行为结等。即不能这样去生搬硬套，而是要作具体的分析。如有的心理症的症结就可能仅是人格结，尽管当事人的人格结主要是因某些欲望而形成的（如一个人处处都很要面子，强烈地追求自尊，并获得过很多理想状态的自尊，便最终形成了病态的死要面子的人格特质），但此时的问题的主症结是人格问题而不是欲望问题。

由于心理症往往是症结的反应，所以根本的解决办法就在于抓住症结和消解症结。而症结，尤其是主症结和次症结，是不易一下就解开的，往往需要一个过程，有些甚至需要漫长的过程。

由于心理症存在症结且症结不能轻易打开，所以我们的心理治疗，可根据实际情况分为短程治疗、中程治疗和长程治疗。短程治疗一般为1~8次，时间为一周至两个月。中程治疗一般为9~18次，时间为三个月至半年。长程治疗为18次以上，时间至少半年，有的可长达数年甚至终身。

短程治疗只能解决次干部分一般的认知问题、能力问题和末干部分一般的情绪问题、行为问题、意志问题、注意问题、兴趣问题、态度问题以及网线部分一般的压力问题、不适应问题、人际关系问题。真正要解决模式化的情绪问题、习惯性的行为问题、较深层次的观念问题、主要能力低下的问题等，至少也得中程治疗。要完全解决其认知问题（认知模式问题和系统观念问题）、人格问题和欲望问题，大多需要长程治疗。

第五章　心络学的心理症分类观

心络学的心理症分类观把所有心理问题或疾病都称为"心理症"。这是基于这样的考虑：如果称之为"心理病"或"心理障碍"，很多人因病耻感会否认自己有"病"或"障碍"，不利于心理问题或疾病的预防和治疗；如果称之为"心理问题"，很多人又会不重视，更不利于心理问题的预防和治疗。心络学的心理症分类，几乎完全不同于当下国际和国内的精神障碍的分类（如ICD-11和CCMD-4）。原因是传统的疾病分类主要是从症状角度出发判断的，但笔者认为这种分类是不便于人们对心理问题的理解和治疗的。为了便于人们对心理疾病的理解和治疗，笔者认为分类应主要考虑症因，其次才考虑症状。即以症因为主，症状为辅。

心络学的心理症分类观认为，"症"与"非症"的主要区别在于三点：

第一，自我感觉，是否感到痛苦。

第二，在他人看来，是否正常。

第三，社会功能是否受影响。

只要让当事人感到痛苦的问题，就可视之为"症"。感觉不到痛苦，但在别人眼里，特别是在心理咨询师和精神科医生眼里的不正常者，也可视之为"症"。不管痛苦与否，也不管别人认为正常与否，只要社会功能受到一定影响，就可视之为"症"。

症的轻重以痛苦的程度、不正常的程度以及社会功能受影响的程度来分。一般可分为轻度、中度、重度、极重度。

自己能消除痛苦、社会功能未受影响者为轻度。

自己无法消除痛苦，社会功能未受影响或受到一定影响，但在亲朋好友等非专业人士的帮助下能消除痛苦者为中度。

在亲朋好友等非专业人士的帮助下也无法消除痛苦，社会功能受到一定或严重影响，但在心理咨询师等专业人士的短期帮助下能消除者为重度。

在心理咨询师等专业人士的短期帮助下也不能消除，社会功能完全丧失，需要长期心理治疗者为极重度。

在大多数人眼里和心理咨询师及精神科专业人士眼里不正常者，为重度和极重度。

如果硬要将心理咨询与心理治疗进行严格区分的话，心理咨询的对象主要是中度和部分重度的心理症患者，心理治疗的对象主要是部分重度和极重度的心理症患者。

前面已述，人的心理状态是由心络和与之相邻的生理及外界这三个系统构成的，且三者是相互作用、相互影响的。所以，从心态系统性，即心络、生理、外界三系统的相互联系性、影响性、统一性来看，心理症主要分为五大类：心络症、身心症、心身症、物心症、心综症。

心络症是心络因素导致的心理症。身心症是生理因素导致的心理症。心身症是心理因素导致的躯体化症。物心症是外界因素导致的心理症。心综症是心络因素和生理因素及外界因素共同导致的心理症。心理症的分类是很困难的，且往往是互相交叉的，只能就某些特征大致地划分。

第一节　心络症

心络症是心络因素导致的心理症，按单一性和多联性分类，又可分成若干种。

一、单一性分类

按心络的单一要素来分，心理症主要有16类。其中5类（"灵魂"症、欲望症、人格症、认知症、能力症）主要是根据症因来分；另外11类（情绪情感症、行为症、注意症、记忆症、兴趣症、态度症、意志症、感知症、人际症、压力症、不适症）则主要是根据症状来分。

(一) "灵魂"症

"灵魂"症是因三大系统（心络系统、生理系统和外界系统）综合因素导致的心理症。主要有4种：

1. "灵魂"空虚症

"灵魂"空虚是指精神贫乏或无寄托或寄托失落。"灵魂"空虚症其下又可分为3种：

（1）精神贫乏症

精神贫乏是指精神活动少或精神活动内容很少。人的内心是需要被充实的。人如果没有追求，也无挫折，更缺少七情六欲，精神就会因贫乏而苍白、枯萎。这就像长期缺乏食物的人最后都会生病一样。

（2）精神无托症

精神无托是指有精神活动，甚至精神活动的内容还很丰富，但这些东西没有"靠"处，没有目标，没有中心，就像一艘满载的轮船，终日在努力地航行，但它不知道开向哪里，更不知道在何处靠岸。

（3）精神失落症

精神失落是指某种追求失败或某种梦想落空而导致的一种失望状态。

2. "灵魂"丑恶症

"灵魂"丑恶是指本能中存在着太多的与社会公认的道德、规范、法则严重相悖的或与群体的共融和谐严重冲突的东西。"灵魂"丑恶症可分为：

（1）自私无德症

如一些为钱、财、权、色六亲不认而导致的心理症，又如一些因不孝、虐老、奸幼、扒窃、故意破坏、肆意侵侮导致的心理症。

（2）无情残忍症

是因对人无情、冷漠或残忍、阴险而导致的心理症。

（3）坑蒙拐骗症

是因坑害或蒙蔽他人、拐卖妇女儿童、骗人钱色、经常弄虚作假、为人无诚无信既欺又诈等而导致的心理症。

3. "灵魂"灰暗症

是因"灵魂"灰暗而导致的心理症。"灵魂"灰暗是指内心昏暗、消沉、凄凉或深藏厌倦和哀怨等。

4. "灵魂"变异症

是因"灵魂"变异而导致的心理症。"灵魂"变异是指因需要、欲望过于强烈而导致的认知、人格、能力、情绪、行为、意志、注意、记忆、感知等的重大变异。精神病学中的某些精神病，俗话中所说的某些"精神错乱"者，就属于这一类。

（二）欲望症

欲望症是因欲望而导致的心理症。主要有5种：

1. 欲望未足症

是因种种原因未能使欲望得到满足或使欲望受挫而产生的心理症。有时也可称之为欲望受挫症。其亚型主要有：

（1）欲望偏高症

是因欲望相对偏高而无法满足，从而导致的心理症。

（2）欲望过强症

是因欲望过于强烈而无法满足，从而导致的心理症。

（3）欲望乏能症

是因缺乏满足最基本欲望的基本能力而导致的心理症。

（4）欲望未践症

是因种种原因没有或无法采取实现欲望的行动而导致的心理症。

2. 欲望过足症

是因种种原因使欲望得到过度满足或长期满足而产生的心理问题。主要有：

（1）欲望偏低症

是因欲望相对偏低、轻易满足，从而导致的心理症。

（2）欲望速足症

是因欲望很快得到满足而导致的心理症。

（3）欲望疲劳症

是因欲望多次或总是或长期得到满足而导致的心理症。

3. 欲望偏执症

是因对欲望过度执着并不能自拔而产生的心理症。主要有名欲偏执症、利欲偏执症、权欲偏执症、情欲偏执症、趣欲偏执症、信欲偏执症等。精神病学中的妄想症，相当一部分是欲望偏执症。如一些钟情妄想症实际就是情欲偏执症，一些夸大妄想症实际就是名欲偏执症，一些非血统妄想症（如一位母亲坚信自己的女儿不是自己生的）实际就是强烈求子欲偏执症。这些当事人都是由于欲望过度偏执强烈，以致完全把因欲望而产生的想象当成了事实。

（1）名欲偏执症

是因对名誉、名声、名望的过度执着追求而产生的心理症。

（2）利欲偏执症

是因对利益的过度执着追求而产生的心理症。

（3）权欲偏执症

是因对权力或权利的过度执着追求而产生的心理症。

（4）情欲偏执症

是因对情感的过度执着追求而产生的心理症。

（5）趣欲偏执症

是因对个人兴趣或爱好的过度执着追求而产生的心理症。

（6）信欲偏执症

是因对某种信念、信仰的过度执着追求而产生的心理症。

4. 欲望失衡症

是因欲望系统失衡或相互矛盾而产生的心理症。常见的有：

（1）情业失衡症

是因亲情、爱情、友情和事业追求失衡或矛盾而产生的心理症。

（2）情孝失衡症

是因亲情、爱情、友情和尽孝失衡或矛盾而产生的心理症。

（3）趣责失衡症

是因个人兴趣爱好和工作家庭等应承担的责任失衡或矛盾而产生的心理症。

5. 欲望缺失症

是因某种或某些欲望缺失而产生的心理症。

(三) 人格症

人格症是因人格而导致的心理症。主要有 8 种：

1. 唯我人格症

是因唯我人格特质突出而产生的心理症。唯我人格特质的突出表现是：一切从我出发。唯我人格症主要有这样几种亚型：

(1) 唯我中心型

因总是绝对以自我为中心而产生的心理症。其人格模式为：任何时候，我都该处于中心地位。

(2) 唯我正确型

因总是认为自己什么都是正确的而产生的心理症。其人格模式为：无论如何，我都是正确的。

(3) 唯我独尊型

因总把自己处于被关注、被赞扬、被尊敬、被崇拜的地位而产生的心理症。其人格模式为：不管怎样，我都是至尊的。

(4) 我想即该型

因总是把自己的愿望和现实等同起来而产生的心理症。其人格模式为：我想怎样就该怎样。

2. 自卑人格症

是因自卑人格特质突出而产生的心理症。自卑人格特质的突出表现是：过低评价自己，缺乏自信，无安全感。这是从人格的角度来看的。如果从认知的角度看，则是一种自我认知偏差症。自卑人格症主要有这样 6 种：

(1) 依赖型

因总是依赖别人并自卑和无安全感而产生的心理症。如果细分，还可分为 3 种：生活依赖型、工作依赖型、情感依赖型。依赖型自卑人格症的人格模式为：不依赖别人不行。

(2) 逃避型

因自卑、缺乏自信、遇人遇事总是逃避而产生的心理症。如果细分，还可分为两种：避人型、避事型。逃避型自卑人格症的人格模式为：不逃避不行。

(3) 怯懦型

因性格胆小懦弱并自卑、缺乏自信而产生的心理症。其人格模式为：什么都怕。

(4) 焦虑型

因不管有事无事总是提心吊胆、不安忧虑和缺乏自信与安全感而产生的心理症。其人格模式为：什么都会让人不安。

(5) 多疑型

因总是敏感多疑、缺乏安全感和自信而产生的心理症。其人格模式为：什么都不可信。

(6) 弱己型

因总是过低地估价自己、总是看到自己的弱点和别人的优点、缺乏自信而产生的心理症。有一类弱己型表现为不能接纳自己的身体和相貌，即所谓的"自我不容"或"体相障碍"。弱己型的人格模式为：无论怎样，我都不行。

3. 自恋人格症

是因自恋人格特质突出而产生的心理症。自恋人格特质的突出表现是：过高评价自己或过分看重自己或过分表现自己。这是从人格的角度来看的。如果从认知的角度看，则是一种自我认知偏差症。自恋人格症主要有这样5种：

(1) 狂妄型

因总是狂妄、目空一切而产生的心理症。其人格模式为：除我之外，谁都不行。

(2) 自负型

因总是自负、内心清高、过高评价自己而产生的心理症。其人格模式为：我就是瞧不起别人。

(3) 死要面子型

因过度看重自己、过分看重面子而产生的心理症。其人格模式为：最重要的是要有面子。

(4) 夸大型

因总是喜欢吹嘘自己、夸大自己甚至无中生有而产生的心理症。其人格模式为：我一即十。

（5）表演型

因总是过度地戏剧似的表现自己而产生的心理症。其人格模式为：只有这样别人才能注意我和相信我。

4. 对立人格症

是因对立人格特质突出而产生的心理症。对立人格特质的突出表现是：总是与人或社会作对。对立人格症主要有这样3种：

（1）攻击型

因总是主动或被动地攻击别人、与人作对而产生的心理症。其人格模式为：就是要和人过不去。

（2）反社会型

因总是无视社会规则、与社会作对而产生的心理症。其人格模式为：就是要和社会过不去。

（3）嫉妒型

因总爱嫉妒别人而产生的心理症。其人格模式为：只要比我好，我就难忍受。

5. 强迫人格症

是因强迫人格特质突出而产生的心理症。强迫人格特质的突出表现是：过分强迫自己。强迫人格症主要有这样3种：

（1）不安全型

因有过分的不安全感而导致的心理症。其人格模式为：必须绝对安全。

（2）不完善型

因有过分的不完善感而导致的心理症。其人格模式为：必须尽善尽美。

（3）不确定型

因有过分的不确定感、强求结论的绝对化而导致的心理症。其人格模式为：必须确定无疑。

6. 偏执人格症

是因偏执人格特质突出而产生的心理症。

7. 分裂人格症

是因人格具有怪异性而出现的心理症。其人格模式为：就这样，怪就怪。

8. 紊乱人格症

是因紊乱人格特质突出而产生的心理症。紊乱人格特质的突出表现是：人格不稳定。紊乱人格症主要有 4 种：

（1）反常人格症

因人格反常而出现的心理症。其人格模式为：A 成了 B 或 B 成了 A。

（2）双重人格症

因人格具有双重性而出现的心理症。其人格模式为：既是 A，又是 B。

（3）多重人格症

因人格具有多重性而出现的心理症。其人格模式为：既是 A，又是 B，还是 C。

（4）边缘人格症

因人格具有杂乱性而出现的心理症。其人格模式为：似乎是 ABC……，似乎又不是 ABC……。

（四）认知症

认知症是因认知而导致的心理症。主要有 18 种：

1. 片面认知症

是因片面认知而导致的心理症。片面认知是指以点代面、以偏概全的认知。主要亚型有：

（1）以局部代替全部

如发现朋友在某方面有点坏，就认为朋友完全是坏人，从而导致出现人际交往问题。

（2）以个体代替整体

如被一个来自北方的人骗了，就认为北方人都是骗子，从此恨北方人，从而导致去北方时，处处敏感多疑。

（3）将"有时"说成"总是"

如一位先生有时脾气不好，可他的太太却说他脾气总是不好。他根本不承认这一点，而太太又坚持这样认为，所以两人的关系越来越糟。

（4）将"某些"说成"所有"

如因某些教师存在职业道德问题，一位家长就认为所有的教师都有职业道德问题。当有位很好的老师去他家里看望他生病的孩子时，他竟认为她别有用心，于是将其拒之门外，并进行冷嘲热讽。

（5）不能内外参照

如判断问题时，总是单一地进行内在参照，即仅仅以自己的经验或看法来下结论，根本不征求或考虑别人的意见；或者，总是单一地进行外在参照，即完全以他人的看法和判断来下结论，从不考虑自己的意见。不能内外参照，就很容易导致片面认知，从而导致一些心理问题的出现。

2. 绝对认知症

是因绝对认知而导致的心理症。绝对认知是指非黑即白，排斥相对性、多样性、变化性、复杂性的认知。主要亚型有：

（1）唯一性认知

即完全单一地看问题。判断人或事，是好就是好，是坏就是坏，是对就是对，是错就是错，只能有一个结论，绝对不能有两个结论或更多结论。

（2）孤立性认知

即孤立地看问题。判断人或事，只看到该人或该事，看不到也不愿看与该人或该事相联系的其他若干方面，更看不到该人或该事与周围这些方面的相互影响。

（3）静止性认知

即静止地看问题。判断人和事，看不到变化或不承认、不接受其变化。这种静止的僵化的认知，容易导致当事人出现一系列的心理问题。

（4）刻板性认知

即完全地或过分地按某种规定、法则办事，不管实际情况如何，缺乏灵活性。

（5）其他形式

如将事情"很难办"说成"根本无法办"；将"也许办不成"说成"肯定办不成"；将"争取办到"说成"必须办到"；将"可能有错"说成"绝对有错"等。

3. 负性认知症

是因负性认知而导致的心理症。负性认知是指总是往坏处想或总是得出不好结论的认知。人们看问题,应该从多方面去看,既要从坏的方面去看,也要从好的方面去看,还要从综合性方面去看。单纯地从某方面去看,都容易导致认知出问题。负性认知者往往仅从坏处去看事情,他们的眼睛似乎永远被墨镜罩着,看到的都是灰暗。

4. 灾性认知症

是因灾性认知而导致的心理症。灾性认知是指把问题严重化、灾难化的认知。看问题,应该客观地把握其性质和程度,是怎样就怎样。灾性认知者习惯于将问题严重化、扩大化、夸大化,而将优点淡漠化或缩小化,严重改变问题的性质和程度。

5. 臆测认知症

是因臆测认知而导致的心理症。臆测认知是指没有事实根据的完全由自己主观推测的认知,也可以说是把想象作为事实的认知。

6. 固化认知症

是因固化认知而导致的心理症。固化认知是指早已牢固的、无法更改或很难更改的认知。主要亚型有:

(1) 观念固化症

观念固化是指人的观念基本凝固,很难改变,还包含一些很难改变的偏见。人的观念,应是相对稳定的和不断变化的:有相对稳定性,人才能去作基本的判断和选择;有不断变化性,人才能去接受新事物,适应新情况。换句话说,一个人没有相对稳定,会无所适从,易患"混乱认知症";若观念凝固不变,人就无法适应新变化,可能患"观念固化症"。

(2) 印象固化症

印象固化是指对人或事的某种印象、评价、结论凝固,相当于将其贴上了固定的标签。人们对人或事的一时印象、评论、结论,有可能是正确的。但随着情况的变化,这些印象、评论、结论就很可能不正确了。但印象固化者总是用原来已定的"标签"去看待人或事,始终将"标签"内容作为认知的主题,所以很容易导致认知出问题。

(3) 认知模式固化症

因认知模式固化而导致的心理症。认知模式固化是指人的认知结构坚固,很难改变,以及认知模式中的内涵老是不变。人们在认识各种人和事时,往往有一些认知模式。如"一贯反对模式""一贯附合模式"等。人们在认知万事万物时都有自己的一套较为固定的模式,这是很正常的,也是很有必要的。但这种"固定"过头了,被到处乱用,就容易导致认知出问题。认知模式固化还指认知模式中的内涵老是不变。

7. 矛盾认知症

是因矛盾认知而导致的心理症。矛盾认知是指心理发展或变化过程中存在着新旧观念或相斥观念冲突的认知。人的心理过程是不断发展、变化的过程。在这过程中,人们会遇到一些新观念和互相排斥的观念。当事人若不能正确对待和处理这些新旧观念或相斥观念,就可能导致心理问题的出现。

8. 情感认知症

是因情感认知而导致的心理症。情感认知是指对人或事的看法带有浓厚情感色彩的认知。有些人的认知非常理性,而有些人的认知往往带有情感色彩。情感认知症者对同样的人和事,往往会因情感背景的不同而结论迥异。喜欢此人时,对其评价是一种,而当讨厌此人时,对其的评价就会与之前完全不同。

9. 心境认知症

是因心境认知而导致的心理症。心境认知是指总由一时情绪、一时心境来决定看法或态度的认知。人们对人或事的看法,应由实际情况来决定,但心境认知症者对人或事的看法,总是由当时的情绪状态或心境状态来决定:心情好时,对问题的看法是一种;心情不好时,对问题的看法又是另一种。这种情绪化和心境化的认知往往导致当事人认知出现问题。

10. 自我认知偏差症

是因自我认知出现偏差而导致的心理症。主要有:自我认知过低症和自我认知过高症。这是从认知的角度看的。如果从人格的角度看,则是人格症,即自卑人格症或自恋人格症。

11. 错因认知症

是因错因认知而导致的心理症。错因认知是指由错误归因导致的认知。世界上的万事万物,都存在着因果关系。人们在认识万事万物时,都有这样那样的归因。归因方式多种多样，最常见的有内归因和外归因。如果出现错误归因，认知就可能出问题，从而就可能导致心理出问题。

12. 错念认知症

是因错念认知而导致的心理症。错念认知是指由观念本身错误而导致的认知。人类社会中存在着各种各样的观念，有些观念本身是错误的。如认为生日那天下雨，就会一年不顺甚至不幸。当人们坚持这些错误观念时，就很可能导致一些心理问题的出现。

13. 错解认知症

是因错解认知而导致的心理症。错解认知是指对事物及现象错误理解而导致的认知。

14. 迷信认知症

是因迷信认知而导致的心理症。迷信认知是指绝对坚信，完全痴迷，不承认、不接受任何与自己观念或信念相左的事实的认知。

15. 成瘾认知症

是因成瘾认知而导致的心理症。成瘾认知是指对某种东西依赖严重、难以摆脱而导致的认知。

16. 愚稚认知症

是因愚稚认知而导致的心理症。愚稚认知是指因愚蠢、低能、幼稚导致的认知。

17. 混乱认知症

是因混乱认知而导致的心理症。混乱认知是指对问题始终没有相对稳定的看法，特别易受暗示并导致无所适从的认知。

18. 精神病性认知症

是因精神病性认知而导致的一系列问题。精神病性认知是指因具有某种精神病性症状而导致的认知。主要类型有：

（1）错觉认知症

如有错视的人把待在屋里的猫看成了虎，并认为自己马上将被吃掉，于是拼命奔逃，以致"转换性癔症"发作。

（2）幻觉认知症

如有幻听的人总听到有人在议论自己，所以总认为那些人都是坏人，并由此去怒骂他人。

（3）妄想认知症

如有被害妄想的人总认为有人要杀他，于是总想躲藏或首先向人发起攻击。

（4）感知障碍认知症

如有视物变形症的人总认为自己的东西被人换了，因而常常和家人闹个没完。

（五）能力症

能力症是因能力问题导致的心理症。主要有：

1. 能力低下症

是因某方面能力低下导致的心理症。能力低下是指一个人某方面能力从一般情况看或是与周围人比较看或是从现实需要看显得低下。

2. 能力缺失症

是因某方面能力缺失导致的心理症。能力缺失是指一个人某方面能力从来没有或原具有的某种能力因种种原因已丧失。

3. 能力过强症

是因能力过强而导致的心理症。能力过强是指一个人在某方面或多方面有远比周围人强的能力。能力过强的人，有的会因心力透支而痛苦，有的会因被过多地嫉妒或过多地指责而痛苦，有的会因被别人过多地不理解或误会而痛苦。

4. 能力失衡症

是因能力失衡而导致的心理症。能力失衡是指一个人实际所需的某些能力相对失衡。

（六）情绪情感症

情绪情感症是以情绪情感问题为主的心理问题。主要有22种：

1. 焦虑症

是以焦虑情绪表现为主的心理症。焦虑情绪是指以担心、不安、紧张、烦恼、提心吊胆为主要内容的情绪。根据导致原因，焦虑症可分为3种：

（1）现实焦虑症

是指因某方面现实问题而产生的焦虑症，如：一个人长期焦虑是因老找不着合适的工作。

（2）想象焦虑症

是指因某方面想象或预期而产生的焦虑症，如：一个人长期苦恼是因怕自己有一天会患癌症。

（3）莫名焦虑症

是指原因复杂并累积以致原因不明确的焦虑症，也可称为"多因焦虑症"或"杂因焦虑症"。它可分为两种：慢性的和急性的。在精神病学中，慢性的焦虑症被称为"广泛性焦虑症"，急性的焦虑症被称为"惊恐发作"。

2. 抑郁症

是以抑郁情绪表现为主的心理症。抑郁情绪是指以低落、忧郁、苦闷、疲惫、消沉、自责、悲观、绝望、兴趣丧失、严重无意义感等为主要内容的情绪。

3. 恐惧症

是以恐惧情绪表现为主的心理症。恐惧情绪是指以害怕、畏惧、总想回避或躲避为主要内容的情绪。可分为无数种，名称依所惧怕的内容而定。如怕社交的为社交恐惧症，怕死的为死亡恐惧症。

4. 愤怒症

是以愤怒情绪表现为主的心理症。愤怒情绪是指以"气""怒"为主要内容的情绪。可分为3种：

（1）常怒症

是以随时生气、不时发火为特征的愤怒症。患者的生气发火既可能是因为某件事，也可能是莫名其妙的，生气发火已成其习惯，做到不生气很困难。

（2）冲动症

是以暴怒并难以控制为特征的愤怒症。患者很容易冲动致情绪爆发，且一旦暴发，就不可收拾，不计后果。有时，当事人明知不该这样但还是控制不了，所以往往事后觉得后悔。

（3）疯狂症

是以忘乎所以、丧失理智或声嘶力竭为特征的愤怒症。

5. 不满症

是以不满情绪表现为主的心理症。不满情绪是指因不合自己心意、愿望或要求而产生的情绪。可分为3种：

（1）不满现实症

是以不满现实为特征。患者总是对社会、家庭、单位、环境不满，总是看到现实的阴暗面，对现实总是持否定批评的态度，对现实的光明面总是视而不见或十分淡然。

（2）不满他人症

是以不满他人为特征。患者总是看不惯别人，也喜欢说别人的不是，总看到别人的缺点，看不到别人的优点，对他人总爱持否定、批评的态度。

（3）不满自己症

是以不满自己为特征。患者总是不能接纳自己，总看到自己的问题，对自己的长相、身材、兴趣、能力等都喜欢持否定态度，又或者总是看到别人的长处，且总是以别人的长处来比自己的短处。"体相障碍"也属于这一类。

6. 反感症

是以反感情绪表现为主的心理症。反感情绪是指以不接受并明显抵触等为主要内容的情绪。

7. 怨恨症

是以怨恨情绪表现为主的心理症。怨恨情绪是指以"怨"和"恨"为主要内容的情绪，可分为3种：抱怨、仇恨、悔恨。

8. 嫉妒症

是以嫉妒情绪表现为主的心理症。

9. 压抑症

是以压抑情绪表现为主的心理症。

10. 悲伤症

是以悲伤情绪表现为主的心理症，"居丧障碍"也属于这一类。

11. 过喜症

是以过喜情绪表现为主的心理症。如范进中举而疯，牛皋因打倒金兀术大喜而亡。

12. 苦思症

是以苦思情绪表现为主的心理症，可分为3种：过度考虑症、过度思念症、过度追忆症。

13. 厌恶症

是以厌恶情绪表现为主的心理症,"人际过敏症"也属于这一类。

14. 厌倦症

是以厌倦情绪表现为主的心理症。

15. 委屈症

是以委屈情绪表现为主的心理症。

16. 愧疚症

是以愧疚情绪表现为主的心理症,可分为 3 种:羞愧症、惭愧症、内疚症。

17. 寂寞症

是以寂寞情绪表现为主的心理症。

18. 遗憾症

是以遗憾情绪表现为主的心理症。

19. 惊愕症

是以惊愕情绪表现为主的心理症。如:一个人去山里找水,突然看见了一只老虎,顿时惊愕而倒,昏了过去。

20. 高涨症

是以情感高涨表现为主的心理症。在精神病学中被称为"躁狂症"。

21. 淡漠症

是以情感淡漠表现为主的心理症。

22. 脆弱症

是以情感脆弱表现为主的心理症。

(七) 行为症

行为症是以行为问题为主的心理症。主要有 8 种:

1. 攻击行为症

是以攻击行为表现为主的心理症,包括某些暴力行为及软暴力行为。

2. 逃避行为症

是以逃避行为表现为主的心理症。

3. 失度行为症

是以失度行为表现为主的心理症。

4. 悖德行为症

是以悖德行为表现为主的心理症。悖德行为有偷窃行为、撒谎行为、欺诈行为、纵火行为、投毒行为等。

5. 成瘾行为症

是以成瘾行为表现为主的心理症。成瘾行为有毒瘾、性瘾、赌瘾、网瘾、酒瘾、烟瘾等。

6. 变异行为症

是以变异行为表现为主的心理症。变异行为有各种倒错行为、性变态行为和其他怪异行为。

7. 习惯与不良习惯症

是因习惯或不良习惯导致的心理症。

8. 不良生活方式症

是因不良生活方式导致的心理症。

(八) 注意症

注意症是以注意问题为主的心理症。主要有5种：

1. 注意分散症

是以注意容易分散转移表现为主的心理症。

2. 注意固定症

是以注意固定表现为主的心理症。注意固定，是指当注意集中到某事物上后，过分专注，想转移很困难。

3. 注意过强症

是以注意过强表现为主的心理症。注意过强，是指在注意某事物时，投入的注意能量太多，强度太大。注意过强，容易导致两方面问题的出现：一是过度敏感，二是注意能量失衡，使人不能正常地去注意其他事物。

4. 注意过弱症

是以注意过弱表现为主的心理症。注意过弱，是指在注意某事物时，注意能量太少，强度太弱，以致注意困难。

5. 注意狭窄症

是以注意狭窄表现为主的心理症。注意狭窄，是指注意的范围很小。

（九）记忆症

记忆症是以记忆问题为主。主要有5种：

1. 遗忘症

是以遗忘表现为主。它又可分为6种：

（1）顺行性遗忘症

是以顺行性遗忘表现为主。顺行性遗忘是指问题发生时及其以后一段时间内的有关情况被遗忘。

（2）逆行性遗忘症

是以逆行性遗忘表现为主。逆行性遗忘是指问题发生前的某一时间段内的情况被遗忘。

（3）近事遗忘症

是以近事遗忘表现为主。近事遗忘是指想不起最近发生的甚至是刚刚发生的事情。

（4）远事遗忘症

是以远事遗忘表现为主。远事遗忘是指想不起数月或数年发生的情况，而这些情况在遗忘症发生前是完全能想起的。

（5）进行性遗忘症

是以进行性遗忘表现为主。进行性遗忘是指先有近事遗忘，后逐步发展为远事遗忘并伴有痴呆和情感淡漠现象。

（6）界限性遗忘症

是以界限性遗忘表现为主。界限性遗忘是指过去发生的与某个特定事件相关联的一系列情况被遗忘。这些情况一般是患者不愿接受、不愿提及的。

2. 错构症

是以错构表现为主。这里的错构是指无意识地将过去发生的情况张冠李戴，且深信不疑。

3. 虚构症

是以虚构表现为主。这里的虚构是指无意识地将自己并未经历过的完全是自己想象的东西说成是自己亲自经历过或亲自见闻过的，且深信不疑。

4. 记忆减退症

是以记忆减退表现为主。记忆减退是指整个记忆能力减退，包括识记、保存、再认和回忆，无论是近事还是远事都记不起来。

5. 记忆增强症

是以记忆增强表现为主。记忆增强是指能清晰地回忆起早已遗忘的平时根本不可能想起来的事情。如童年期经历的某件事情的前后细节。这种记忆往往在病态时出现。当病态消除时，那些事及细节就再也想不起来了。

（十）兴趣症

兴趣症是因兴趣问题而导致的心理症。主要有4种：

1. 兴趣缺乏症

是因兴趣缺乏而导致的心理症。兴趣缺乏是指在某方面的兴趣完全没有或很少，以致不能适应现实。

2. 兴趣过浓症

是因兴趣过于浓厚而导致的心理症。兴趣过浓是指在某方面的兴趣太浓，以致正常的学习、工作、生活都受到了严重的影响。

3. 兴趣减退症

是因兴趣减退而导致的心理症。兴趣减退是指原有的兴趣，现已明显减退，以致社会功能受到影响。

4. 兴趣丧失症

是因兴趣丧失而导致的心理症。兴趣丧失是指原有的兴趣现已完全丧失，以致社会功能受到影响。

（十一）态度症

态度症是因态度问题而导致的心理症。主要有5种：

1. 态度消极症

是因态度消极而导致的心理症。态度消极是指对待人与事总是倾向于做出负性的判断、否定的情感反应以及被动的行为应对。

2. 态度冷淡症

是因态度冷淡而导致的心理症。态度冷淡是指对人或事缺乏起码的应有的热情或反应，显得很冷淡。

3. 态度对立症

是因态度对立而导致的心理症。态度对立是指对人或事总是持否定的或相反的态度。如果从人格的角度看，有的也是一种对立人格症。

4. 态度生硬症

是因态度生硬而导致的心理症。态度生硬是指对人或事缺乏热情、平和、委婉的态度，习惯持僵硬、无情的态度。

5. 态度蛮横症

是因态度蛮横而导致的心理症。态度蛮横是指对人或事不讲理、不通情，野蛮而专横。

（十二）意志症

意志症是以意志问题为主的心理症。主要有 5 种：

1. 意志薄弱症

是以意志薄弱表现为主的心理症。

2. 意志缺乏症

是以意志缺乏表现为主的心理症。

3. 意志过强症

是以意志过强表现为主的心理症。精神病学中的一些"躁狂症"患者和"偏执型人格障碍"患者就属于这一类。

4. 意志动摇症

是以意志动摇表现为主的心理症。

5. 意志减退症

是以意志减退表现为主的心理症。

（十三）感知症

感知症是以感知问题为主的心理症。从精神病学和变态心理学的角度看，感知症主要有 3 种：

1. 感觉症

是以感觉问题为主，包括感觉过敏症、感觉迟钝症、感觉倒错症。

（1）感觉过敏症

以感觉过敏表现为主。感觉过敏是指对一般性的刺激都很敏感，感到受不了。

（2）感觉迟钝症

以感觉迟钝表现为主。感觉迟钝是指对强烈的刺激感觉轻微甚至感觉不到。

（3）感觉倒错症

以感觉倒错表现为主。感觉倒错是指在接受刺激时产生了与大多正常人完全相反的感觉。

2. 知觉症

是以知觉问题为主。主要有2种：

（1）错觉症

以错觉表现为主。错觉是指对事物错误的知觉。

（2）幻觉症

以幻觉表现为主。幻觉是指虚幻的知觉，即其所知觉到的东西是不存在的。

3. 感知综合征

是以感知综合问题为主。

（1）视物变形症

视物变形是指所看到的东西变大或变小，变长或变短，变圆或变扁，或扭曲，或凸现，即在形状上发生了变化。

（2）时间感知症

是指对时间知觉有不正确的体验。

（3）空间感知症

是指对空间知觉有不正确的体验，或者说是不能正确判断周围事物和自己的距离。

（4）运动感知症

是指对事物的动静状态有不正确的体验。

（5）体形感知症

是指对自己身体有不正确的体验，即感觉自己的整个身体或身体的部分有明显的改变。

(6) 非真实感症

是指对客观事物或周围环境有不真实的体验，即感觉它们是不真实的。

(7) 解体症

是指意识不到真实的自己，或者说自己已不是原来的自己。它可分为3种：

①现实解体症：是指意识不到自己所处的真实的环境。

②躯体解体症：是指意识不到自己真实的身体。

③情感解体症：是指意识不到自己真实的情感。

(8) 其他

从心络学的角度看，除上面这些种类外，综合起来，感知症还有3种：

①感知缺失症：感知缺失是指缺乏或已失去了一般正常人的感知。

②感知增强症：感知增强是指其感知远远超过了一般正常人的感知。如手被擦破了一点儿皮，连血丝都没有一点儿，当事人却觉得疼痛异常。

③感知变异症：感知变异是指其感知与一般正常人显著不同，甚至会让一般正常人感到不可思议。

（十四）人际症

人际症是因人际关系问题而导致的心理症。主要有5种：

1. 人际交往恐惧症

是因害怕与人交往并伴随有退缩或逃避行为而导致的心理症。习惯上被称为社交恐惧症。引起恐惧的原因有很多，主要有：胆小，怕不被人重视，怕别人知道自己的一些问题或隐私，怕遭人议论或否定，怕交往失败，曾有过与恐惧有关的创伤等。

2. 人际交往困难症

是因人际交往困难而导致的心理症。人际交往困难的原因有很多，其中主要有：不知该说什么，缺乏谈资，表达能力低，缺乏社交常识或技巧，理解他人话语困难等。

3. 人际交往矛盾症

是因人际交往存在着某些矛盾而导致的心理症。人际交往矛盾有很多种，其中常见的两种是：应与某些人交往而不愿与之交往；不应与某些人交往而被迫与之交往。

4. **人际交往缺失症**

是因缺乏或丧失人际交往而导致的心理症。人际交往缺失有两种情况：一是从来就缺乏或没有人际交往，二是原有一定的人际交往，但后来逐步减到很少或完全没有。

5. **人际交往过多症**

是因人际交往过多而导致的心理问题。人际交往过多，一是指交往圈子过大，二是指交往过于频繁，三是指交往内容过于复杂。

（十五）压力症

压力症是因压力问题导致的心理症。压力有来自外部的，也有来自内部的，还有同时存在内外两方面压力的。压力症主要有8种：

1. **客观事件压力症**

是因客观事件压力导致的心理症。客观事件压力是指各种社会事件（如战争、社会动乱、重大社会变革等）、生活事件（如下岗、离异、丧亲、早期心灵创伤等）、自然灾害（如地震、海啸、洪灾、雪灾等）给当事人带来的压力。传统精神医学中的应激相关障碍（如急性应激障碍、创伤后应激障碍、适应障碍），均属于客观事件压力症。如果从外界系统对心络系统的影响看，这部分心理症则属物心症。

2. **人际关系压力症**

是因人际关系压力而导致的心理症。人际关系压力主要是指人际关系紧张恶劣、错综复杂，存在利害冲突或过分依赖等而形成的压力。如果从人际角度看，属人际症；如果从压力角度看，则属压力症；如果从外界系统对心络系统的角度看，又属物心症。笔者对心理症的分类是从各个角度区分的，是相对的，所以很多分类之间，往往有一定的交叉性。因此，同一心理症，从不同的角度去看，就可能有多种名称。

3. **责任压力症**

是因责任压力而导致的心理症。它主要有3种：

（1）工作责任压力症

是因工作责任压力而导致的心理症。

（2）家庭责任压力症

是因家庭责任压力而导致的心理症。

（3）社会责任压力症

是因社会责任压力而导致的心理症。

4. 要求压力症

是因自我要求压力或他人要求压力而导致的心理症。

5. 希望压力症

是因自我希望压力或他人希望压力而导致的心理症。

6. 评价压力症

是因自我评价压力或他人评价压力而导致的心理症。

7. 比较压力症

是因自我比较压力或他人比较压力而导致的心理症。

8. 文化压力症

是因文化压力而导致的心理症。它有多种类型，此处谈 3 种：

（1）习俗压力症

是因习俗压力而导致的心理症。

（2）道德压力症

是因道德压力而导致的心理症。

（3）法律法规压力症

是因法律法规压力而导致的心理症。

（十六）不适症

不适症是以不适表现为主的心理症，也可称为适应不良症。主要有 8 种：

1. 学习不适症

是以学习不适表现为主的心理症。

2. 工作不适症

是以工作不适表现为主的心理症。

3. 生活不适症

是以生活不适表现为主的心理症，其下又可分为：

（1）生活习惯不适症

是以生活习惯不适表现为主的心理症。

（2）生活方式不适症

是以生活方式不适表现为主的心理症。

4. 人际不适症

是以人际不适表现为主的心理症。如果从人际关系角度看，也是一种人际症。

5. 社会不适症

是以社会不适表现为主的心理症。

6. 地理不适症

是以地理不适表现为主的心理症。

7. 气候不适症

是以气候不适表现为主的心理症。

8. 节假日不适症

是以节假日不适表现为主的心理症。

按上述完全单一性分类的心理症是很少的。

二、多联性分类

根据心络结构，按多联性来分，即以"症因和症状结合，以症因为主"的方式分类。心理问题或疾病的主要类型为5类。

在临床实践中，我们所面临的，绝大多数都是综合征，所以从某种意义讲，多联性的分类，更具理论的意义和临床分析的意义。

（一）欲望综合征

欲望综合征是指情绪、行为、睡眠等一系列心理、生理症状或问题主要是由欲望问题导致的。

（二）人格综合征

人格综合征是指情绪、行为、睡眠等一系列心理、生理症状或问题主要是由人格问题导致的。严重的人格综合征可以等同于传统分类的人格障碍。在临床实践中，咨询师会遇到很多人格综合征者。

（三）认知综合征

认知综合征是指情绪、行为、睡眠等一系列心理、生理症状或问题主要是由认知问题导致的。

（四）能力综合征

能力综合征是指情绪、行为、睡眠等一系列心理、生理症状或问题主要是由能力问题导致的。

（五）心络综合征

心络综合征是指情绪、行为、睡眠等一系列心理、生理症状或问题主要是由欲望、人格、认知、能力等综合因素相互影响而导致的。临床实践中的大量案例都是心络综合征。

第二节 心身症

心身症是指因心理因素导致的躯体功能症，而非身体器质性疾病，有的也称之为躯体形式障碍。主要有：

一、躯体化障碍

表现为可涉及身体的任何系统或器官的多种多样、经常出现和变化的症状。常见的是胃肠道不适，如疼痛、打嗝、返酸、呕吐、恶心等。也有一些来访者存在异常的皮肤感觉，如麻木、刺痛、瘙痒、酸痛、烧灼感等，此外还有皮肤斑点、性及月经方面的问题。通常有此类症状的来访者还伴有焦虑和抑郁症状。

二、疑病症

表现是来访者坚持认为自己患有一种或几种躯体疾病，过分关注躯体感受，对正常的生理现象和偶尔出现的异常感觉总是做出疑病性的解释，并因此反复就医，做各种检查，且各种检查结果和医生的解释及保证都不能消除其疑虑。通常有此类症状的来访者还伴有焦虑和抑郁的症状。

三、躯体形式的自主神经功能紊乱

表现为有明确的受植物神经支配的器官系统发生的躯体化症状。如心血管系统的（心脏神经症）、呼吸系统的（心因性过度换气）和消化系统的（胃肠神经症）。来访者往往会在植物神经兴奋症状（心悸、出汗、脸红、震颤等）的基础上，发生非特异的主观性症状：部位不定的疼痛、肿胀感、沉重感、烧灼感、紧束感等。这些症状，经检查，均无医学的证据。

四、躯体形式的疼痛障碍

表现为不能用生理过程或躯体障碍予以合理解释的持续性的严重疼痛。症状常常是因情绪冲突或心理社会因素直接导致的。来访者能清楚地描述其疼痛的部位和性质，如反复的头疼、持久的后背疼、盆腔疼，刀刺样的后背疼、腹部烧灼痛等。经检查，来访者并无相应的躯体病变。病程常持续半年以上。通常有此类症状的来访者还伴有焦虑、抑郁、失眠等症状，社会功能明显受损。

心身症的不断累积和加重，就可能形成身体的器质性疾病。

第三节　身心症

身心症是指因生理因素导致的心理症。主要有：

一、躯体疾病心理症

是因躯体疾病因素导致的心理症。

二、机体需缺心理症

是因机体的某种需缺而导致的心理症，如缺氧、缺血、缺食、缺水或缺乏性生活等而导致的各种心理症。

三、性别心理症

是因性别因素而产生的心理症，如：女性的月经期心理症、怀孕期心理症、产后期心理症、"失贞"症等；男性的无胡须心理症、女声心理症、大乳心理症等。

四、年龄心理症

是因一定年龄因素而产生的心理症。如儿童期心理症、青春期心理症、中年期心理症、老年期心理症。这些不同年龄期的心理症又可分成若干亚型，如儿童期的各种恐惧症、青春期的各种性困惑症、中年期的妇女年龄恐慌症和男性性无能恐惧症，老年期的孤独症和各种记忆症等。

五、理化、生化心理症

是因理化、生化因素而导致的心理症，如：酒精或毒品滥用、食物或药物中毒、药副病（药物副作用导致的疾病）、重金属中毒、一氧化碳中毒等导致的一系列心理症。5-羟色胺和儿茶酚胺含量增高导致的兴奋或降低导致的抑郁，乙酰胆碱含量增高导致的抑郁或降低导致的兴奋，也属于生化性的心理症。

六、体像不容症

是因自己身体、相貌因素而导致的心理症。主要表现为对自己的身体和相貌不满意、不接纳，即所谓的体像障碍或自我不容。这是从生理系统对心络系统影响的角度来看的。如果从认知的角度看，也是一种自我认知过低症。如果从人格的角度看，则是自卑人格症中的"弱己型"。

第四节　物心症

物心症是指因外界因素导致的心理症。它表现为人的心理症，而实际是外界问题。主要有：部分压力症、部分不适症、家庭症。在这里，专门讲一下家庭症。

家庭症是指因家庭因素导致的心理问题或疾病，主要有家庭教育症、家庭互动症等。

家庭教育症是指因教育因素导致的心理问题或疾病，其中主要有：溺爱症、过严症、错教症。

溺爱症是指因溺爱导致的一系列问题或疾病，其中主要有：唯我人格症（含唯我中心、唯我正确、唯我独尊、我想即该、任性偏执等）、能力低下症、逃避行为症、人际关系不良症、社会适应不良症、种种情绪症、心理幼稚症、爱依赖症等（图5-1）。

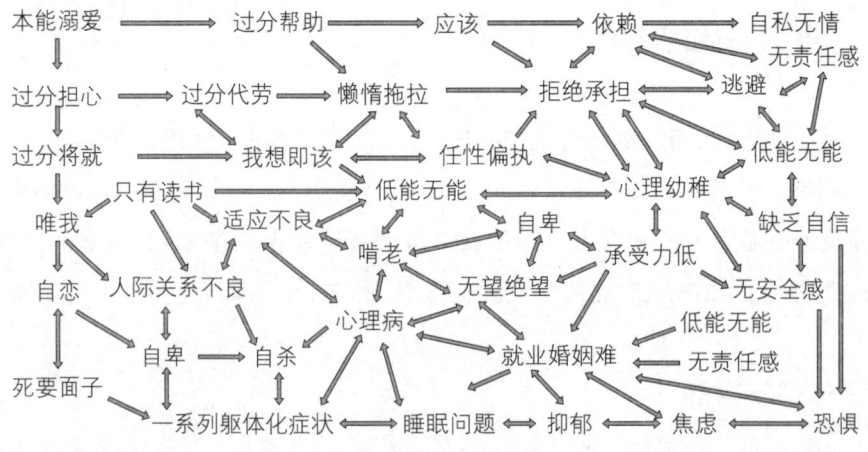

图 5-1　溺爱致病图

过严症，是指因教育过分严格导致的心理问题或疾病。其中主要有：种种强迫症（含过分追求完美、追求确定、追求准确、追求安全、行为僵化或刻板等）。

错教症，是指因错误教育导致的心理问题或疾病。其中主要有：种种行为症（含攻击行为症、失度行为症、悖德行为症、成瘾行为症、变异行为症等）。

家庭互动症，是指因家庭成员互动导致的心理与疾病。主要有：亲子互动症、夫妻互动症、隔代互动症。互动症是指过分矛盾互动导致的种种问题、过分依赖互动导致的种种问题、过分缺乏互动导致的种种问题等。

当代心理症中有太多的是家庭症，其中溺爱症最为普遍，所以心理症的治疗，尤其是对青少年心理症的治疗，基本都需要对家长进行治疗。

第五节 心综症

心综症是指由心络因素、生理因素及外界因素共同导致的心理症。请见下例：

> 30多岁的某女士，长期睡眠不好，身体较差，结核性胸膜炎老治不好，为此，她一直心烦。恋爱时自己是工人，只有中专学历，但找的对象是个医生，又有大学文凭，所以某女士一度很满意，感到很有面子。婚后不久，丈夫就和一位护士好了，给她带来了巨大的伤害。她多次要求离婚，但丈夫不同意，也不愿和护士断绝关系。产后40天，丈夫就要求和她同房，被她断然拒绝。当时孩子在一旁啼哭，丈夫就转怒于孩子："你再哭，老子就弄死你！"这使某女士对丈夫恨之入骨。双方经过无数次的折腾，终于离婚。

> 离婚后，某女士又遭遇了下岗。她好不容易找了一个工作，可待遇很低，且让她难以忍受的是那里的人似乎都不在乎她，而她是一个非常需要别人肯定的人。由于离异，身体不好，有病，收入低，工作又没什么出色之处，所以某女士觉得自己处处都没面子，她又是一个

自尊心特别强的人。她曾学过外语，搞过导游工作，所以很想重新把已经淡忘的外语补起来，重新去搞导游工作。可要工作，要带孩子，要治病，她又没法去参加外语培训班。经过一番激烈的思想搏斗，某女士终于辞去了薪金不高的工作，开始了外语的补习。

也许是睡眠不好、身体不好等原因，某女士学习外语很困难，不但记忆力很差，听力也很差。因此，她觉得自己很笨。别人都劝她不必学了，还是应该去工作，因为辞职的补偿金快用完了，外语即便补上去了也不一定能找到导游工作。如果到时找不到工作，别说治病、养孩子，就连自己的基本生存都很困难。渐渐地，她感觉到别人都瞧不起她，都在议论她，于是开始回避人，严重时根本不敢出门。

因为这些，她在几年前就开始烦得要命，成天没精神，有很重的无助感，做什么都感到没兴趣、没意义，老认为自己就像个废人，总有生不如死的感觉，而且畏光，特别怕噪声。自杀的念头不断萌生。要不是考虑小孩，她早就自杀了。

某女士从来都是一个很要强而内心又很自卑的人。小时候，她就喜欢追求完美，处处小心谨慎，做什么都很认真，可怎么努力都没考上大学。而大姐是大学毕业生，很得意，给她带来了巨大的压力。她曾发誓在经济上不能比大姐差。可现在的状况让她非常沮丧。在极端心烦的时候，她甚至自己打自己的耳光，自己敲自己的头。

按变态心理学或精神病学的观点看，某女士无疑是患了"抑郁症"。按心络学的心理症分类观看，她则是患了心综症。因为导致她情绪抑郁的原因既有生理因素（机体功能状况不好，还有久治不愈的结核性胸膜炎）、又有心络因素（欲望不能满足、人格过分自尊和自卑、现实能力不足等），还有外界因素（离婚、下岗、没工作、要带养孩子、要艰难地补习外语等），她的症状是这三方面因素综合影响的结果。如果按当下主流的治疗方式，她应服抗抑郁药；如果按朱氏点通疗法的治疗，则是逐一解决以上三方面因素的问题。

小结

把心络学的心理症分类概括起来，就如图 5-2 所示。

```
                           ┌ "灵魂"症、欲望症、人格症
                           │ 认知症、能力症
                           │ 情绪情感症
                 ┌ 单一性分类 ┤ 行为症、注意症
                 │          │ 记忆症、兴趣症
           ┌ 心络症┤          │ 态度症、意志症
           │     │          └ 感知症、人际症、压力症、不适症
           │     │
           │     └ 多联性分类 ┌ 欲望综合征、人格综合征
           │                └ 认知综合征、能力综合征、心络综合征
           │
           │     ┌ 躯体化障碍、疑病症
           ├ 心身症┤
           │     └ 躯体形式的自主神经功能紊乱和躯体形式的疼痛障碍
           │
    心理症 ┤     ┌ 躯体疾病心理症、机体需缺心理症
           ├ 身心症┤ 性别心理症、年龄心理症
           │     └ 理化生化心理症、体像不容症
           │
           │     ┌ 客观事件压力症、人际关系压力症
           │     │ 评价压力症、比较压力症
           ├ 物心症┤ 文化压力症、社会不适症
           │     │ 地理不适症、气候不适症
           │     └ 家庭症:家庭教育症、家庭互动症
           │
           │     ┌ 以心络症为主
           └ 心综症┤ 以心身症为主
                 └ 以心物症为主
```

图 5-2 心络学的心理症分类

从心络学的观点看，人的病是一个复杂庞大的系统，可称为"病系统"，即是"身病 + 心病 + 物病"的统一体（图 5-3）。该系统的三类病是相互影响的。所以，病的治疗，从理论上讲，应是系统性的治疗，即应是"身体治疗 + 心理治疗 + 社会治疗"的统一体。从"病系统"的角度去看，全面的医学，应该是"系统医学"。

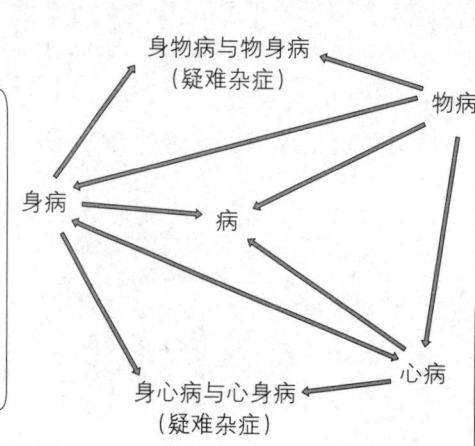

图 5-3　病系统

第六章　心络学的心理治疗观

　　心络学的心理治疗观认为，心理症的治疗从总体上看，是复杂的，是有一定难度的，是需要一定过程的，是要讲究方略的，是要并用多种方法的，尤其是要来访者及其家属做出努力的。

　　之所以说其复杂，是因为心理症的原因往往是多方面的，个别且是错综复杂的。尽管有些心理症从表面上看或从某个角度上看，只是某个什么原因诱发的，但从深层上看或从多个角度上看，诱因则是众多且复杂的，其中不仅有心络系统多而复杂的原因，还有生理系统和外界系统的原因。正因为原因复杂，所以治疗也就复杂。对于这一点，没有经验的心理咨询师往往不了解。他们往往希望一下就能发现症因，且往往希望症因是单一的、孤立的、明确的，而一听说心理症的原因是多方面的、交互影响和交互混杂的，就感到头痛，不知所措。

　　之所以说心理症的治疗有一定的难度，是因为心理症的背后往往都存在着症结的问题，而症结的解开往往都是比较困难的。如要解开某些欲望结、人格结、认知结、情结等，就很困难。尽管有些心理症可以一次就解决，但这是极少数，且往往也只是暂时消除了症状，症结并没有被解开。对于这一点，目前许多来访者和部分心理咨询师都不了解。

　　之所以说心理症的治疗需要一定的过程，是因为心理症的症结不是在短时间内形成的，而是经历了一定过程的。因此，要解开症结，也需要一定的过程。虽然有些心理症很快就得到了治愈，但那只是症状的一时控制。可以说，没有经历一定过程的心理症治疗，都是不彻底的治疗。对于这一点，来访者普遍都不了解。所以他们在好不容易走进心理咨询所后，以为一次就能解决其某个心理问题，甚至以为一次就能解决其所有的心理问题，殊不知其中有些心理问题是拖了多年的或已是很严重的了。

之所以说心理症的治疗要讲究方略，是因为治疗心理症就像攻打一座坚固的城堡，怎样去打，从何处入手，重点打击哪里等，都必须有全盘和局部的考虑。尽管有些心理咨询师的治疗似乎从来没考虑这些问题而且还见了效，但那是偶然现象，没有讲究方略是其成功率不高的重要原因之一。正确又合理的、节约时间和费用的治疗必须讲究治疗的方略。对于这一点，一般的心理咨询师都不太重视。

之所以说心理症的治疗要并用多种方法，是因为每种方法虽都有其独特的作用但都有其明显的不足，不可能到处通用，而心理症的原因是多方面的，不同的原因就需要有不同的应对方法。尽管有些心理咨询师只用其钟情的某一种疗法或只会应用某一种疗法，也治好了某种心理症，但这只能说明该来访者的问题很适合那种疗法，而不能说明那种疗法就能通治百病。正确、合理、有效的治疗绝大多数都是多种方法并用的治疗。对于这一点，许多心理咨询师都感到有些为难，因为他们掌握的方法不多，而且仅掌握的那几种方法又用得不自如。有些心理咨询师，尤其是入门不深的心理咨询师，总想能获得一种简易的并能快速见效的疗法。事实上，心理咨询师开展心理咨询与治疗，若没有众多的方法及变通自如的应用，是很难获得理想疗效的。

之所以说心理症的治疗要来访者及其家属做出努力，是因为心理治疗是心理咨询师一方和来访者一方共同的事，其疗效决定于这两方。一般而言，在治疗的初始阶段，大多靠心理咨询师起作用，在治疗的中间和后期，则主要靠来访者及其家属起作用。在整个治疗过程中，我们很难说清这两方是谁在起主要作用。尽管有些心理咨询师的治疗对来访者及其家属没有什么要求或要求相对很少，治疗也有一定效果，但这并不能说明来访者及其家属的努力就可有可无。可以肯定地说，来访者及其家属的努力对于疗效起着很重要的作用，在某些个案中，甚至起着决定性的作用。对于这一点，许多的来访者及其家属都不太了解。

基于上述这些，心络学的心理治疗就形成了自己的观点：心理治疗必须具备前提，必须把握关键，必须讲究策略，必须注意方法，必须要有要求，必须得到保障。即：治疗的前提是把握症因，全面系统；关键是找到症结，点通症结；策略是整体治疗，分步推进；方法是调推点修（点通疗法四技术），法无定法；要求是改善生理，协和外界；保障是信任配合，克己坚持。

这些治疗观也说明：心理治疗都应是对因治疗、系统性治疗、功能性治疗，都应是心治为主，药治为辅。

根据这些治疗观，心络学的心理治疗便有了两大理念，一为点准症结，反复则通，二为治表治本，标本兼治；两大任务，一是消解症结，二是重新塑人；两图应作，一是心理病因网络图，二是整体治疗分进图。

第一节 治疗前提：把握症因，全面系统

一、把握症状，全面系统

心理症首先会表现为各种症状，主要有心理症状、行为症状、生理症状。因此，在心理治疗前，必须全面地、系统地把握症状。

（一）看有哪些心理症状

心理症状主要有：一为压力症状，表现为有较重的压力感；二为不适症状，表现为有较重的不适感；三为情绪症状，表现为有一定的情绪或情感反应，如有焦虑、紧张、烦恼、恐惧、低落、消沉、苦闷、抑郁、绝望、强迫、压抑、悲伤、仇恨、疯狂等；四为注意症状，表现为注意力不集中或注意减退等；五为记忆症状，表现为记忆力下降或记忆出现错误等；六为兴趣症状，表现为兴趣减退或不感兴趣等；七为态度症状，表现为态度消极或反常等；八为意志症状，表现为自觉性、自律性降低或自制力、坚持力下降；九为感知症状，表现为感觉过敏、迟钝、倒错或有错觉、幻觉等。

（二）看有哪些行为症状

行为症状主要有：人际交往开始减少或出现回避现象、学习被动或放弃、生活反常或混乱、工作消极或不能、攻击或逃避社会现实等。

（三）看有哪些生理症状

生理症状主要有：睡眠、饮食出现问题，躯体有种种不适反应或疾病反应，如头痛、头晕、心慌、胸闷、口干、便秘、腹泻、肢体无力或酸痛等。

在全面把握症状时，要注意有些症状是否是泛化的结果。

二、把握症因，全面系统

心理症的症因往往是多种多样且错综复杂的。其主要症因有心络方面的、生理方面的、外界方面的。因此，在心理治疗前，必须全面地系统地把握症因。

（一）看在心络方面有哪些原因

心络方面的原因主要有欲望因素、认知因素、人格因素、能力因素、情绪情感因素、行为因素、注意因素、记忆因素、兴趣因素、态度因素、意志因素、感知因素、人际因素。

（二）看在生理方面有哪些原因

生理方面的原因主要有疾病因素、躯体状态、遗传因素、生化因素、理化因素、性别因素、年龄因素、长相身材因素等。

（三）看在外界方面有哪些原因

外界方面的原因主要有自然事件、社会事件、个人生活事件、社会文化因素等。

总之，无论是把握症状，还是把握症因，都要有全面的、系统的、因果的、变化的观点，都要从线到干、从果到因、从现象到本质，既能把握住问题的方方面面，又能把握住问题的来龙去脉，反对片面地、孤立地、纯现象地、一成不变地看待心理问题的症状和症因。

为快速找到症因，笔者在临床咨询中通常会使用自己制作的"点通心理症因自评量表（第二版）"。该量表操作简单、通俗易懂，一目了然，效果显著，来访者大都能接受。该量表如下：

点通心理症因自评量表（第二版）（DT-2）

姓名代号：_____　性别：____　年龄：____　自评时间：__年__月__日

有下面因素的就在下划线上打分。轻1，中2，重3，无则不管。

1. 欲望
想要的未满足____、不想要的摆脱不了____、多种欲望不能平衡____

2. 性格
自卑____、自负____、依赖____、急躁____、暴躁____、易冲动____、敏感____、多疑____、固执____、以自我为中心____、很要面子____、很在乎别人评价____

3. 能力
自理差____、独立差____、应对差____、承受差____、专业差____、竞争差____

4. 认知
易往坏处想____、易归因于别人____、易归因于自己____、易片面性____、易绝对化____、易夸大____、易缩小____、易严重化____、自评与他评差距大____

5. 情绪
常低落____、常兴奋____、常焦虑____、常害怕____、常紧张____、常生气____、常怀恨____、常苦闷____、常悲伤____、常压抑____、常嫉妒____、常内疚____、常无聊____、常绝望____

6. 行为
攻击____、逃避____、自闭____、强迫____、打人____、毁物____、反常____、自伤____、自杀____

7. 注意
不集中____、太集中____、减退____、经常注意自己（有关问题____、内心活动____、身体感受____）

8. 记忆
不好____、下降____、易忘____、增强____、常记错____、有把不相关的记在一起____

9. 兴趣
缺乏____、较少____、不浓____、减退____、太多____、矛盾____

10. 态度

消极或悲观（对自己____、对生活____、对人生____、对他人____、对社会____）

11. 意志

怕苦____、畏难____、懒惰____、自觉性差____、自控性差____、坚持性差____、坚强性差____

12. 感知觉

有不安全感____、有些感觉或知觉到的内容不符合客观事实____、有幻听或错听____、有幻视或错视____、看东西变形或变远或变近____

13. 人际关系

朋友无或少____、朋友关系不好____、不想与人交往____、想交往但怕交往____、不知怎样交往____、不易接受他人____、不易接受自己____

14. 现实适应

不能适应现实（学习____、工作____、家庭____、人际关系____、有些事件____、有些社会规则或文化____、生活环境或习惯____、气候____）

15. 身体状态

有病____、素质差____、睡眠问题（失眠____、贪睡____、恶梦多____、昼夜颠倒____、总觉没睡或睡得差____）、饮食问题（厌食____、贪食____、偏食____、常吐____）、缺乏运动____、生活无规律____

16. 社会功能状态

没有或不太正常（生活____、学习____、工作____、社交____）

说明：此表是作者根据朱氏点通疗法的理论和技术创制而成的，旨在让求助者了解自己，让心理治疗者掌握情况，便于开展对因治疗、系统性治疗和功能性治疗。本表共16类120项。使用者可对这16类因素的得分和各类子因素的得分进行分析，从而做出症因诊断，并确定主次症结。

第二节　治疗关键：找到症结，点通症结

在全面把握症状和症因后，心理咨询师必须要做的工作就是要寻找症结和

点通症结。

一、怎样寻找症结

（一）看症因的纵向及逆向关系

根据心络图，第一，看是不是外界的某个或几个问题；第二，看是不是生理的某个或几个问题；第三，看是不是网络线中的人际关系问题；第四，看是不是末干中的某项或几项问题；第五，看是不是次干中的某项或几项的问题；第六，看是不是主干中的欲望问题。第七，反过去从主干到次干、末干、网络线、生理、外界这样的顺序去看。这实际是由外到内、由内到外、由表及里、由里及表的方式。通过这样的方式，我们就可能从它们的纵向及其逆向的关系中找到主次症结。

（二）看症因的横向及逆向关系

第一步，根据心络图，首先看是不是情绪情感问题，然后依次看是不是行为、注意、记忆、兴趣、态度、意志、感知的问题。此后反过去，从感知开始，依次看是不是意志、态度、兴趣、记忆、注意、行为、情绪情感的问题。

第二步，根据心络图，首先看是不是认知的问题，然后依次看是不是人格、能力的问题。此后反过去，从能力开始，依次看是不是人格、认知的问题。

这实际是由左到右、由右到左的方式。通过这样的方式，我们就可能从它们横向及其逆向的关系中找到主次症结。

（三）看症因的网状及辐射关系

根据心络图，把所有因素看成是网状或经络的关系：它们有时是此因彼果，有时是互为因果；有时是纵向的互为因果，有时是横向的互为因果；有时是此因近果，有时是此因远果；有时是单一的直线关系，有时是复杂的辐射关系。

经过上述三个方面的寻找，我们就能发现心理症原因间的因果关系、表里关系以及错综复杂的经络关系，从而形成心理病因网络图，并从中找到主次症结。

在全面系统地把握症状、症因以及找准症结后，心理咨询师才算对该心理症有了正确的把握。这时，其心里就会有一张"心理病因结构图"，简称为病因结构图。对于没有经验的心理咨询师而言，必须画出这张病因图。否则，其对该心理症的把握就很可能是不正确的。下图（图6-1）是案例"为何老有余光和胡思乱想"的病因图。

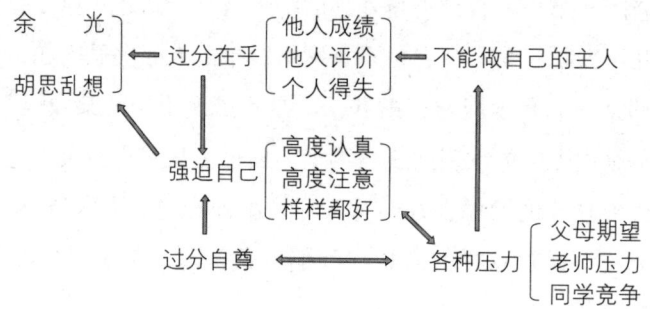

图6-1 心理病因结构图：为何老有余光和胡思乱想

二、怎样点通症结

（一）用欲望调节、"灵魂"修塑等技术消除欲望结

笔者的常用方法是：首先要让来访者深刻地认识到欲望结或"灵魂"中某个问题怎样让其形成了心理症；其次要让来访者明了欲望调节或"灵魂"修塑的作用和意义；再次要指导来访者具体地调节欲望或修塑"灵魂"。

（二）用体验推拿、悟言点击等技术消除认知结、人格结、行为结、情结等

有许多人的主症结是认知问题或人格问题、情绪情感问题、行为问题。笔者甚至也认为，几乎每一个心理问题的背后都存在程度不同的认知结、人格结、情结和行为结。因此，点通症结除要考虑点通欲望结或"灵魂"问题中的某个结点外，更要考虑的是点通认知结、人格结、情结和行为结。

首先要让来访者深刻地认识到以上的某个或几个结怎样让其形成了心理症；其次要让来访者明了体验推拿、悟言点击等技术的作用和意义；再次要指导来访者具体地体验、推拿、感悟和点击。

需要指出的是，点通症结不是一件容易的事，而是一个持续的过程，毕竟

这些结都不是一下就形成的。就如常言所说，冰冻三尺，非一日之寒。

笔者坚信，有病必有结，有结必会病，只要找准结，久点必会通。简言之，通则不病，病则不通，点准症结，反复则通。

第三节　治疗策略：整体治疗，分步推进

心络学的心理治疗观在强调点通症结、从根本上解决问题的同时，也重视解决"面"上的问题。它所主张的是有点有面、点面结合的治疗。也可以说，它的主张是既治本又治标、标本兼治。因此，在治疗前，它要求心理咨询师必须有总的治疗战略和具体的切入点和突破点，心中应有一张具体可行的"整体治疗分进图"，简称治疗图。对于没有经验的心理咨询师来说，必须先制作这样的治疗图，否则，其治疗就很可能是盲目的。

一、确定治疗点、切入点和突破点

整体治疗就是有点有面、点面结合的治疗或标本兼治的治疗。这种治疗要求每个心理咨询师在治疗前，都要确定治疗点、切入点和突破点。

每种心理症都有其治疗点，即都有其需要具体解决的问题。如：一个严重怕鬼，连白天都不敢独自待在家里的人，在治疗中就有这样一些需要解决的问题：怎样消除其长期以来有关"鬼"的刺激、其该怎样具体应对种种的"鬼"问题、各种各样的"鬼"现象是怎么回事、他所亲自见到的多种"鬼"实际是怎么回事、怎样消除其有关"鬼"的观念等。

确定具体的治疗点后，还应根据具体的情况确定具体的切入点。切入点是容易进行又容易产生一定效果的部位。如前例，笔者就把"他所亲自见到的多种'鬼'实际是怎么回事"作为了切入点。笔者首先对他说："你所见到的'鬼'，实际都是你对鬼神恐惧的一种心理反应。这种恐惧可以使你把一切东西都变成你所恐惧的'鬼'。其实，真正的'鬼'是根本不存在的。"其次，笔者让其闭上眼睛，然后关掉咨询室的电灯，对他说："当你睁开眼睛后，你会看

见咨询室的很远处有一个'死鬼'。"当他睁开眼后，果然说看见了那"死鬼"。就在这时，笔者拉开了电灯。事实证明，他所见到的"死鬼"是不存在的，但这"死鬼"确是他亲眼见到了的。类似的操作体验使来访者真正明了所谓的"鬼"，确实就是自己心中恐惧的反应。因为只要没有那种恐惧，他就不会见到那种"鬼"。

找到切入点并进行切入性治疗后，有时就能解决问题，但很多情况是不能直接解决问题的。因此，我们还需找到突破点。突破点就是能使问题迎刃而解之点或难以攻克之点。突破点有时就是症结，但有时也不是。如前例，其症结是信鬼，但其突破点是"怎样消除其长期以来有关'鬼'的刺激"。关于"鬼"的各种刺激，已深深地渗入其大脑皮层，形成了有关"鬼"的条件反射。所以，即便来访者不信"鬼"了，他还是会怕"鬼"，使这种怕成为一种强迫性的恐惧。所以，必须突破这点。如果有的心理咨询师一开始就进行脱敏治疗，也许也有效果，但来访者以后肯定还会怕"鬼"，因为这次治疗虽找到了突破点并有了突破性疗效，但没有消除来访者信鬼这一症结。只要这个来访者信"鬼"，其就会一直怕"鬼"，且还会看见或遇到"鬼"。只有消除了症结，并消除了留在大脑皮层的刺激，该来访者才能摆脱怕"鬼"的恐惧。

二、制订整体治疗方案

确定治疗点、切入点和突破点后，治疗的方向和步骤就可能较清晰了，但严谨的治疗还需有一个整体的方案。

心理治疗都不可能只是一次简单的谈话或一个简单的操作，总会涉及多个方面或有多个步骤，所以在顺序上总会有先有后，在考虑上有主有次，在时间安排上有多有少。一句话，都存在一个"方案"，哪怕有些心理咨询师在实际工作中没有具体地写出这样一个方案。

在制订整体治疗方案后，就会自然地形成一张治疗图。当然，这个治疗方案也很可能是在列出治疗图之后。即有时是先有方案后有图，而有时是先有图后有方案，不同的情况或不同的人可能会有不同的情形。还有一种可能是已把方案融进了治疗图中，成了治疗图即方案，方案即治疗图。

总之，在治疗前应有治疗的整体考虑、设想、计划。

图 6-2 就是案例"为何老有余光和胡思乱想"的治疗图。

```
          ┌ 家长老师：对其少关注分数，多肯定鼓励
  外部减压 ┤ 体验推拿：我超过同学或同学超过我，都很正常
          └ 悟言点击：同学成败，与己无关

          ┌ 体验推拿：注意力过度集中反而会难集中
  顺其自然 ┤ 体验推拿：有得必有失，有失才有得
          └ 悟言点击：视为正常，顺其自然

          ┌ 体验推拿：每个人都应是他自己
  自己做主 ┤ 体验推拿：过分在乎别人就会成为别人心灵的奴隶
          └ 悟言点击：我就是我！要做自己的主人，不做别人的奴隶

          ┌ 体验推拿：欲望过高压力则过大；欲望过低则动力不足
  欲望调节 ┤ 体验推拿：越自尊会越自卑；越要面子会越没面子
          └ 悟言点击：每天努力，每天满意；自信而不自卑，自信而不死要面子
```

图 6-2　治疗图：为何老有余光和胡思乱想

三、分步推进，灵活实施

在治疗点、切入点、突破点以及治疗方案或治疗图都确定后，接下来就是具体实施了。从实际情况看，可同时推进几个治疗点，但大多数个案都是有先有后或有主有次地分步进行。有的个案，切入点只是一些边缘性的小问题，而有的则是很难解开的症结问题，甚至一开始就把突破点作为了切入点。是完全地同时整体推进，还是先后有序地分步推进，抑或是绝对地各个击破，没有统一的答案。笔者对此主张灵活实施，一切都根据实际情况而定。就绝大多数的情况来看，往往是分步推进。

第四节　治疗要求：改善生理，协和外界

由于心络学认为心络系统和生理系统及外界系统是紧密相关并互相影响的，因此心理咨询师在开展治疗时应改善来访者的生理系统并协和外界系统，否则，疗效会被生理方面或外界方面引起的心理问题所淹没或抵消。

一、改善生理

主要是指要求来访者要尽量改善生理状况，防止出现生理方面的问题。笔者通常的做法是：

（一）要求其积极治病或防病

如果来访者有什么躯体疾病，笔者会让来访者在明了生理因素将怎样影响心理的基础上，要求其积极治病，并要尽量将治疗中因躯体疾病而产生的心理问题指出来。否则，心理治疗的效果将被疾病因素导致的心理问题所淹没，至少是难以体现出来。同时，笔者会根据来访者的具体情况，要求其积极预防生理疾病。如果来访者不去治病或老是不注意防病而导致不断生病，笔者会建议其停止心理咨询或建议另找他人咨询。

（二）要求其服药或减药、停药

在来访者症状太严重时，笔者会在讲明药物能完全或部分控制症状的基础上，要求其去医院精神科开药，并嘱其严格按医生的医嘱服药。如果其坚决不去开药或开后坚决不服药，笔者会根据实际情况而决定是否继续其咨询。

在来访者症状不太严重时，笔者反对首先用药物进行治疗。如果其坚决要服药，笔者会让来访者了解药物治疗和心理治疗的各自功用，而不致其只肯定什么而否定什么。

（三）要求其睡眠适度、饮食合理、坚持锻炼、有规律地生活

笔者遇到的来访者往往都有失眠、早醒、食欲不振、疲惫无力等生理症状，其中有些是心理问题的躯体化反应，而有些则是由不良生活方式等自身因素造成的。不解决其生活方式不良等自身的问题，心理治疗或咨询的效果也会受到影响。

睡眠适度，就是要求来访者按时起睡，不能睡得太少，也不能睡得太多，成人一般在七八个小时，不得超过九个小时和少于六个小时。适度睡眠能有效改善来访者睡眠状况，使心理治疗效果快而明显。如果睡眠无度，心理治疗不但难以产生疗效，而且还会由此产生新的心理问题。

饮食合理，就是要求来访者不能过分地贪食、偏食、节食，尽量做到"什

么都吃，什么都少吃"，可清淡一些，杜绝零食，少吃辛辣食品，少喝冷冻饮料，决不醉酒。因为有些人的心理问题与不合理饮食有关，如过分节食或偏食的人往往食欲不好，因而精神不好，使得心里很烦。还因为有些人已把心理问题演变成了饮食问题，如有的人一心烦就贪食、酗酒或拼命吃零食。要求来访者合理饮食，一方面既是一种治疗，一方面又能避免其由饮食不当产生新的心理问题。

坚持锻炼，能有效地调节来访者身心，从而使疗效更为显著。无数事实证明，任何运动，都能改善人的心理状态，尤其能改变人的情绪和心境。所以，不管来访者有无锻炼的习惯，笔者都会建议或要求其坚持锻炼。

有规律地生活，就是要求来访者起睡、饮食、锻炼等尽量有一定规律。谁都知道人体内有一个"生物钟"，而"生物钟"不能随便被打乱。笔者认为，人体内也有一个"心理钟"，这个"心理钟"也不能随便被打乱。如果被打乱，人也会像"生物钟"被打乱一样，会出现诸多的不适。因为心理和生理每时每刻都是相互影响的。所以，在心理治疗或咨询时，笔者总要建议或要求来访者有规律地生活。

二、协和外界

协和外界主要是要求来访者在治疗期间要预防或回避一些较严重的现实问题或事件，尽量改善周围的关系。笔者通常的做法是：

（一）尽量不与重大的社会事件或重大的社会问题有关系

例如，在治疗期间，如果来访者去参与某行业组织的全市性罢工活动，并遇到了许多大麻烦，那此时对其进行的咨询或治疗就很难产生明显的疗效。经验告诉笔者，对这类来访者，在治疗期间，要么是要求其不要与那些事件或问题发生关系，要么是暂时停止咨询或治疗。

（二）尽量避免发生重大的生活事件

在治疗期间，笔者都要建议或要求来访者尽量避免发生破产、失业、诉讼、离婚、分居、搬迁、移民、重要投资等重大生活事件。因为这些生活事件本身都会给来访者带来一系列的心理问题。所以，此时的治疗与咨询很难有什么疗效。

(三) 尽量和家人、朋友、同事搞好关系

在治疗期间，笔者有一个必做的事，就是要让来访者尽量与家人、朋友、同事搞好关系。一是因为，有好多问题都与这些人相关。二是因为，心理治疗或咨询需要有一个良好的社会关系背景。三是因为，搞好这些关系本身就是一种很好的治疗。四是因为，疗效的一个重要体现就是来访者的社会功能有所改善。

(四) 尽量争取有让人愉快的事情发生

在治疗期间，笔者会密切注意来访者周围发生的事情，其中会密切注意其本人及其家人发生的一些让人愉快的事情。因为让人愉快的事情能有效地改善来访者心情或心态。不仅如此，笔者还常常鼓励来访者促使这样的愉快事情发生。

第五节　治疗保障：信任配合，克己坚持

不管咨询师的技术有多好，不管咨询师的水平有多高，如果来访者不信任，也不作努力，咨询就不可能有什么疗效。心理治疗与咨询的效果取决于心理咨询师和来访者双方的努力。笔者在实践中特别看重来访者的努力，会不断关注和肯定来访者的努力。对有强烈治疗或咨询愿望的来访者，笔者一开始就会强调来访者的努力是主要的。笔者习惯于对他们说这样一句话："师傅领进门，修行在个人。"

常言说，信则灵。心理治疗，必须得到来访者的信任。信任是产生疗效的核心和基础，是心理咨询师的法宝。从某种意义上讲，疗效源于信任，也是信任的结果。没有信任，任何治疗与咨询都可能事倍功半，甚至完全徒劳。正因为如此，凡是不相信心理治疗与咨询的，对心理咨询师缺乏信任的，不愿意接受治疗、咨询或没有治疗、咨询愿望而被劝来的或被骗来的来访者，笔者都会婉拒。

心理咨询师最需要的是疗效，最忌讳的是炒作。疗效会不断增加来访者的信任，炒作会不断降低来访者的信任。

心理治疗，必须得到来访者及其家人的配合。比如：需要来访者回家后写

下自己的感受或领悟，可他根本不写；需要每天早晚坚持悟言点击，可他根本不做；需要去某个地方做体验推拿，可他根本不去；需要减药或停药，可他根本不减、不停或谎说自己已减已停；需要一周一次咨询，可他一个月或两三个月甚至总是到了难以忍受时才来一次；需要去进行某种具有一定挑战性的体验，本人同意但家人因溺爱等而反对；需要改变混乱的生活方式，本人也愿意可家人觉得没必要……那治疗或咨询的效果就无法得到保障。尤其是对青少年的治疗，家长的配合至关重要！笔者的体会是，对青少年的治疗，实际上也是对家长的治疗，因为许多问题是由家长造成的；治青少年易，而治家长难！

心理治疗必须想法让来访者学会或做到克己。心理治疗与咨询的过程，是来访者痛苦改变、艰难成长的过程。心理咨询师除要学会有效地消除种种"阻抗"外，还要想法让来访者学会并尽量做到克己。第一种克己是让自己努力承受改变或成长中的必然痛苦。当然前提是咨询师要让来访者明白改变或成长为什么会必然痛苦。第二种克己是要让自己努力去接受和适应新的环境、新的角色、新的观念、新的行为、新的态度等。如果来访者做不到克己，仍是过去的老一套，那治疗或咨询的效果也无法得到保障。

心理治疗，必须想法让来访者坚持。前面讲过，心理症的原因是多方面的、错综复杂的，而且症结也不是一下就能解开的，需要一定的过程，因此，治疗或咨询必须要坚持。半途而废就会没有好的结果。凡是不能坚持的或以为一两次就能完全解决严重问题的来访者，咨询师最好一开始就婉拒或转介。

将上述总结起来，就形成了点通模式（图6-3）。

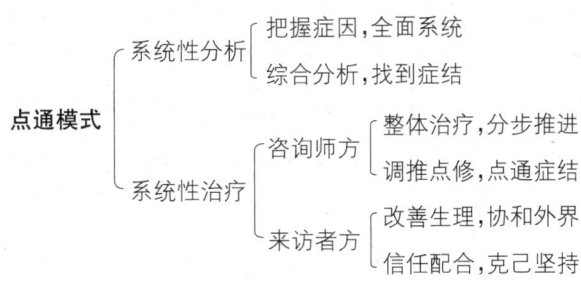

图6-3 点通模式

第六节 治疗类型：五种类别，三个层次

一、五种类别

根据操作、疗效及预后等情况，笔者将心理咨询与治疗的类型分为了五类。

一类：能全面把握来访者的症状、症因及症结，能逐步消除它们。咨询效果良好，即能使来访者正常学习、生活、工作；预后良好，时间是长期，最少也要三年。点通心理治疗，就属于这类治疗。

二类：能把握主要症状和个别原因并能消除，使来访者能暂时学习、生活、工作，但不时复发；预后一般，长有一年，短只一月。

三类：不管症状，不问原因，也不考虑心理问题与疾病的性质、类型、程度，一律用咨询师自己认可的某种疗法及程序，或是凭自己固有的某种经验进行治疗，即一法万用。有时有些疗效，多数无疗效；预后少量一般，多数不良。

四类：只针对情绪症状或行为症状进行工作，用各种疗法（其中经常用呼吸、冥想、歌唱、舞蹈、运动、心理转移以及放松方法），使来访者情绪或行为得到缓解或消除。疗效只是暂时的，症状不时再现；预后不良。

五类：连症状也不考虑、不处理，咨询师不具备解决来访者问题的实际能力，只知不断地问这问那，对来访者只一味耐心地倾听、陪伴、无条件共情、尊重，让来访者接纳自己的症状、存在的问题和糟糕的现状，甚至对来访者的错误想法和行为也表示理解支持。有时能使来访者的情绪得到暂时缓解，实际没有什么效果；预后不良。

当然，疗效取决于很多因素，除了心理咨询师或治疗师的知识结构、人格品质、人生阅历经验、掌握理论与技术、实战积累等外，还涉及来访者的问题性质、程度、经历、人格类型、是否愿改变、改变是否能坚持，尤其是家人能否配合等许多因素。

二、三个层次

笔者在长期的心理咨询与治疗中感悟到：心病治疗存在着三个层次。不同层次有不同的方法和效果。

（一）低层治疗

就是对心病症状进行的治疗，即对症治疗。心病的症状主要有三类：心理症状、行为症状和生理症状。对这些症状所进行的治疗，目前主要有两大类：

一是药物治疗。主要服用抗焦虑、抗抑郁等药物。起初效果比较明显，但持续反复，很容易形成药物依赖，导致长期或终身服药，最终往往还是没治好，甚至更重。

二是心理治疗。主要是用放松方法（如情绪宣泄、呼吸放松、冥想放松、运动放松、音乐放松）、认知疗法、行为疗法、认知行为疗法、来访者中心法、内观疗法、森田疗法等来缓解情绪，改善行为。效果有的明显，但预后不好；有的不明显，甚至无效果。

（二）中层治疗

笔者认为，中层治疗就是对心病病因进行的治疗，即对因治疗。

心病的原因主要有三大类：心理因素、生理因素、社会及自然因素。对这些症因所进行的治疗，目前主要有两大类。

一是心理治疗。对欲望因素导致的主要是用点通欲望调节法。对性格、能力等因素导致的主要是用点通体验法（含另环境体验、另情景体验、另角度体验、另角色体验、另认知体验、另方式体验、另态度体验），悟言点击法（包括诗文疗法）。对认知因素等导致的主要是用认知疗法、正念疗法、内观疗法。对行为因素导致的主要是用行为疗法、认知行为疗法。以上方法也常应用于生理因素中的性别因素、年龄因素、长相身材因素以及某些社会、自然因素所导致的心理问题。

二是药物治疗。这主要是对疾病因素、躯体因素、遗传因素、生化因素、理化因素导致的心理问题所进行的治疗。

（三）高层治疗

笔者认为，高层治疗就是对心病所产生的整个"系统人"进行的治疗，即对人治疗。

按心络学的理论：人都是"人系统"的产物；每个人其实都是"系统人"；心病的本质是系统人的某方面出了问题，所以最根本的治疗应是治人或塑人。

人的问题主要有三类：心理人问题、生理人问题、社会人问题。

心理人问题，主要是心络系统出了问题。

生理人问题，主要是生理系统出了问题。

社会人问题，主要是人和社会及自然的关系出了问题。

高层治疗，目前也主要有两大类，即点通健康修塑治疗和点通境界修塑治疗。

点通健康修塑治疗有十六个方面：一是内心充实，二是欲望适度，三是认知完善，四是人格良好，五是能力皆备，六是情绪稳定，七是行为适当，八是注意能动，九是记忆保持，十是兴趣浓厚，十一是态度积极，十二是意志健全，十三是感知正常，十四是人际和谐，十五是外界适应，十六是躯体健康。

点通境界修塑治疗主要有十二个方面：爱、善、和、真、恕、信、义、勇、忠、孝、康、勤。

从以上的描述可以看出，点通心理治疗，属于中层治疗和高层治疗。

心络学的心理治疗观，把治疗的对象从大脑扩展到了治人或塑人，把"对症治疗"扩展到了"对因治疗"，是心理治疗的一大进步。

第七章 心络学的心理健康观

第一节 心理健康的概念

心络学的心理健康观认为：心理健康应是多方面的系统性的健康，而不只是某方面的、局部性的健康；应是整个"心理人"甚至整个"系统人"的健康，而不仅仅是大脑的健康。具体来说，心理健康应是心络和谐、心身和谐、心物和谐的统一。

心络的某部分或多部分尽管很健康，但如果其他部分问题严重，我们不能认为其心理健康，而最多只能说其某部分或某几个部分健康。对于长年体弱多病的人，我们很难说其心理健康。对于长期处于应激状态下的人以及长期与他人和社会隔离或对立的人，我们也很难说其心理健康。心理健康应是"三和谐"的统一体。

心络和谐是指心络的各部分基本上都处于良好的状态以及整个心络系统都处于相对平衡的状态。心络和谐的人，有理性的追求，有适度的欲望，有良好的人格，有完善的认知，有相应的能力，有稳定的情绪，有适当的行为，有能动的注意，有保持的记忆，有浓厚的兴趣，有积极的态度，有健全的意志，有正常的感知，有和谐的人缘，并能始终悦纳自己。

心身和谐是指心络系统与生理系统处于相互良性影响的状态。心身和谐的人，心态平和，处世乐观，善待身体，笑对生死，睡眠足够，饮食健康，运动适量，情趣多样，生活很有规律，也就是说不仅心理健康、躯体也健康，而且两者还处于相互促进的状态之中。

心物和谐是指作为人的主体与作为外部世界的客体处于相对协调的状态，

即主客协调的状态或"天人合一"的状态。心物和谐的人，能从容地面对现实，积极地应对现实，适度地超越现实，真正地悦纳现实，使自己始终是现实的主人。

第二节 心理健康的标准

关于心理健康的标准，有多种版本，如1946年国际心理卫生大会提出的"四标准"，有马斯洛和米特尔曼的"十标准"，郭念峰的"十标准"，许又新的"三标准"，马建青的"七标准"。笔者根据自己长期的心理咨询实践和心络学的心络观，提出了以下"十六标准"。这十六标准是心络学系统性心理健康观的具体体现。

一、内心充实

内心充实是指在物质上或精神上始终有自己明确的、理性的、稳定的追求或依托。内心充实的人，有这样一些主要特点：

（1）总有自己的努力方向和奋斗目标。

（2）总有自己的打算和实际行动，总有自己的时间安排和要做的种种事情。

（3）把主要时间、精力和心智都集中在了自己的追求上。总感觉时间过得很快，甚至不够用。

（4）是自己真正的主人。为了自己的追求，可以适度放弃大众生活的某些方面，但不会轻易放弃自己的追求；很注意别人的评价但不是很在乎别人的评价。永远生活在自己的追求之中，始终拥有自己的一片天地，整个精神是有寄托的，整个生活是有意义的，整个人生是充实的。

内心不充实的人，其人生是茫然的，很容易被无聊、空虚、孤独、寂寞所困扰，从而产生人生的无意义感。严重者会由此对什么都不感兴趣，甚至患上"抑郁症"。

二、欲望适度

欲望适度是指某种欲望的程度不过高也不过低,多种欲望的比例不矛盾、不失衡。欲望适度的人,有这样一些主要特点:

(1) 其主要欲望,是不能轻易达到的,但又是经过一定努力确能达到的。

(2) 其多种欲望协调平衡,主次分明,相互促进。

(3) 其欲望都能做到因时而高低,因时而存无,因时而转移。

(4) 总是保持积极进取、不断奋斗的生活态度,总是拥有较强的、源源不断的动力。

(5) 不会因欲望的不能实现而痛苦不堪,也不会因欲望的终于实现而狂喜不已。其状态是:永远在努力,常常都满意。

欲望不适度的人,欲望不是过高就是过低,欲望之间不是冲突就是失衡。具体说来,欲望过高的人,往往会因愿望无法满足而感到失望痛苦,故易患欲望未足症;欲望过低的人,往往会因愿望太容易满足而感到没劲没趣,故易患欲望过足症;欲望冲突矛盾的人,往往会因欲望的不能兼顾而感到烦恼痛苦,故易患欲望失衡症。

三、认知完善

认知完善是指认知相对真实、客观、准确、全面并具有积极性质。认知完善的人,有这样一些主要特点:

(1) 看问题全面而不片面;相对而不绝对;不严重化、不扩大化,不轻微化、不缩小化;既看到负性又看到正性;既看到对立性又看到统一性;既善于从某个角度看又善于从多个角度看;既善待某种看法又善待其他评价。

(2) 承认变化,决不僵化;冷静沉稳,决不情绪化。

(3) 尊重事实,不随意推断,不轻信也不迷信;知因晓果,既能把握现象,又能看清本质。

(4) 善于内省,能发现和克服自己的问题;与时俱进,能不断更新自己的观念。

（5）利导思维，善于正性暗示，始终拥有乐观的心境、积极的态度、前进的动力。

认知不完善的人，会不时因认知的片面性、绝对化、负性化、严重化、不良暗示等而产生这样那样的心理困惑。

四、人格良好

人格良好是指人格的种种特质相对适度或平衡，和绝大多数人比都属于"常态"，并能与周围的人保持"人格相融"。人格良好的人，有这样一些主要特点：

（1）既合群随和，又独立从容；既能当好主角，又能当好配角；既能表达自己的看法，又能倾听别人的意见；既尊重自己，又尊重别人。

（2）谦逊而不谦卑，自信而不自负；既谨慎又充满安全感，既信任又保持一定敏感；穷时能乐观奋进，富时能戒骄自律；处事不偏不倚，为人不卑不亢。

（3）有主见，有魄力，敢为敢当；有恒心，有毅力，善察善变；能动能静，能伸能屈，能刚能柔，能进能退。

人格不良的人，尤其是人格有缺陷或障碍的人，一生都会与他人产生无穷的矛盾，给自己和他人制造种种麻烦，带来种种痛苦。

五、能力皆备

能力皆备是指人在所处环境中完全具备自己所充当角色应具备的相应能力。能力皆备的人，有这样一些主要特点：

（1）具有基本的生存能力：自理能力、独立能力、适应能力、应对能力、承受能力、耐受能力、交际能力、竞争能力等。

（2）具有基本的发展能力：专业能力、协作能力、预测能力、判断能力、应变能力、创造能力等。

（3）具有这些表现：遇事不为所难，处事得心应手；自信从容，不怕艰险，有充分的安全感；审时度势，能进有退，有较多的成功感。

什么能力都具备的人，可以说很难有心理问题。纵观各种心理问题，我们会发现其中好多都是当事人因缺乏某些能力或某些能力低下所致。

应具备而不具备相应能力的人，在他们面临一系列现实困扰时，会出现一系列的心理问题。

六、情绪稳定

情绪稳定是指情绪的强度适中，经常保持平静愉快的状态，即便有波动，其波幅也不大。情绪稳定的人，有这样一些主要特点：

（1）情绪不易大起大落，能自然地有效地预防不良情绪的产生。

（2）很会管理自己的情绪，既不让其放纵，也不让其压抑，即能适度地控制和释放自己的情绪。

（3）处变不惊，临危不惧，始终保持着平静、镇定、从容、愉快、乐观的状态，始终保持着一贯的理智水平。

（4）无论取得多么大的成功，都会淡然处之；无论遭遇多么大的失败，都能坦然面对。不会大喜大悲，大气大怒；不会紧张惊慌，急躁冲动；不易焦虑抑郁，不易嫉妒仇恨。

情绪不稳定的人，特别是容易情绪化的人，会不时把心态搞糟，会不时让心理处于紊乱的状态，既让自己不快，也让别人不快。

情绪经常高涨的人，容易成为"躁狂症"患者。

情绪经常低落的人，容易成为"抑郁症"患者。

七、行为适当

行为适当是指行为经常保持在恰当合理的"度"上。行为适当的人，有这样一些主要特点：

（1）行为符合社会规范、社会常态，不超前，不落后，与当时的角色要求相吻合。

（2）不会轻易攻击，不会随便退缩。遭遇攻击时防卫正当有度，面临危险时回避合情合理。

（3）有良好的行为习惯和生活方式，并善于与时变化。

行为不适当的人，其行为往往偏激或退缩，不是过于张扬就是过于被动，总是缺乏恰当合理的"度"。有的随心所欲，无视社会规范；有的苛求自己，刻板僵化；有的一贯攻击，有的一味逃避；有的还有成瘾行为或变异行为。

八、注意能动

注意能动是指注意的对象、程度、广度等能根据实际需要能动变化。注意能动的人，有这样一些主要特点：

（1）能集中地持久注意某个对象，又能同时注意其他对象，能做到主次兼顾，既能做到注意的高度集中，又能做到注意的随时分散和转移。

（2）注意的范围能大能小，注意的程度能强能弱。

（3）正性注意和负性注意、内部注意和外部注意、有意注意和无意注意等可达到能动适度。

有注意障碍或缺陷的人，常是注意不能集中，或注意不能分散、转移，或注意太大、太小，或注意过强、过弱，表现出能动适度困难。

九、记忆保持

记忆保持是指记忆力得到了保持，即对过去所见、所闻、所感知、所经历的事物在头脑中的保持与再现的能力得到了保持。记忆保持的人，有这样一些主要特点：

（1）有足够的瞬时记忆、短时记忆、长时记忆、形象记忆、抽象记忆等记忆的能力。一句话：记得住，忆得出。

（2）遗忘问题不突出，没有经常出现近事遗忘的现象，不存在顺行性遗忘、逆行性遗忘、选择性遗忘的问题。

（3）没有错构和虚构的现象。

有记忆问题或障碍的人，记不住，忆不出，存在某些种类的遗忘，甚至存在错构和虚构的现象。

十、兴趣浓厚

兴趣浓厚是指人突出的喜好和热爱达到了很高的程度，不容易失去和改变。兴趣浓厚的人，有这样一些主要特点：

（1）其兴趣显著而稳定，对其有较强的动力作用和决定作用，是其感到做事有意思、有意义的重要内容。

（2）作为其人生追求的主流兴趣持久不变，作为其非主流的日常生活方面的兴趣有一定的保持。

（3）兴趣的种类、程度可以能动调节。

兴趣存在问题的人，通常表现出：无兴趣、兴趣淡、兴趣不能稳定、兴趣过多有冲突、兴趣过浓不能调节、兴趣减退或丧失等特点。

十一、态度积极

态度积极是指对人和事物的态度以正性为主。态度积极的人，有这样一些主要特点：

（1）对自己、他人、社会肯定多于否定，对人生、命运、前途乐观大于悲观。

（2）对学习、工作、人际交往主动多于被动、积极多于消极。

（3）对家人、朋友、同事热情多于冷淡、支持多于反对。

态度不良的人，对人和事物的态度往往是以负性为主。

十二、意志健全

意志健全是指有充分而适度的自觉性、自律性、果断性和坚韧性。意志健全的人，有这样一些主要特点：

（1）能自觉履行自己的各种职责和义务。

（2）能严格要求自己，能适度控制自己。

（3）做事既谨慎又果断，既能顽强地坚持又能坚决地改变。

（4）为人坚强，打不垮，压不倒，百折不挠。

意志不健全的人，行为往往被动，缺乏约束，做事没有恒心和毅力，遇事缺乏坚定与果断。有的干什么都拖拉懒散，有的干什么都有始无终。严重者还可能具有病理性的意志障碍，如意志减退、意志过强、意志缺失、病态疏懒等。

十三、感知正常

感知正常是指感觉、知觉正常，符合客观实际。总体上，正性感觉多于负性感觉。感知正常的人，有这样一些主要特点：

（1）能真实、客观、正确、准确地感知外部世界和自己，并能做出相应的反应。

（2）所看到的、听到的、闻到的、触到的以及感受到的，都是客观存在的。

（3）正性感觉多于负性感觉。

（4）有一定的成就感、价值感，有较多的满意感和幸福感。

感知不正常的人，有的感觉过敏或迟钝，有的有错觉或幻觉，有的视物有变形感，有的视物有不真实感。感知有缺陷的人，负性感觉多于正性感觉，少有成就感、价值感、满意感和幸福感。

十四、人际和谐

人际和谐是指有良好的人际关系。人际和谐的人，有这样一些主要特点：

（1）有一定范围的人际圈，有一定数量的知心人，与其中一部分人的交往有一定的质量。

（2）他们善于与人交往，并能与大多数人和谐相处。无论在家里、单位，还是在其他什么地方，他们都能恰当地处理各种人际矛盾。

（3）成功时，有人分享；有难时，有人分担。与家人、朋友、同学、同事等总是保持着较密切的联系，有稳定的社会支持系统。

人际不和谐的人，亲情淡薄，交流不多，朋友很少，甚至没有。他们不善甚至不愿与人交往，常是独往独来；即便与人交往，也困难多多或矛盾重重。他们的一切似乎都与别人没关系或总是与人格格不入，内心充满了孤独感和不安全感。

十五、外界适应

外界适应是指能面对、接受、适应社会现实和自然环境现实。其中社会适应还包括了能按社会的要求及认可的方式行事，即能与社会保持协调和谐的状态。外界适应的人，有这样一些主要特点：

（1）能从容地面对和适应外界现实。

（2）能积极地应对和悦纳外界现实。

（3）能适度地超越外界现实，始终是现实的主人。

外界不适应的人，总认为现实这不对、那不对，总是这看不惯那看不惯，总觉得现实处处在与自己作对。他们对现实总是不满甚至仇恨，不是攻击就是逃避。

十六、躯体健康

躯体健康是指人的身体在总体上处于其所在年龄阶段相对健康的状态。躯体健康的人，有这样一些主要特点：

（1）身体素质良好，无病或少病，至少无大病。

（2）心、肝、脾、肺、肾等五脏六腑处于相对平衡的状态；心脑血管、神经、消化、呼吸、内分泌、泌尿生殖等各个生理系统都处于良好的状态。

（3）朝气蓬勃，精力充沛，身体有较强的抵抗力、耐受力和免疫力，能长时间地学习或工作而少有疲劳。

（4）食欲好，睡眠好，静得下，动得了，心态平和，感到身心舒适，生活、工作愉快。

躯体不健康的人，体弱多病，一些器官和系统总存在着这样那样的问题。他们精力不足，常感疲累，对学习或工作等感到吃力困难。他们食欲不好，睡眠不好，吃多吃少都不行，冷了热了也不行，走久了不行，坐久了也不行，经常是这里疼痛，那里不适，心烦意乱，身心负担重。每年总会花一些时间去看病服药或做心理治疗。

第八章　心络学的压力观

第一节　压力的概念与来源

一、概念

这里所说的压力,是指心理压力。心理压力是指人的由身、心、物(外界物质世界)因素造成的带有一定沉重感的体验,也是个体在现实生存过程中的一种身心紧张状态。当人感到忙碌、迫切、紧张、焦虑、恐惧时,就意味着有了压力。

二、来源

从心络图上看,从总的方面看,压力来源于三个方面:生理系统、心络系统和外界系统。

生理系统方面,如身体有病或受伤、虚弱,器官有功能性障碍、贫血,相貌不佳、身材矮小或肥胖、衰老,基本需要(饮食、睡眠及性)被剥夺等,都会给人带来压力。

心络系统方面,如欲望不能满足、存在错误认知或新旧观念冲突、有人格障碍、缺乏相关能力、情绪不稳定、行为习惯不良、意志薄弱、兴趣狭窄、感知觉有问题等,就可能给人造成压力。

外界系统方面,与社会相关的如战争、迁移,与自然相关的如地震、台风,与人际相关的如争斗、陷害,与职业相关的如下岗、完不成任务,与家庭相关的如离婚、亲人死亡等,都会使人面临压力。

从上述的简单介绍中可看出,导致心理压力的因素可谓是无限多样。笔者根据自己长期的心理咨询实践,总结出了一个自己常用的并已被多位心理咨询师应用的"压力原因结构图",即"心络学的心理压力模型"(图8-1)。

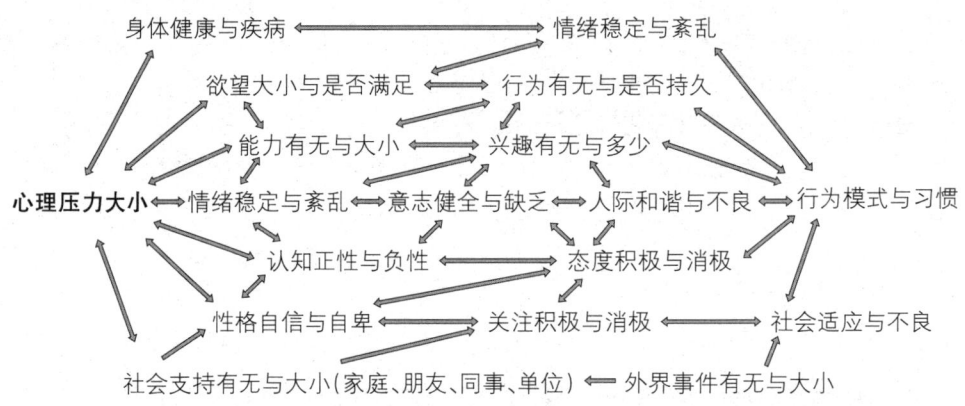

图8-1 心络学的心理压力模型

第二节 压力的种类与反应

一、种类

按强度,一般可分为三大类:一般单一性压力、叠加性压力和破坏性压力。在一定时间内只面临一种强度不大的压力,就为一般单一性压力;在一定时间内同时面临多种或连续面临多种强度不大的压力,就为叠加性压力;如果面临的一种或多种压力的强度很大,就为破坏性压力。

按来源来分,压力可分为生理性压力(如疾病压力、饥寒压力、生存压力、死亡压力、年龄压力、性压力等),心络性压力(如欲望目标压力、能力不足压力、性格自卑压力、负性认知压力、情绪情感压力等)、社会性压力

（如事件压力、法律规章压力、文化习俗压力等）。

按人们的常识，压力通常可分为学习压力（含考试压力、升学压力等）、生活压力（含经济压力、住房压力等）、工作压力（含任务压力、责任压力、管理压力、竞争压力等）、家庭压力（含配偶压力、子女压力、老人压力等）、人际交往压力（含主次压力、攀比压力、评价压力等）等。

二、反应

当压力达到一定程度时，会有明显的压力反应。主要有三种：

（1）生理反应：脸红、出汗、血压升高、肢体颤抖、头晕、头胀、头痛、胸闷、失眠、恶梦、食欲下降、便秘、腹泻等种种躯体化症状。

（2）心理反应：紧张、焦虑、易怒、恐惧、强迫、失望、绝望、抑郁等。

（3）行为反应：失常反常、坐立不安、攻击他人、退缩、逃避、自残、毁物、怪异、自杀等。

第三节　压力的程度与测试

一、程度

心理压力的程度因人而异。对同一追求或对同一事件，不同的人有不同的压力感。

感到有压力，但无痛苦感时，为轻度；感到压力重，有一定痛苦感，但没影响社会功能时，为中度；感到压力巨大，难以承受，十分痛苦，社会功能受到较大影响，为重度；如果社会功能完全丧失，则为极重度。

心理压力体验达到一定程度时，会成为人的动力，但超过一定限度时，就会成为人的痛苦。一般来说，中度压力最好。

二、测试

心理压力的测试量表很多，如"社会再适应量表""日常生活小困扰量表""知觉压力测评""心理应激（压力）调查表""生活事件问卷""特质应对方式问卷""领悟社会支持量表""压力反应问卷""医学应对问卷""老年应对问卷"等等。笔者常用的简单测试如下：

请回想一下自己在过去一个月内是否出现下述情况：

（1）觉得手上工作太多，无法应付。

（2）觉得时间不够，所以要分秒必争。例如过马路时闯红灯，走路和说话的节奏很快。

（3）觉得没有时间消遣，终日记挂着工作。

（4）遇到挫败时很容易发脾气。

（5）担心别人对自己工作表现的负面评价。

（6）觉得上司和家人都不欣赏自己。

（7）担心自己的经济状况。

（8）有头痛、胃痛、背痛等但查不出原因，难以治愈。

（9）需要借烟酒、药物、零食等来抑制或缓解不安的情绪。

（10）需要借助安眠药去协助入睡。

（11）与家人、朋友、同事的相处令你发脾气。

（12）与人倾谈时，打断对方的话题。

（13）上床后觉得思潮起伏，很多事情牵挂，难以入睡。

（14）太多工作，不能每件事都做到尽善尽美。

（15）当空闲时轻松一下也会觉得内疚。

（16）做事急躁、任性而事后感到内疚。

（17）觉得自己不应该享受享乐。

计分方法：从未发生 0 分，有时发生 1 分，经常发生 2 分。

0~10 分：你能够应付生活中的许多事情，但有时也会有些烦恼，这是正常的。

11～15分：你有轻度的心理压力，虽然常会感知到各种烦恼，但你基本上能够应对自如。你应当学会调节自己的心情，保持轻松平和的心态。

16分或以上：你已经在承受巨大的心理压力，你不能处理生活中的许多问题，因此会感到紧张和不安。你应当尽快改变这种情况，建议接受专业人士的专业辅导。

第四节 压力的影响与应对

一、影响

压力对人的影响既有正面的，也有负面的。在一定限度内，影响是正面的，即压力有多大，动力就有多大，效率就有多好，彼此成正比关系，但当压力超出一定限度，它的影响就成了负面的。

压力对人的不良影响，主要在三个方面：

（一）对躯体的影响

对心脑血管系统、神经系统、呼吸系统、消化系统、内分泌系统、泌尿生殖系统、免疫系统、肌肉骨骼系统、皮肤系统等都可能产生不良影响。

（二）对心理的影响

有可能导致焦虑症、恐怖症、强迫症、抑郁症、神经衰弱、适应障碍等。

（三）对行为的影响

容易导致逃避、自闭、攻击、破坏、酗酒、贪食、嫖赌、疯狂购物、自虐、自杀等不良行为。

在心络学的心理症分类中，有一类是因压力导致的，叫压力症，主要有8种：客观事件压力症、人际关系压力症、责任压力症、要求压力症、希望压力症、评价压力症、比较压力症、文化压力症。

二、应对

应对压力的理论和方法很多，甚至还有这样那样的模型。笔者常用的方法是欲望调节（针对因欲望因素导致的压力），多种体验（另生活方式体验、另角色体验、另环境体验、另认知体验等），悟言点击（如尽力即成功，得失很正常，有进有退、进退自然，适应中改变、改变中适应等）。其中特别重视能力的培养修塑。在面对具体压力时，笔者通常会让来访者根据自己的具体情况，选择应用以下的方法：

（一）尽力即行

一个人要永远奋斗，始终保持进取心和奋斗精神，但不管成功与否，都要坦然地接受努力后的现实结果，追求的永远应是：尽力后满意，满意后尽力。点通悟语：尽力就是成功。

想要真正践行"尽力即行"的信条，人们在做最大努力时，一定要有最坏打算，即对最坏结果要有心理准备。还应接受别人成败与己无关，不为所动，自己则始终动力十足地轻装前行，成之淡然，败之坦然。

（二）利导思维

笔者总结的思维导向规律认为：思维导向决定思维结果，即对同一个问题，不同的思维导向会导致不同的心理结果。

利导会导致积极的结果，弊导会导致消极的结果。民间故事"丢斧的人"就是很好的实例。

明白了上面那些，心理减压的方法之一就是培养利导思维，即总是用积极的态度看待自己面临的压力或问题。如：被领导批评了，视其为领导对自己的看重或帮助；失败了，视为是暂时的，或视为是成功前的一种必然；下岗了，视为是旧的人生的结束，新的人生即将开始等。

（三）良性比较

对同一对象，因参照点不同或者说将其与不同的对象比较，其结果将不同。良性比较会带来良性结果，恶性比较会导致恶性结果。

心理痛苦的原因之一是恶性比较，即总是比出不满、比出自卑、比出消极来。心理减压的方法之一是良性比较,即要比出满意、比出自信、比出动力来。

(四) 总是满意

总是满意就是要发现并放大满意点和幸福感。任何职业都有艰难点和满意点,任何人都有缺点和优点。如果放大满意点或优点,就会拥有满意感;如果放大艰难点或缺点,就会充满压力感或痛苦感。

满意度不仅决定压力度,而且决定幸福度。心理健康的一大标志是拥有满意感。心理健康的人都会有自己的满意感和幸福感。

发现并放大满意感和幸福感有很多的方法。中国工程院院士、清华大学教授倪维斗曾说自己拥有一座占地几十亩、有湖、有山、有亭、有林荫小道的"私家花园"。其实这花园就是清华大学校园的一角。将校园的一方风景视为自己的花园,从而获得了一种很特别的满意感和幸福感。

(五) 视为正常

即把现实视为正常。

现实中的东西,可以视其为正常,也可以视其为不正常。不管什么东西,只要你视为正常,心情就可能平静;只要你视为不正常,情绪就可能产生。

许多心理问题的产生源于将正常的现象视为不正常,如下属视上级的批评、孩子视家长的管教、某些人视社会的一些不公平、失败者视自己的某次失败等为不正常的事,从而使心态失衡。

心理健康的一个重要因素是用接纳的心态去面对现实,顺其自然,用积极的态度对待不正常。人们可以有的口头禅:这很正常。

(六) 多位思考

从不同的角度看问题,就会有不同的结论。

批评与被批评,领导与被领导,得与失等,都要从多角度去看。

心态调整的方法之一是换位看待和多位看待。如站在对方的角度、朋友的角度、裁判者的角度等。

(七) 退步思量

如:被老板炒了鱿鱼又怎样?东方不亮西方亮;扣了奖金又怎样?我照样可以活下去;是这样又怎么样?不那样又怎么样?大不了就这么回事!就是死

又怎么样，哪个人不死？等等。

（八）坦然以待

没什么，没关系，我就是这样，肯定我淡然，否定我坦然。

（九）善于"三换"

无论做什么，只要换一种态度，换一种心情，或换一种环境，其结果将完全不同。如换成游戏的态度、愉快的心情、优美的环境，情况就大不一样。

（十）正性暗示

暗示具有神奇的力量，但需要坚持。负性暗示可以很快毁掉一个人，正性暗示可以让一个人面貌全新。

人们可常对自己说：我还幸运（有工作、还活着）；我还健康（无大病或还能行走）；我心舒畅（感受大地、天空等）。

想要正性暗示持续起作用的关键是坚持。

（十一）善待自我

正确对待认识自己，不抬高，不贬低。

无论怎样，都要自我肯定、自我安慰、自我奖励等，无条件地悦纳自己。

（十二）善于生活

首先，生活要有计划，无论在时间上、任务上、经济上、交友上，还是其他方面，都要有计划，避免盲目性、随意性和冲动性。

实现计划性的其中一种方式就是支解法：把你生活中的压力罗列出来，一、二、三、四……，一旦写出来，你就会发现，只要对这些条目"各个击破"，那些所谓的压力，便可以逐渐化解。

不要给自己过分施压。一方面，没有压力的生活是没有动力、没有刺激的生活，所以人需要给自己施压。另一方面，施压过分，就会喘不过气来，就会是自寻烦恼，自己在摧毁自己的身心健康。

以自己的方式去工作和生活。每个人都有各自的活法。你走你的阳关道，我过我的独木桥。立足点不一样，闪光点也就不一样。要敢于以自己的方式去工作和生活，走自己的路，做自己的事。

其次，生活要有规律：作息、生活、学习、工作甚至性生活都应有规律。有劳有逸，张弛有度。如一个人被紧张的工作压得喘不过气来时，最好放慢工作速度，这样反而会做得更好。

再次，生活要会取舍：人在实在不行时，要理智地果断地取与舍。

最后，生活要会平衡：个体要让生活的主要要素基本处于平衡状态。这种平衡表现为合理饮食、足够睡眠、适量运动、适度交往，能摆平亲情和爱情及友情的关系、事业和家庭的关系、名利与道德的关系、眼前和未来的关系等。

（十三）释放压力

首先，学会向人倾诉：向亲人、朋友、心理咨询师，甚至陌生人倾诉。

其次，学会理智发泄：叫骂、哭喊、击打、狂歌劲舞等。

再次，学会多种放松：呼吸、想象、运动、吃喝、上网、唱歌、写字、画画、打牌、下棋、搞笑、赏花、观鱼、旅游、听音乐、读小说、看电影、逗宠物、"恶作剧"、抱大树、嗅香油等等。

大量的研究表明，放松能减少肌肉紧张、降低心率和血压、减少呼吸次数，进而弱化心理压力。

最后，学会转移能量：发展兴趣爱好、写日记、练某种特技、钻研某种技术等。

第九章　心络学的交往观

　　本书人际关系系统论，概要地介绍了人际关系的特点和类型等。在人际关系中，有一个非常重要的涉及人和社会的问题：人际交往。人际关系和人际交往关系紧密，但二者不能等同。所以笔者想在这里来专门谈谈它的一些基本实质，从而让人们更多地了解它，更深刻地理解它，以便更好地交往。

　　人们通常会认为，交往无非就是人与人之间的往来，是人与人之间的互动行为。这无疑是正确的。但这种正确，只是局部的正确，是线性思维的一种正确。笔者从"人系统"的角度看，交往既是社会性的行为，更是心理性的行为。如果仅从心络系统的角度看，它其实是本能、欲望、认知、性格、情感、兴趣等心络要素在交往中的反映。

第一节　交往是人的欲望和利益的满足

一、交往是人的基本需要和欲望

　　心络学认为：人有群集本能，因为人是群体动物。人从出生的那一天开始，就离不开他人，至少是离不开父母，于是就总想有人在身边，或总想和他人在一起。这种群体性、群集性是与生俱来的，所以说是人的本能。有群集本能，就必然要和其他人发生关系，于是就有了交往欲的产生和交往行为的出现。所以心络学认为：交往是人的一种本能。群集本能不仅衍生了交往本能，而且还衍生了依附本能。另外，人都有恐惧本能和安全本能。这两种本能也强化了交往本能和依附本能。正是因为这些，所以人在缺乏交往或失去依附时，就容易产生孤独感和不安全感甚至恐惧感。也正因为这些，心络学认为：交往是人的一种基本需要、基本欲望。

正因为交往是人的一种本能，是人的一种基本需要和欲望，所以当它长期得不到满足后，心理就可能出现问题。笔者在长期的心理咨询实践中看到，很多有心理问题或疾病严重的人，往往都存在人际交往方面的问题以及因此而产生的人际关系问题。

二、有些交往是人的欲望的满足

人都有交往的基本需要和欲望，但并不是人人都可以成为交往对象的，其中是有一定条件的。不同人的交往，其条件往往是不同的。从心络学的角度看，其中一个重要的条件是：欲望是否能得到满足。

纵观很多人的交往，我们会发现，大多数交往行为的发生都涉及了各自的欲望及其满足。笔者所说的欲望，是指"想"与"不想"。仔细分析人们的交往关系，大多数都是当事人为了自己欲望的满足，即因想什么或不想什么而与人交往的。欲望满足形式多种多样，其中最主要的有两种：共同性满足和互补性满足。共同性满足的前提，通常是有共同的欲望，或目标、追求，也可简言之志同道合。

刘备、关羽、张飞三人愿相互交往并结拜为生死兄弟，就是因为他们都胸怀大志，都有想干一番大事业的欲望。交往后，他们一起努力，确实都各自获得了一定的满足。马克思和恩格斯愿相互交往，也是因为双方都有共同的欲望和目标。交往后，他们一起奋斗，也各自不断获得了一定的满足，所以就终身保持了良好的合作和牢固的友谊。近代著名文学家、反清志士章太炎与著名爱国者、《革命军》作者邹容，年龄相差16岁，但因有共同的反清追求而结成忘年交。因鼓动革命，章太炎被逮捕。邹容为了承担责任，主动投案，最后被迫害致死。章太炎为其修坟墓并亲自撰文刻石。这三例都属于共同性满足。

当然，也有些人根本没有共同的欲望或追求，甚至志不同道不合，但依然会有交往甚至是长期的交往，是因为他们在交往中会各自满足不同的欲望。

因为人的欲望无限多样，所以在人们的各种交往中，欲望是异常复杂的。如：有些人是为了满足表现欲（表现自己美丽，或有钱，或有才，或有权，或取得了什么成功等），有些人是为了满足玩乐欲，有些人是为了满足支配欲（能安排或指挥或重视或打压某些人），有些人是为了满足爱欲、情欲、性欲、依赖欲、助人欲、被尊重欲、归属欲等。

总之，从心络学的观点看，交往是人的欲望的满足。

如果这种满足关系不存在了，交往就可能中断，至少会被淡化。我们在现实生活中可大量看到，很多人的交往及其关系很难保持，尤其很难有质量，就是因为各自的欲望不容易得到满足。不容易得到满足的原因很多，其中一个原因就是人的欲望易变，甚至变化无穷，更何况人的欲望又太多。

三、有些交往是人的利益的满足

人都是欲望的复合体。人的欲望无限多样。能对人际交往产生重要影响的有名欲、利欲、权欲、性欲、情欲等很多种。其中影响最大的是利欲。所以从心络学的角度看，交往也是人的利益的满足。

战国时孟尝君田文得势时，朋友遍天下，食客多达三千人，但被齐王"毁废"（因听信谗言而废弃）时，身边却只剩冯欢一人。所以冯欢说："富贵多士，贫贱寡友，事之固然也。"

纵观天下，只要利益存在，交往就容易发生，且交往容易成功，而没有利益可图，交往就很难发生，就更别说成功了。只要利益存在，交往就容易发生，且容易成功。可以说，利在哪里，交往就在哪里；利在交往在，利无交往无。

利益不但在社会性的交往及其人际关系中作用很大，而且在家庭中也有很大影响。战国时期的苏秦，第一次游说失败而落魄回家时，是"妻不以我为夫，嫂不以我为叔，父母不以我为子"。甚至妻子不给他缝衣服，嫂子不给他做饭，父母不和他说话。当他第二次游说成功、挂六国相印而衣锦还乡时，却是"父母闻之，清宫除道，张乐设饮，郊迎三十里；妻侧目而视，倾耳而听；嫂蛇行匍匐，四拜自跪而谢"。两次回乡，有无利益，天壤之别。

因为交往是欲望和利益的满足，所以人们各自追求的目标都是自己的最大满足，如此就容易导致另一方或另几方的不满足（一赢一输或一赢几输）。在笔者看来，最好、最成功的交往模式应是：各得其所，互相满足（双赢或多赢）。

第二节 交往是人的认知和情感的交流

一、有些交往是人的认知的交流

面对生活和社会现实以及整个世界，人们总有这样那样的想法、感受和评价等需要进行交流。所以，人类的交往，除了想使某些欲望或利益获得满足外，还有的是想在认知方面进行交流。所谓认知方面的交流，内容非常广泛，包括世界观、人生观、价值观、苦乐观等各种观念的交流，以及知识的交流、学习的交流、信息的交流等。

东汉时期，曾任齐相、长史等官职的吴佑，之所以能和自家舂米工公沙穆结交，就是因为他发现公沙穆学识渊博，很有见解。当时的社会，等级森严，达官贵人是不可能与穷人交往的。而吴佑因欣赏公沙穆的见解，竟屈尊降贵与之结交，这确实是难能可贵的。这就是历史上有名的杵臼之交。

欧阳修在成为文坛领袖的时期，非常欣赏王安石，两人还互赠诗文：《奉酬永叔见赠》与《赠王介甫》。但后来，欧阳修不认同王安石的一系列变法，于是两个人便逐渐中止了交往和关系。

像上述的因认知交流通畅而交往、因认知交流不畅而断绝交往的例子，在生活中比比皆是，尤其是在以下两类情况中最多：宗教信仰的相同与不同，政治观点的相同与不同。

日常经验也告诉我们：认知相同或相似的人，就会拥有共同语言。与三观（世界观、人生观、价值观）相同的人在一起，彼此交流沟通就没有障碍，会更容易相处，感到轻松，在生活方面也容易达成一致。

二、有些交往是人的情感的交流

人是情感动物。有些人的交往是为了满足情感需要。情感在交往中,有时会起着牢不可破的作用。有些人为了友情,可以不顾一切。

北宋时期的巢谷,小时候是苏轼、苏辙两兄弟的好朋友。长大后,巢谷虽然学有一身好武艺,但始终没有功名,而苏轼、苏辙都在朝廷做官。假如巢谷去找苏家兄弟帮忙,谋一官半职是不成问题的,但巢谷从没去找过他们。后来,苏轼被贬到蛮荒之地海南,苏辙被贬到广东循州。当巢谷知道后,就决定要去看望他们。很多人都说他是疯了,因为从四川步行到万里之外的广东和海南,那是多么的艰难!但这一切,都无法阻挡巢谷对苏家兄弟的真挚情感。经过一系列的努力和准备,第二年,巢谷独自一人从四川峨眉山出发了,历时一年多,终于到了广东循州,见到了分别多年的苏辙。朋友相逢,格外兴奋,每天都有说不完的知心话。一个多月后,巢谷就提出要前往海南看望苏轼。苏辙坚决反对。因为此时巢谷已是73岁高龄。但巢谷还是执意前往。他到了广东新会时,不幸钱袋被偷。但他没有放弃,在极其艰难中仍继续前行。更加不幸的是,他到新州后,感染风寒,没几天就客死他乡。巢谷的交往故事真可谓感天动地!

范仲淹因主张改革,激怒了朝廷,被贬往颍州。当他离京时,平时那些与他交往甚密的官员,都纷纷避而远之,更不敢去送别。而唯有一个叫王质的官员却不顾安危,拖着病体前往,并把他一直送到了城门外。在那个时代,官员交往过密容易被视为朋党而被治罪。在这样的背景下,王质敢这样去送别朋友,其情真可谓是难能可贵!

情感交往中的情感,通常有亲情、爱情、友情、师生情、同事情、同乡情等。这些情感,在人际交往中,是有主次之分的。从一般情况来看,往往是乡情难敌友情,友情难敌亲情,亲情难敌爱情。如果从持久的角度看,亲情和友情交往的持久性,相对而言,往往要比其他情感要强些。

情感交往的基础是情感,只要情感不变,交往就不会变,如果情感变了,交往就可能因之而改变。

第三节 交往是人的性格与兴趣的相投

一、有些交往是人的性格的相投

性格非常影响交往。很多人是因性格相投而交往，而更多人是因性格不合而无法交往或交往中总有矛盾。

法国戴高乐将军在读圣西尔陆军学校时，就是一个刚毅固执、自信倔强的人。1912年，22岁的他从军校毕业，在贝当团长处服役。贝当也是一个自信固执、任性傲慢的人。因为两人在性格上有惊人的相似之处，戴高乐很佩服贝当，而贝当总是重视他，多次提携他，甚至无原则地保护他。这种特殊的关系持续了几十年之久。除佩服贝当外，戴高乐还欣赏且仿效总理克莱孟梭。因为克莱孟梭也是一个自信、固执、孤傲的人。

因为性格相投而交往的例子在我们周围可以见到很多。人们常说：我之所以喜欢和某某交往，是因为我们性格合得来。我之所以不想与某某交往，是因为我们性格合不来。在各种各样的人际关系冲突中，除了欲望、利益、认知的冲突外，最突出的冲突就是性格冲突。

二、有些交往是人的兴趣的相投

有些人的交往是因兴趣相投。在交往中，兴趣也是一种"共同语言"，容易成为交流畅通的桥梁。

德国著名文学家歌德与席勒在年龄上相差很大，性格气质也有很大不同，但因都热爱文学，他们成了亲密的朋友。席勒在写《威廉·退尔》时，歌德将自己搜集到的资料全部提供给席勒。歌德写作《威廉·麦斯特》时，也得到了席勒热情的帮助。席勒早逝后，歌德无比悲痛，曾这样写道："我失去了一个朋友，同时也是失去了我生命的一半。"

魏晋时期的阮籍、嵇康、山涛、刘伶、阮咸、向秀和王戎，在严峻的现实面前能够交往，成为留名千古的"竹林七贤"，其中一个重要的原因，是他们有共同的情趣：常于竹林下，狂放不羁，酣歌纵酒，相聚谈玄。

因兴趣相投而交往终成为朋友的事例在我们周围也可谓比比皆是：都喜欢打麻将而成为"麻友"；都喜欢跳舞而成为"舞友"；都喜欢旅游而成为"驴友"；都喜欢钓鱼而成为"钓友"……有很多团体内的交往，主要就是兴趣交往，如音乐团体、书画团体、体育团体、文学团体、摄影团体等等。

第四节　交往是人的压力与不适的排解

一、有些交往是对人的压力的排解

张某几乎没有朋友，平时也不与人交往。可有一段时间，经常请一个中学同学去餐馆吃饭或去茶楼喝茶。该同学觉得奇怪：彼此过去长期没交往，现在怎么会这样呢？于是认为张某可能有什么所求，甚至认为可能是要向他借钱，所以初期还有些防备。但后来他发现，完全不是这样。原来，张某在单位的岗位竞争中处于劣势地位，有可能面临下岗。妻子总认为张某窝囊，老闹着要和他离婚。儿子痴迷网络，休学在家，无计可施。巨大的现实压力和心理压力让张某恐惧去单位，不想回家，于是就不时请那位中学同学去吃饭喝茶，暂时缓解压力。那位同学是非婚主义者，长期无拘无束地独自生活，经常与各种人交往。因吃饭喝茶是要花钱的，而张某没有能力来维系这笔费用，所以过了两个月左右，他们的交往就结束了。

人在压力大的情况下，往往希望向人倾诉，或希望得到别人的理解和同情，甚至希望得到别人的帮助，而交往的确能暂时缓解某些压力，于是，交往就成了人们常见的一种缓解压力的方式。于是，压力排解性交往就应运而生。

二、有些交往是人的不适的排解

人们在生活中有时会面临某些身体的、心理的、社会的、自然的不适。在这样的时候，有些人就会借助人际交往来排解或缓解不适感。

赵某的单位来了位新领导。这位领导一来就制定了一些新规章，并要求全单位严格执行。新领导的风格是：完成任务、达到目标是员工必须的、应该的，所以对下属基本上没有什么表扬和奖励，而未完成任务、未达到目标则是不能容忍的，会对下属进行严厉批评，甚至是重重的处罚。赵某是该单位的管理科科长，他完全不能适应这样的管理方式。两个月后，他就出现了失眠、头痛、坐立不安等症状。严重时，他会浑身发抖，头皮发麻，完全无法面对那位新领导，更别谈和新领导打交道了。赵某实在想不出办法，于是一反常态，不时请一些朋友、同学去酒楼喝酒唱歌，或不时去参加各种各样的聚会，想借这些来中止或转移头脑中的种种坏想法，释放心中的严重压抑，甚至借酒"发疯"，又哭又笑地大骂领导。这样也确实暂时排解了他的一些不适。后来，他觉得长期这样也不行，于是辞去了科长职务，并申请调离了原单位。随着工作的变化，赵某的那些症状也消除了。当然，他的那些交往也很快结束了。

第五节　心络学交往观的维度和分类

心络学的上述交往观说明：人的交往，不仅是动物性的本能行为，还是社会性的互动行为，更是心理性的行为。笔者认为这种交往观至少具有以下理论价值：

一、成功的交往必须考虑六个维度或六个要素

这六个维度或要素是：欲望、利益、认知、情感、性格、兴趣。也就是说，一个人需要明白交往各方的这六个基本特点，然后尽量予以关照，这样就

容易成功。

考虑和遵循这六个维度及其相互关系的交往,就是"六维交往"(图 9-1)。

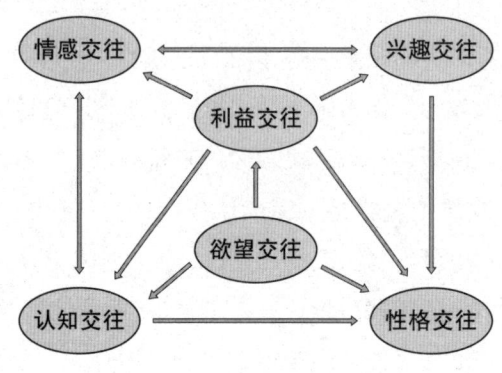

图 9-1　六维交往模型图

二、交往可分为八类

关于交往的分类,可谓种类繁多。如果根据交往的原因或目的来进行分类,可分为八类:欲望型、利益型、认知型、情感型、性格型、兴趣型、压力或不适的排解型、综合型。这种分类,更容易让人们了解交往的一些实质。

三、交往的矛盾分类

根据上面的分析和分类,我们可看出,交往的矛盾主要是七类:欲望的、利益的、认知的、情感的、性格的、兴趣的、多种心络要素的。当然还有其他的矛盾,如地位、等级、角色等的矛盾。从这些交往矛盾中可看出:交往既是容易的事也是很难的事;一次交往容易,长期交往困难。因此,笔者曾为一些来访者写过《交往十难》:不在一个等级 / 没有共同语言 / 不能相互利用 / 缺乏基础情感 / 只想自我中心 / 只顾自我表现 / 不能理解尊重 / 喜欢对立为难 / 一味傲慢冷淡 / 老是被动无言。

知道上述交往的目的、功能、类型和矛盾后,人们就可将这些理论应用于实践中,尽量避免矛盾,达成交往的成功。

第十章　心络学的婚恋观

人类的婚姻恋爱现象已存在了数千年。怎样看待人类的婚恋观及婚恋行为，各种观点层出不穷，不计其数。不同民族、不同国度、同一民族同一国度的不同时期，其婚恋观都往往不同。所以，要客观地来谈婚恋观是非常困难的，甚至描述各种婚恋观都相当艰难。在这里笔者只能从心络学的角度和自己从事心理咨询所得经验来简单谈谈。

恋爱和婚姻按理说，是两回事，是不能相提并论的。但笔者认为，恋爱是婚姻的准备，婚姻是恋爱的结果，两者是一个整体，是一个过程的两个阶段，其中有很多的共通之处。因此，笔者在这里所谈的，是这个全过程中的一些主要方面或某些共性方面，重点是针对婚姻而言的。另外从内容上看，恋爱主要就是谈情说爱与求性，婚姻就是共同担当过日子，但后者也包含了前者的内容，只是前者的内容成了非重点。

为了说明笔者在心理咨询中所总结出来的心络学的婚恋观，考虑多方面因素，笔者在本章中尽量不举心理咨询中的案例，转而列举古今中外的实例。

第一节　婚恋是相互欲望的满足

婚恋也是一种人际交往，婚恋关系也是一种人际关系。它们都不过是心络要素在婚恋交往和关系中的反映。当然，它们也要受生理系统和外界系统的影响。一句话，婚恋也是"人系统"或"系统人"的反映。

从某种意义上讲，婚恋是人的一种"满足体"。它的存在，主要是为了满足人们的某些欲望。

一、有些婚恋是情欲的满足

人都有情欲。情欲是人的一大本能。情欲包含爱欲与被爱欲、关心欲与被关心欲、拥抱欲与被拥抱欲、抚摸欲与被抚摸欲等等。由于社会文化的种种限制和约束,婚恋便成了满足人们情欲最合法、最合理的方式。在各种各样的情欲中,核心是爱欲和被爱欲,它们也因此被人们美称为爱情或情爱。所以,很多人会认为,是因爱情而恋爱结婚的,恋爱期往往被认为是爱情的最美期,结婚往往被称为爱情的最大成果。

在心理咨询中,笔者接触到了太多因爱而恋、而婚、而悲、而恨、而别的案例。

纵观所有正常的婚恋,都含有很重成分的爱与被爱的满足。甚至有些人还是纯粹为爱情而恋爱、结婚的。这就是爱情至上的婚恋观。从古今中外的各种婚恋故事、传说、诗歌和其他文学作品中,我们都能看到情欲的各种表现及其满足的例子。

英国女诗人伊丽莎白·巴莱特长期瘫痪在床。可比她小 6 岁的白朗宁却深深地爱着她,并不断给她写信。彼时,39 岁的女诗人在床上已躺了 24 年,且早已形成了不见生人的习惯,她认为自己不可能嫁给白朗宁,于是明确地表示了拒绝。然而在情欲的驱使下,白朗宁依然爱得热烈而真挚。在白朗宁的多次要求下,女诗人终于克服了一切障碍,和白朗宁见了面,随后双双坠入爱河,并且发生了奇迹:女诗人突然能下地行走了。可女诗人的父亲犹如暴君,坚决反对他们的关系并阻止他们结婚。但爱情的力量让伊丽莎白勇敢地投入了白朗宁的怀抱,两人不顾一切地远离祖国,到了意大利,后来还生了一个孩子,在一起幸福地共同生活了十五年。

上述为婚恋实例,至于类似的爱情故事,更是多如牛毛,如中国的梁山伯与祝英台,国外的罗密欧与朱丽叶等。

爱欲、被爱欲,关心欲、被关心欲等情欲,容易使人产生深深的多种情感,如亲密之情、依恋之情、思念之情、牵挂之情等。所以,就有了"卿卿我我""魂牵梦萦""一日不见,如隔三秋"等众多的赞美之说。这些情感往往是浓厚的、深刻的、令人难忘的。所以爱情的拥有能让人有美到极致的感觉，而爱情的失去也能让人产生痛入骨髓的体验。陕西省安康市平利县八仙镇乌药山村村民罗绍元，1978 年，和百蒿河村村民杨家香结婚。1997 年杨家香病逝。为了不让亡妻的坟被日晒雨淋，罗绍元在墓上修了亭子，为了不让亡妻孤单，他在坟边搭建了一间简易房。罗绍元白天在地里干活，晚上就陪着亡妻，睡在简易房里。这种爱情，可谓是生死相依、生死相恋。

二、有些婚恋是性欲的满足

性欲是人的一大生理本能。因其对人有刻骨铭心、无与伦比的影响，所以被人们美称为性爱。

性欲与情欲有很密切的联系，以致有些人常把二者混为一谈。事实上两者有显著的区别。对很多男性而言，对一些女性有强烈的性欲但并无情欲。对于很多女性而言，对于一些男性有强烈的情爱但并无相应的性爱。现实中这种两性的不对称，导致了无数婚恋的矛盾。

性欲是人很不容易得到满足的一种欲望，尤其是在男性中。由于性欲不易得到满足，于是多恋泛爱现象或外遇现象总是在古今中外的各国不断涌现。这种现象也导致了社会总在不断提倡忠诚或专一，并形成了一种影响广泛且深远的社会道德。

因为种种原因，人类社会总是对性欲有所限制，甚至在某些社会文化中出现了禁欲现象。

为了获得性欲的满足，很多人千方百计，甚至不惜一切，又导致了一系列的悲剧，甚至导致了种种的性犯罪。

怎样才能获得安全、合法、合理的性欲满足呢？人们普遍的做法是通过婚恋的形式。这就促使某些婚恋成了满足性欲的现实途径。

笔者在心理咨询中观察到，许多来访者的婚姻都有太多的矛盾，其中一个很普遍的矛盾就是性欲得不到满足。

三、有些婚恋是物欲的满足

这里所说的物欲是广义的，既包括所有的物质财富欲，又包括所有的名欲、利欲和权欲等。

从心络图上可看出：人不仅是生理人、心理人，还是社会人；不仅生活在生理世界、心理世界中，也生活在物质世界中；不仅有生理欲望、心理欲望，还有物质欲望。所以，有些人就把婚恋作为满足物欲的手段或途径，由此就产生了一类以物欲为追求目标的婚恋。

有"埃及艳后"之称的托勒密王朝最后一位女法老克利奥帕特拉一生的传奇故事，就能很好地说明以物欲为追求目标的婚恋观。

四、有些婚恋是美欲的满足

美欲是人的一大本能，俗语就有"爱美之心，人皆有之"的说法。

男人爱美女，女人爱帅哥，这在婚恋中表现得很突出。这里说的美，包括了相貌、身高、体型、身材等。所以，人们相亲时，首先就要看对方的相貌身材。笔者在心理咨询中看到，有些男女的择偶标准甚至只有一个：美或帅。这种欲求就导致了另一类婚恋观的出现：为满足美欲而婚、而恋。为了得到美丽的另一半，有些人会不懈追求，甚至会不顾一切。

1986年，67岁的希腊总理安德列亚斯·帕潘德里欧到国外访问。在专机上，他被空中小姐莉娅娜的美貌所吸引。此后便如痴如醉，不能自拔，全然不顾患难与共的妻子的感受，不顾子女们的愤怒，甚至完全不顾政敌的攻击、本国人民的反对、国际上铺天盖地的负面评价。美国的《时代》杂志和德国的《明镜》周刊等都纷纷报道了他的绯闻。1987年和1988年，他曾两次公开带着莉娅娜到爱琴海度假。最后竟与相濡以沫近四十年的妻子离婚并很快与莉娅娜结婚。在1989年的大选中，他因绯闻等被赶下了台。

在以满足美欲为目的婚恋中，人的"颜值"始终是第一的。如果颜值贬值，其在婚恋中的价值就迅速贬值，前一段婚恋关系就难以存续。

五、有些婚恋是生欲的满足

这里的生欲是广义的，既指个体的生命、生存和生活，也指族群的生命、生存与生活。

婚恋在人类的发展中，有两个重要的功能：一是生儿育女。所以几千年来，人们都认为，结婚主要就是为了延续繁衍后代。二是为了更好地生存与生活，尤其是为了老有所依。不管是男是女，单个个体很难做到内外兼顾。如果结婚，就能实现男女搭配的最佳生活或生存的模式，大大节约生活与生存的成本。再者，人都要病，都要老，到病时老时，主要都得靠后代。尤其是在旧日需要劳动力的农村，一个人如果没有后代，那是不可想象的。婚恋的这两个功能，决定了很多人的恋爱、结婚的目的就是生欲的满足。这一点在"早生贵子"这句祝福的吉祥话中体现得淋漓尽致。

在中国古代，家族的延续被认为是婚姻最重要的目的。无论什么理由，女人只要不能生育，甚至只要不能生儿子，就可能遭遇被抛弃的命运。那时规定的"休妻"条件有七条，即"七弃"或"七去"。女子只要满足其中一条，就可能被"休"掉。在这七条中的第二条就是"无子"。

尽管现在有些人已不太在乎婚后有无孩子了，但因不能生育而离婚的也不少。因为传统的结婚生子观是根深蒂固的。

六、有些婚恋是依赖欲的满足

每个人都是从依赖父母和家人中长大的，所以每个人都有程度不同的依赖欲。人在小时候的依赖主要表现有三个方面：事务的依赖、情感的依赖和经济的依赖。就算是一个人长大成人后，即在事务、情感和经济三方面完全独立后，有时也需要一定的对他人的依赖。到了晚年，人们就更要依赖子女或他人。如果能力低下，心理幼稚，尤其是有依赖型人格障碍，那这个人的依赖性就更强。人生中有很多依赖欲是难以得到满足的，如情感依赖和经济依赖，所以有些人就想通过婚恋来达到满足。如：一个漂亮女士，谈了很多个男友都难以成婚。因为她太依赖人了，没有一个男友能忍受。她什么事都需要男友帮忙才行。每天都希望男友在身边陪着。如果有一天男友有重要的事必须离开，她就会不停地打电话。她没有工作，也没能力工作，甚至根本不想工作。

七、有些婚恋是归属欲的满足

人都有归属欲，如早期的父母归属、原生家庭归属，后来的团体归属、婚姻归属、国家归属以及晚年归属等。有些人想归属于某国，于是就和拥有该国籍的人结婚；有些人想让自己归属于艺术圈，于是和一些艺术家婚恋；有些人是因想有一个稳定的家而婚恋的；还有些人是想晚年有个伴而结婚的。从某种意义上讲，婚恋也是一种归属形式或托付形式，所以，有些人在选择婚恋时就非常谨慎。

八、有些婚恋是安全欲的满足

每个人都有程度不同的不安全感，如对外部世界的不安全感，觉得总有可能发生这样那样的事件；有的是对身体的不安全感，总觉得有可能生这样那样的疾病；还有的是心理的不安全感，总有太多的担心、忧虑，如担心发生经济危机或自觉人心险恶等，更有的对未来有太多的恐惧。在一般人看来，家庭是一个安全的，可以共同应对困难的，甚至充满温馨的港湾，有了家，人就有了一种依靠、一种归属，就有了一份安全感。所以，有些人，尤其是一些女性，与人婚恋，就是为了获得安全欲的满足。比如，为了经济的安全，就拼命去找有钱人；为了人生的安全，就想法去找威武高大的男子。

九、有些婚恋是支配欲的满足

人都有支配欲，都希望别人听从自己，服从自己。这种欲望也会体现在婚恋中。所以在婚前或婚后，男女两性往往都会涉及谁主谁次、谁听谁的问题。有很多人在婚恋的时候，要考虑这个问题，甚至有人还把这点作为择偶的主要条件。如有位女士说：谁听我的，我就嫁给谁。又如一些男士说：如果对方能听我的，我就娶她，如果不能就拉倒。即便有些人在婚前没考虑这个问题，婚后也会面临这个问题，于是就演绎出了许多的"婚姻战争"。有些婚姻关系最终解体，就是因为一方支配欲太强而使对方忍受不了；而有些婚姻从表面上看，极不般配，却能长期维持，甚至很和谐，其中一个重要原因就是双方的支配欲得到较合适的满足，或者是因为有一方很听话。有些一方乐于绝对听话、绝对服从的婚姻往往很稳定，就是因为让另一方的支配欲得到了充分的满足。

十、有些婚恋是成功欲的满足

有些婚恋，双方看上去有悬殊，让人感到不可思议，彼此却乐意接受。如：有的年龄相差四五十岁，有的经济条件有天壤之别，有的是极丑和极美的结合等等。

这种婚姻关系维系的原因，固然是多方面的，但其中一个原因是双方的成功欲获得了满足。这类极不相称，却使双方都能获得成功欲满足的婚恋，日常生活中并不少见。

十一、有些婚恋是志趣欲的满足

有些人将志趣欲的满足作为自己婚恋的重要标准，只要双方志同道合、有共同的追求或有共同的兴趣和爱好，就可结合在一起。有些"革命婚姻""专业婚姻""特长婚姻""兴趣婚姻"等就属于这一类。这类婚姻在现实生活中还比较多。如：科学家居里夫妇的婚姻、革命家周恩来与邓颖超的婚姻、钢琴家郎朗和吉娜的婚姻等。

十二、有些婚恋是被尊重欲或崇信欲的满足

人人都希望得到尊重、肯定、赞美，甚至被人崇拜。有些人的婚恋，就是因为得到了对方的极大认同或高度赞美，甚至崇拜，从而使这方面的欲望获得

了极大的满足。现有很多"追星族"。当他们追星成功尤其是达到了和偶像结婚的地步时,他们的欲望也获得了极大的满足。这类婚恋虽不具普遍性,但确实也客观存在。

十三、有些婚恋是玩乐欲的满足

有些人与对方谈婚恋,是觉得对方很好玩,如对方会侃、会唱、会跳、会书画、会烹饪、懂浪漫、多爱好、多情调、幽默风趣,让人其乐无穷。在物质日益丰富的今天,这类婚姻在逐渐增多。持这种观点的人认为,婚恋无非是一种玩乐,只要好玩,大家就在一起,如果不好玩了,就各自分手。所以这类婚恋的双方往往心理幼稚,而这类婚姻往往都维持不了多久,尤其经不起现实的考验。

十四、有些婚恋是寻求刺激欲的满足

有些人有强烈的寻求刺激欲,并把这种欲望延伸到了婚恋中。如有些人明知不可能与贵妇人或官太太恋爱结婚,但他们就是要去冒险,不管成功与否都会获得某些刺激的满足。又或者有些人在性爱上追求刺激,如性施虐癖与性受虐癖,他们在婚恋中追求的就是感官刺激的满足。

十五、大多婚恋是多种欲望的满足

现实中,单纯为某种欲望或主要为某种欲望开始并维持的婚恋关系,确实存在,但纵观大多数婚恋,往往都是多种欲望的满足。其中人们考虑最多的是"八大欲":情欲、性欲、物欲、美欲、生欲、志趣欲、依赖欲、归属欲。

从性别的角度看,男女各自最看重的两欲分别是:性欲和美欲,情欲和物欲。也就是说,婚恋的基础是"四大欲"。从某种意义上讲,女性之于男性,魅力就在于性感和美丽,男性之于女性,魅力就在于有情和有物(财)。超出这四大欲来看,男性普遍重支配欲,女性普遍重依赖欲和安全欲。

第二节 婚恋是相互心络要素的基本平衡

笔者在长期的心理咨询实践中发现，婚恋问题的原因非常多，其中一个重要的原因是双方的心络要素失衡。通过研究许多相对成功的婚恋，笔者发现，其中一个重要的原因是双方的一些心络要素基本平衡。所以笔者认为，从某个角度上看，婚恋是一种"平衡体"：因平衡而存在、而发展，因失衡而动摇、而垮塌。从心络学的角度看，婚恋是双方心络要素的基本平衡。中国传统婚恋中所说的门当户对，不管其具体内容包含了什么，最核心的内涵就是要双方基本平衡。平衡是婚恋尤其是婚姻稳固的基石。

心络要素在婚恋中的平衡，主要有两种：相似性平衡和互补性平衡。相似性平衡，是指双方都希望有些共同点，能形成两者相似的关系。如性格外向的人，希望对方也外向。互补性平衡，是指双方都希望对方有些自己不具有的特点，能形成两者互补的关系。如一个性格外向的人希望对方能内向些，或一个性格内向的人希望对方能外向些。

一、有些是欲望要素的平衡

每个人在婚恋中都有这样那样的欲望。本书的前面一节已讲到了其中主要的一些欲望。笔者总结心理咨询中所见到的各种婚恋关系的特点时，认为在"欲望平衡"中，主要有以下类型：

（一）从相似性平衡看

（1）情欲平衡型：因种种原因，双方一见钟情，或是日渐生情。两人的关系主要是建立在双方情感投入和满足相对平衡的基础之上的，便是情欲平衡型。如果一方或两方的情感减退或得不到满足，这种平衡就会动摇或被打破，两人的关系就会发生变化甚至走向结束。

在情欲平衡型中，有一类是双方都有深度的情感投入或付出，笔者称之为"深度平衡型"，这种关系稳定而长久。他们双方在爱、关心、互助、相依等方面都达到了很深的程度，是真正的心心相印，同甘共苦，关键是能经受时间和各种事件的考验，尤其是生与死的考验。这种平衡关系牢不可破，可谓是海枯石烂心不变，地老天荒情不移，是真正以情为基础、为纽带、为内核的伟大爱情。

20世纪50年代，19岁的刘国江和比他大10岁的寡妇徐朝清相爱，招来村民的闲言碎语。为了那份不染尘垢的爱情，两人携手至重庆西南部与世隔绝的深山老林，过着刀耕火种的原始生活，一住就是半个世纪。怕心爱的人出行摔跟斗，刘国江从上山那年起，便开始在高高的山崖间艰难地开凿石梯。每到农闲，刘国江就拿着铁钎榔头、带着几个煮熟的洋芋一早出门去开山凿梯。为了爱，他就这样度过了半个世纪，昔日的青春小伙变成了皱纹满脸的老头，铁钎也凿烂了几十根，终于让6000多级人工石梯斜挂在了苍天下的山崖上！他们为情而生的故事，让无数人闻之动容，人们还把那些石梯称为"爱情天梯"。

（2）美欲平衡型：婚恋关系主要是建立在双方美欲满足相对平衡的基础之上的，便是美欲平衡型。如果一方或两方的美欲减退或没有了，则这种平衡就可能动摇或被打破。

（3）性欲平衡型：婚恋关系主要是建立在双方性欲满足相对平衡的基础之上的，便是性欲平衡型。性欲平衡是婚姻关系中非常重要的平衡。所谓性生活和谐，其实就是性欲平衡。如果性欲失衡，就会导致不和谐。

许多婚姻出问题，其中一个重要的原因就是性不和谐。不和谐的类型主要有两类：男强女弱（或无）型，女强男弱（或无）型。不管是哪种类型，只要失衡，婚姻都容易出问题。从笔者在心理咨询中所接触的情况看，大多是男强女弱。

（4）物欲平衡型：婚恋关系主要是建立在双方物欲（含金钱欲、权力欲、地位欲等）满足相对平衡的基础之上的，便是物欲平衡型。

恋爱可以是浪漫的，只要有了情，有了性，其他什么都可以不要，但婚姻是现实的，除了需要情、性等外，还需要钱。没有钱的恋爱也许还很美好，但没有钱的婚姻肯定很痛苦。维持日常生活的开支需要钱，维护亲人朋友的关系需要钱，养育孩子更需要钱，可以说，生活处处都离不开钱。如果一方或双方还想创建或开拓某种事业，则需要更多的钱作支持。正因为如此，有过婚姻经验的父母都希望自己的子女能找到有钱人，几乎没有人想去找贫穷的人。所以，钱对于婚姻来说，实在是太重要了！因此，物欲平衡是婚姻关系中最多、最常见的一种平衡。中国几千年讲究的门当户对，其实主要就是追求物欲的平衡。

婚恋中双方的物欲如果失衡或被打破，婚姻就很容易出问题。因为婚恋讲究物欲的相对平衡，所以在恋爱时，双方往往会关心对方的工作、职务、收入等情况，婚后要考虑各自地位、家庭收支或理财等情况。如果双方在地位、收支等方面出现较大失衡，婚恋就很容易出问题。

（5）志趣欲平衡型：婚恋关系主要是建立在双方志趣欲（含追求欲、兴趣欲）满足相对平衡的基础之上的，便是志趣欲平衡型。志趣欲的满足在婚恋中也非常重要。

周恩来和邓颖超相识于1919年五四运动中。当时周恩来是天津学生界的领袖，邓颖超是天津女界爱国同志会执委兼讲演队队长。是年9月16日，他们还一起加入了由周恩来等发起组织的青年进步小团体——觉悟社。周恩来觉得自己应找的对象是有革命理想和追求的邓颖超，于是和她开始了不断的书信往来。有一次，周恩来把印有李卜克内西和卢森堡像的明信片寄给邓颖超，并在明信片上写道："希望我们两人，将来也像他们两个人那样，一同上断头台。"邓颖超也和周恩来一样下定了决心："愿为革命而死，洒热血、抛头颅，在所不惜。"五四风浪中凝成的友谊和为共产主义而奋斗的献身精神，终于使他们由互勉互励的友谊，发展到了相知相爱，最后终于结婚成为了革命伴侣。

（二）从互补性平衡看

（1）情欲＋性欲平衡型。

（2）情欲＋美欲平衡型。

（3）情欲＋性欲＋美欲平衡型。

（4）物欲＋性欲平衡型。

（5）物欲＋美欲平衡型。

（6）物欲＋性欲＋美欲平衡型。

（7）志趣欲＋性欲平衡型。

（8）志趣欲＋美欲平衡型。

（9）志趣欲＋性欲＋美欲平衡型。

因上面已有相关欲望平衡型的阐述，所以这九类互补平衡型就不具体阐述和举例说明了。

从互补性平衡看，婚恋主要是情欲、物欲、志趣欲这三种欲，和性欲、美欲这两种欲的组合，这也说明：大多数的婚恋都是这五种欲望的互补平衡。

二、有些是性格要素的平衡

婚姻幸福与很多因素相关，其中性格是非常重要的因素。对于有些婚姻关系的维系来说，性格还是决定性的因素。因为性格对婚恋关系的建立、发展和稳定都有着至关重要的作用，所以很多婚恋关系在开始之前，男女双方都会考虑对方的性格与自己是否匹配，因此很多婚恋实际也是性格要素的平衡。性格要素的平衡是婚恋中最艰难的平衡，故而婚恋问题总是不断出现，可以说是世界性的话题。婚恋中性格要素平衡的种类也主要是两种：相似性平衡和互补性平衡。

纵观现实生活中的婚恋，满意的、幸福的大多是相似性的平衡。因为性格相似，两人在处事行为上就容易同频。如，两人都内向不喜欢社交，于是都宅在家里，会觉得很好。如果两人还不爱说话，不喜欢交流，一个宅在家里看电视，一个宅在家里玩游戏，两人感觉就更好。又如，两人都乐于见义勇为，在外路见不平，都会奋力相助，哪怕被别人误解、误伤，也觉得非常值得。两人听说哪里有见义勇为者，就一起去结交，听说哪里有不平之事，又会一起去呼呼和声讨，完全是同一个战壕的战友。性格合得来，就是"臭味相投"，这样的两人怎样过都觉得愉快和舒服。所以很多人在婚恋中就希望：找到一个合得来的人。

现实生活中不满意的，甚至痛苦的婚恋，大都是缺乏性格的相似性平衡。由于性格冲突或不一致，两人往往会出现矛盾。比如一人很内向，另一人很外向，两人沟通起来就会很累；比如一人什么都不愿意说，闷在心里，另一人却觉得不应这样压抑自己，不应这样让沟通变得沉闷，甚至沉重；比如一人什么都说，唠唠叨叨，没完没了，另一人就可能感觉对方话太多，好表现，很肤浅，令人厌；比如一人过于直率，一出口就得罪人，另一人很圆滑，就可能觉得对方太幼稚、不懂事、不老练……所以，性格的巨大差异，往往使两人关系对立，甚至紧张。所以，很多婚恋关系在结束时都有"性格不合"的原因，甚至还可能是主要矛盾。

从人的实际情况看，性格要做到完全的相似性平衡，是非常困难的，所以婚恋关系要做到时时刻刻的和谐往往都是很困难的。但智慧的婚恋经营者往往会在两人性格的某些部分去寻找相似点，或故意营造相似点，从而让婚恋关系也可以做到相对和谐。

婚恋世界是一个复杂的、形形色色的世界，什么情况都可能出现。很多人都希望找到性格相似的另一半，可也有些人却希望找到性格不同的，或者说是性格互补的另一半。于是就出现了互补性的平衡。

现实中，婚恋中的双方性格能自然达到完全相似性平衡或互补性平衡的，并不多见。婚恋关系的维持，非常需要两人各自主动、努力调整自己的性格，去人为地达到相似性平衡或互补性平衡。

林语堂喜欢安静，廖翠凤喜欢热闹。林语堂崇尚个性自由，不守规矩，讨厌一切形式上的束缚，如领带、裤腰带、鞋带等。廖翠凤一言一行，都讲究规则，每次出门，必须妆扮整洁，要查看胸针、手表、耳环等，连衣服边角的皱褶，也得烫平。林语堂有着读书人的多愁善感，情绪激动时，见残月感怀，见落花伤心。廖翠凤对林语堂以外的一切艺术家，都比较反感：邋遢的画家、长发的诗人、街头卖唱的艺人，她一概觉得他们是有精神病的。他们俩的性格可谓是迥异之致。所以林语堂的女儿们说："天下没有像我爸爸妈妈那么不相同的伴侣。"但两人主动进行性格调整，达到了互补性的平衡，依然使他们的婚姻在之后五十多年的人生风雨中达到了美满的程度。

我们来看他们怎样人为地调整性格的两个细节：每当准备要出门上街，廖翠凤就会习惯地盯着平日里不拘小节的林语堂。不等她开口，林语堂就喜欢学着她的口吻说："堂啊，你有眼屎，你的鼻孔毛要剪了，你的牙齿给香烟熏黑了，要多用牙膏刷刷，你今天下午要去理发了……"廖翠凤听了，不仅不生气，反而自得地说："我有什么不对？面子是要顾的嘛！"两人到雅典卫城参观，面对庄严的古城墙，深蓝的爱琴海，林语堂赞颂不已。而廖翠凤却捶着酸疼的小腿，不屑一顾地说："我才不住这里，买一块肥皂还要下山，多不方便！"她说的是实话。林语堂很欣赏廖翠凤的这种现实态度，觉得她真实而不虚伪。

笔者在大量的婚恋咨询案例中发现，成熟而热情、自信而温和、稳重而信任、理性而包容、乐观而务实、严谨而灵活等性格特征是特别有利于婚恋关系的维持的。而支配、控制、多疑、敏感、脆弱、急躁、易怒、粗鲁、野蛮、常怨、记恨、懒惰、依赖、冷漠等性格，是很容易给婚姻带来问题的。

为了能使婚恋中的双方性格达到互补性平衡，一般说来，人们需做到以下三点：①互相理解和尊重彼此的性格；②双方都要试图去改变自己的性格；③双方都要对自己的性格扬长避短。

三、有些是认知要素的平衡

认知要素的平衡在婚恋中也是极其重要的。人们常说的"三观"（世界观、人生观、价值观）以及其他的生活观、家庭观、婚恋观、教育观、交往观、幸福观、苦乐观、宗教观、生死观等，都会深远地影响婚恋关系。所以，在婚恋方面，人们除了要在欲望、性格方面讲究平衡外，一般还要考虑认知的平衡，即"三观要合"。

如果双方的认知基本平衡，婚恋就可能或容易达成，反之则婚恋关系难以维持。在心理咨询实践中，有太多因认知失衡而导致婚恋失败的案例。

请看下面的片段：

丈夫喜欢旅游，对妻子说："我们都有几年没出去了，今年该考虑了。"妻子不满地说："这样安安静静地过日子多好，为什么要出去受累、受罪，还花钱呢？"

丈夫说："现在房价正在上涨，我们可以把存款全部取出来，再去买套房，说不定过三五年后，价格会翻倍。"妻子则指责道："你就喜欢胡思乱想瞎折腾！你就没想到房价以后也可能下跌！"

丈夫说："你不能这样将就、溺爱孩子了！你看那些被溺爱的孩子，以后有多糟糕！"妻子生气地说："孩子小时候都不能得到将就和爱，那还有什么幸福的童年？没有幸福童年的孩子，以后会幸福吗？你一天不管孩子，只知道工作，却来说我溺爱，是不是脑袋有问题了？"

两人五年结婚纪念日快要到了，妻子充满期待，对丈夫说："你准备送我什么贵重的礼物呀？"丈夫冷冷一笑："早就是孩子的妈了，你还以为你还在谈恋爱呀？怎么还有这种幼稚女孩的浪漫想法？"

孩子上小学了，妻子说："你现在开始，要陪孩子做作业了，不然，他会东玩西玩的。"丈夫说："我们应让孩子学会自我管理，自己的事自己做，所以我们都要尽量不陪，至少要少陪。"

妻子说："你的同事经常去法国，能不能请他们在巴黎帮我买点正宗的法国香水？"丈夫说："香水的作用不就是香吗？在任何地方买任何香水不都是一样的吗？为什么要去求别人？去麻烦别人？"

……

来访者说，他们两口子不管谈什么，做什么，总是观点不同，所以双方都感觉过得很累，没法正常进行交流，于是都同意结束这段婚姻。这一次，他们双方却得出了一个共同的结论：千万不要和"三观不合"的人结婚！

四、有些是能力要素的平衡

婚恋关系的维持需要很多的能力。不管是谈恋爱，还是婚后一起生活，双方都需要有询问、倾听、表达、交流、沟通、回应、共情、理解、尊重、关心、关怀等最基本的能力。另外，双方都还需要最起码的维系家庭成员生存的能力、维系家庭和谐（包括夫妻关系、亲子关系、和双方父母关系等和谐）的能力、处理所有家务和外部事务的能力等。所以，从能力这个角度上看，婚恋关系的稳定和长久也是因双方能力的匹配或互补。

在心理咨询实践中，咨询师会遇到很多所谓的"剩男""剩女"。他们有的因缺乏相亲、择偶的能力就干脆不谈恋爱，有的因缺乏两人共处的能力，缺乏承担丈夫、妻子角色的能力等就干脆不结婚。从对已婚男女的调查情况看，与能力相关的问题在婚恋中也比较突出：比如有的人因缺乏养育孩子的多方面能力就干脆不生孩子，有的人因缺乏相互理解、尊重、共同生活的能力而婚后不久就离婚。

婚恋中必然涉及爱的问题。爱也是一种能力。有的人婚恋不顺，其中一大原因就是缺乏爱的能力。

婚恋中也必然涉及性的问题。这就涉及性能力的问题，而有些人就是缺乏性的能力。有许多婚姻出问题，其中重要的一个原因就是双方的性能力失衡。

婚恋中也会涉及忍让、妥协等众多的问题，因此当事人就需要具有忍让、妥协等众多的能力。

现代婚姻很难维系，原因太多，其中之一就是双方都缺乏经营婚姻、建设婚姻的能力。

五、大多都是多种要素的综合平衡

纵观古今中外的各种婚恋，我们不难发现，绝大多数都不是完全单一要素的平衡，而是多种要素的综合平衡。

长久维系的婚恋关系没有一例是单一要素的平衡。但将这些婚恋关系进行比较，我们会发现每个婚恋平衡的状态或主次是不同的，至少是有差异的。如：钱钟书和杨绛，双方在才学和追求的相似性平衡上是突出的；而林语堂和廖翠凤就没有这方面的平衡，但他们在性格和志趣的互补性平衡上，却是显著的。

其实，婚恋最需要的是各种要素的综合平衡。所以，合适的或良好的婚恋需要双方有全方位的系统考虑，尽量做到综合平衡。

第三节　婚恋是双方"系统人"的接纳或互补

婚恋是两个人的事情。任何一段婚恋关系，只要开始了，就意味着作了选择，就意味着选择了一个人及其全部。从心络学的角度看，每个人都是"生理人＋心理人＋社会人"的统一体。所以，心络学的婚恋观认为：从总的来看，婚恋其实是双方生理人、心理人、社会人的接纳或互补。

一、婚恋都是生理人的接纳或互补

人首先是一个生理人：从外部看，有特定的相貌、身高、体型、身材、肤色等；从内部看，有特定的五脏六腑和各种生理系统；从健康与否看，有的强壮，有的虚弱，有的健全、健康，有的残疾、有病。

当你选定一个人时，就意味着你必须接纳其相貌、身高、体型、身材、肤色，甚至虚弱、有病、残疾等一切。或者说，你和这个生理人有互补的成分。如：你胖对方瘦，你黑对方白，你高大对方矮小等等。

从婚恋的实际情况看，很多男性普遍看重美、白、苗条和健康，女性普遍看重高、大、帅气和健康。

总之，婚恋关系开始之前，男女双方都首先会选身体，会涉及对身体接纳和在身体方面互补的考量。所以，心络学的婚恋观认为，婚恋首先是生理人的接纳或互补。

二、婚恋都是心理人的接纳或互补

人也是由欲望、性格、能力、认知、情绪情感、行为及习惯、兴趣、态度、意志等心络要素相互作用而形成的心理人。从欲望方面看，有的很有梦想和追求，有的就没有。在梦想和追求方面，不同的人往往也有所不同。在性格方面，有的外向，有的内向；有的自负，有的自卑；有的刚强，有的软弱。在能力方面，有的独立能力、承受能力、应变能力、合作能力等强，有的则弱。在认知方面，有的认为人生有意义，有的认为无意义；有的认为工作有价值，有的认为无价值；有的认为朋友关系应是友谊关系，有的认为应是利益关系。在情绪方面，有的易生气，有的很冷静；有的常焦虑，有的常安然；有的常痛苦，有的常愉悦。在情感方面，有的善爱，有的易恨；有的热情，有的冷漠；有的深厚，有的淡薄。在行为方面，有的遵规守矩，有的随心所欲；有的常常攻击，有的惯于逃避；有的喜欢中正，有的热衷怪异。在习惯方面，有的按时起睡，有的昼夜颠倒；有的喜欢一日三餐，有的喜欢随时吃零食；有的必须每天洗澡，有的三天才刷一次牙。在兴趣方面，有的喜欢写诗作文，有的喜欢唱歌跳舞；有的喜欢打牌下棋，有的喜欢养花种草；有的喜欢跑步登山，有的喜欢旅游探险。在态度方面，有的对生活、工作、人生和社会都很乐观，有的则很悲观。在意志方面，有的具有很强的自觉性、自律性、果断性、坚强性、恒久性等，有的则很缺乏。在人际关系方面，有的喜欢交往，有良好的人际关系，有的则完全相反。

如果你选定了一个人，就决定了你必须无条件地全部接纳他的这些心理特点。如果你说自己在恋爱时不知道其有这些，那说明你缺乏这方面的知识，或是在这些方面了解不够，但不管怎样都还得要接纳。如果你对对方的这些很了解，甚至知道其中有些自己根本不能接纳，那就说明你们在其他方面存在着互补的情况。如：对方虽没有梦想与追求，但性格好，自信而不卑不亢，生活态度乐观，善于与人交往等。你自己虽有梦想追求，但很自卑，对生活感到悲观，尤其不善与人交往。

所以，婚恋对象的选择和决定，也往往是双方在心理上接纳或互补的结果。

三、婚恋都是社会人的接纳或互补

人还是一个由种种社会角色组成的社会人。如工作前是小学、初中、高中、大学的学生，工作后是某行业的职工或领导，结婚后是丈夫或妻子、女婿或儿媳。在社会的各种舞台、各种团体或组织中，人都在扮演多种角色。不管是什么角色，都有相应的社会要求、社会承担和社会责任。作为一个社会人，人人都有特定的家庭、工作单位、相应环境、一定职务、一定等级、一定地位等等。

如果你选定了一个人，就意味着你必须接纳对方上述的一切。如果你选定的绝代美女，她的父母都有重病，且背后还有希望得到你援助的家族，你就得接纳这些。

如果你说，我选定了对方，但其实无法接纳对方这些问题，那就说明你的选定存在着某些得失互补的情况，对方的某些方面与你有很大的互补。

四、婚恋都是"系统人"关系的接纳或互补

婚恋是两个人的交往，其中婚姻是两个人固定的、长期的，甚至终生的交往。从本书"心络学的交往观"中，我们可知，交往是人的欲望和利益的互补、认知和情感的交流、性格与兴趣的相投、压力与不适的排解。

婚恋关系是两个人的关系，也是一种人际关系。我们从本书"人际关系系统论"中可知道，人际关系具有互动性、条件性、变化性、复杂性等特点。

笔者曾根据心络学的婚恋观和婚姻咨询中所接触的案例对夫妻关系进行过长期的研究和思考，发现其非常复杂，所涉及的面非常广，其中主要有5个层次、22种关系。这些层次和关系形成了错综复杂的"夫妻关系结构"。从这些层次、关系及其所形成的结构中，我们不难发现：婚姻是"系统人"关系的接纳或互补。

（一）不同层次的夫妻关系

1. 第一个层次：吸引期

夫妻关系形成前，几乎都有一个相互吸引期，也可称为恋爱期。吸引期是整个夫妻关系期的基础期。在这个基础期里，双方主要有七种关系：外貌关系（含身体健康状况）、物质关系、性格关系、社会关系、感情关系、性关系、平衡关系。

（1）外貌关系

两人在最初认识或见面时，首先关注对方长得怎么样，包括相貌、身材、身体健康状况等。如果认可，双方就建立起了外貌关系。如果不认可，即外貌关系建立不起来，那他们就无法建立起夫妻关系。

（2）物质关系

外貌关系建立起来后，双方都会关注对方的物质状况，包括有无工作、从事什么工作、工作性质、收入多少，还包括有无房子、车子、存款等财产情况。如果认可，双方就建立起了物质关系。如果不认可，即物质关系建立不起来，那他们也无法建立起夫妻关系。

(3) 性格关系

当外貌关系和物质关系建立起来后，有的人会考虑对方是什么样的性格。如果不喜欢或不接受对方的性格，夫妻关系也建立不起来。如果夫妻关系建立起来了，就意味着己方主动或被动地接受了对方的性格。如果这种接受是暂时的或勉强的，就意味着他们的夫妻关系也将是暂时的或勉强的。

当然也有这样的情况：一开始没考虑对方的性格，但过了一段时间，尤其是结婚后，双方一定会面临性格问题的考验。性格问题往往会困扰很多夫妻的一生。

(4) 社会关系

双方都会存在某些社会关系，包括父母关系、亲朋关系等。如果不能接受对方的父母或亲朋等，夫妻关系也难建立起来。如果痛苦地接受并建立起了夫妻关系，那在以后的夫妻关系中，一方或双方就可能具有这方面的痛苦。

(5) 感情关系

在外貌、物质、性格、社会等多种关系都建立起来的基础上，双方就可能产生一定的感情关系。甚至只在外貌、性或物质等某种关系的基础上，也可能产生感情关系。感情关系是夫妻基础关系中的最重要、最核心的关系。没有真正的感情关系，就没有真正的心理学意义上的夫妻关系。感情关系除两人之间的感情外，还涉及双方父母，甚至亲朋等之间的感情。

(6) 性关系

性冲动是人的本能。追求性的满足是人的基本需要。在两人关系中，往往都有明的或暗的性欲冲动以及性的吸引。性关系是夫妻基础关系中的重要关系。如果夫妻关系不能建立性关系，那夫妻关系很可能就是名存实亡。大多无性婚姻，双方关系都是淡如白水的，最多也就如同伙伴关系。

(7) 平衡关系

要实现男女两人在各方面完全一样，几乎是不可能的，双方肯定会存在种种差异，所以都应考虑是否般配的问题。有些人强调门当户对，有些人强调互补关系。几乎所有的夫妻关系都主动或被动地考虑了平衡的问题，其中包括相貌身材的平衡、物质财富的平衡、性格的平衡等，大多都是综合因素的平衡。其平衡的内在标准是各有所需、各有所足。

平衡关系不仅是建立夫妻关系的前提，而且是维护夫妻关系的核心内容。平衡关系一旦被打破，夫妻关系就会面临考验。

2. 第二个层次：形成期

经过吸引期后，两人的夫妻关系基本形成或完全形成，于是双双走进了婚姻的殿堂。这一时期可以称为结婚期。在形成期阶段，双方会面临诸多的喜悦甜蜜和矛盾困难，也就是蜜月期和磨合期。在整个形成期，会涉及以下几种基本关系：

（1）亲密关系

新婚是身体亲密接触最频繁的时期，夫妻双方的关系都带上了浓厚的亲密色彩，所以双方都可能有强烈的亲密感。如果没有亲密感，就说明亲密关系没有建立起来或亲密关系还不够；如果没有亲密关系，那夫妻关系很可能是苍白的、没什么甜蜜可言的。

（2）爱情关系

新婚期也是感情互相融合最多的时期。双方发自内心的、由衷的爱，使双方都会有心心相印的情感体验。如果说亲密关系是让两个人的身体融为一体，那爱情关系就是让两个人的心和整个感情融为一体。爱情关系是夫妻关系的基石。没有爱情关系，夫妻关系就可能是虚设的婚姻关系、勉强的凑合关系、暂时的责任关系或满怀怨恨的互相牵制关系。爱情关系也是一种感情关系，其核心是两性间的爱，并与性紧密相连。感情关系比爱情关系的外延更大，除了包含爱情关系外，还包含了亲情关系、友情关系，甚至仇恨关系等。

（3）接纳关系

为了能让夫妻成为一个统一体，双方必然主动或被动地接纳对方的很多方面，甚至要接纳对方的父母和亲朋。如果是再婚关系，还要接纳对方的孩子。如果不接纳，就会冲突不断。有些夫妻不想接纳对方的多面性，总想改变对方，结果使夫妻关系不断出现紧张状况。有些人以不同的形式接纳对方（如理解尊重对方、改变自己去适应对方、无条件肯定欣赏对方），会使夫妻关系越来越和谐。不接纳或无法接纳对方，是这个时期中夫妻关系面临的最大困难。要求改变和拒绝改变是这个时期中夫妻关系矛盾的主旋律。

（4）互动关系

不管是性关系、亲密关系、感情关系，还是物质关系、性格关系、接纳关系，都存在着互动关系，有时也存在着互补关系。如果把双方都视为独立的个体，那真正的夫妻就应是共同体。如果把个体与外界的关系都视为个人关系，那共同体与外界的关系就应为共同关系。这样，共同关系就应是夫妻经互动后形成的相互重合的那部分关系。这种相互重合的共同关系是夫妻关系的稳定剂、和谐素。除了互动形成的共同关系外，还有靠互补关系而形成的共同关系。

不同的互动关系和互补关系会形成不同的夫妻模式或夫妻类型。尤其是支配与被支配关系、责任关系、尊重与被尊重关系等，基本上是互动关系的产物。

分析夫妻关系，一定要了解和分析他们的互动情况。因为夫妻关系的很多方面，从某种意义上，主要就是互动的关系、互动的结果。

3. 第三个层次：婚姻前期

经过蜜月期和磨合期后，夫妻关系开始进入正常的平常期或常态期。平常期的夫妻关系，最好的是有充分的尊重关系、信任关系和适当的责任关系、支配与被支配关系。最差的是尊重关系、信任关系少，责任关系建立不起来，支配与反支配的关系尖锐持续。一般的夫妻关系，都处于前面这两种状态的中间地带，且人数众多，其特点就是平平常常、平平淡淡。所以这个时期的夫妻关系也可称为平淡期。

（1）尊重关系

两人关系从吸引期到形成期，甚至到晚期，都离不开尊重关系。尊重，包括了对对方人生追求、性格特点、生活方式、行为习惯、价值观念等的尊重。没有尊重，很难形成夫妻关系；没有尊重，夫妻关系一定是矛盾不断。相互尊重的程度，在一定程度上，决定着夫妻关系的质量。两人的亲密关系、性关系、爱情关系、感情关系，甚至接纳关系，都与尊重关系密切相关。夫妻关系中的尊重关系，还包括了尊重对方的亲人，尤其是对方的父母。

（2）责任关系

夫妻关系一旦形成，双方的责任关系也就随之形成；不仅对对方有责任，而且对子女、对双方的老人都有责任；不但有经济的责任，而且有家庭内外的、数不胜数的事务的责任。作为丈夫或妻子，必然面临诸多的承担。如果逃避承担，无法建立责任关系，夫妻关系将难以维持。现在很多"啃老型"夫妻，其责任由双方父母在承担。当双方父母不能继续承担家庭责任时，小两口的夫妻关系就面临危机。从某种意义上说，夫妻关系就是责任关系。正因为夫妻关系也是责任关系，所以很多男女不想结婚，甚至恐惧结婚、逃避结婚。

（3）信任关系

结婚后，夫妻双方要面临经济问题、人际关系问题、感情约束问题、性满足问题、共同空间和个人空间问题、忠诚与背叛问题等等。这诸多的问题迫使有些男女不愿、不敢、不能说真话、办真事，开始说谎话。由此可知，信任关系也是夫妻关系中的一大内容。每个男女都希望对方所言所行是真实的，值得信任的，同时也希望自己能得到对方的信任。如果双方的信任关系不能建立，或遭到破坏，夫妻关系就会陷入不安全感和无价值感中。没有信任，就没有真诚。没有真诚，夫妻关系就只有形式没有内容，或是貌合神离。

（4）支配与被支配关系

从理论上讲，夫妻关系应是相互尊重、相互平等的关系，而事实上，绝大多数都是支配与被支配的关系，只是支配与被支配的程度、方式不同罢了。人与人之间，包括夫妻之间，总会存在一定的支配与被支配关系。因为性格关系，因为人的本性（每个人都有支配欲），也因为人在客观上存在着一定的优势和劣势。

夫妻间一方的过度支配，会导致对方过分压抑，进而影响夫妻关系。过弱的支配（如过分的妥协、让步），有可能导致对方得寸进尺甚至放任、放肆，所以也会影响夫妻关系。完全的无支配是很难做到的。所以适度的支配与反支配是大多数良好夫妻关系的一大特征。

夫妻间不同的支配与被支配关系，就形成了不同的家庭主次关系和不同的夫妻模式。一般来说，夫妻间的支配与被支配关系主要是互动的结果。

4. 第四个层次：婚姻中期

夫妻关系如果在前期是属于平淡期，则中期有可能是苦涩期；如果在前期是属于困难期，中期有可能是艰难期；如果在前期就属于艰难期，中期就有可能出现较大的关系裂痕或裂缝，如有外遇、身体或精神出轨、折磨对方（包括行为施暴和精神施暴)、常闹离婚、坚决分居、实施离婚等。

这个时期的夫妻关系，除要涉及前面所述的种种关系外，还要涉及相互的生活关系、支持关系、同盟关系以及互谅互让关系等。

(1) 生活关系

夫妻关系一旦形成，生活关系就会产生。一般来讲，夫妻关系开始后的所有关系都可归为生活关系。但严格地讲，真正地把两人关系变成以实际生活为主的关系，还主要是从婚姻前期开始的。

在吸引期、形成期，由于性的关系、情的关系太突出，生活关系的重要性并未凸显出来。但随着责任关系的出现，尤其是当有孩子、自己必须承担经济责任以及大量事务责任后，生活关系就日益明显。这时的夫妻，更多的是在为油、盐、酱、醋、米等日常生活事务而奔忙。

由于起初的负担相对较轻，加上很多人都有父母的帮助，所以在婚姻前期，生活关系虽已成夫妻关系的主流，但并未达到最困难的时期。

到了婚姻中期，大多夫妻都会感到生活沉重。一是自身的身体、职业、环境等，或多或少地都会出现一些状况；二是子女养育带来的问题越来越多；三是双方父母多少都会出现一些麻烦。"上有老，下有小，自身状态不太好"的严峻现实，就把生活关系推到了夫妻关系的高峰。

生活关系是夫妻众多关系的集中和表现。如果说生活关系是长江的话，其他关系就是长江的支流。

生活关系良好的夫妻，是同甘共苦的夫妻。生活关系不好的夫妻，是矛盾重重、动摇不断，甚至危机四伏的夫妻。生活关系将夫妻原来的性关系、感情关系演变成了平淡而艰难的现实关系，有的甚至将其演变成了明显的物质关系。

(2) 支持关系

无论在哪个时期，两人都希望、都需要对方的支持和帮助。没有支持关系，夫妻关系就少了一些情味。

就大多数情况来看，在婚姻中期，双方是最希望、最需要对方支持帮助的。无论是职业问题，还是身体问题，无论是子女问题，还是诸多的人际关系问题，彼此都希望和需要得到对方的支持帮助。

在婚姻中期，拥有良好支持关系的夫妻，会再次深刻地感受到对方的重要与价值。在事业成功的夫妻中，一方的成功背后往往都有对方的一定支持，甚至是毕生的支持。没有支持关系的夫妻，会再次感受到婚姻的失落、无意义，甚至绝望。

（3）同盟关系

在拥有众多良好关系，尤其是拥有良好生活关系后，夫妻关系就可能形成同盟关系。

同盟关系是一种无条件的一致关系。拥有良好同盟关系的夫妻，是永远站在一起的。对，他们一起对；错，他们一起错。两人永远都好像是一个人。这样的夫妻就是真正意义上的甘苦与共、生死与共的夫妻。

在现实生活中，这样的夫妻并不罕见，但总体上看，也不多。

（4）互谅互让关系

互谅互让关系说起来是很简单的，但真正做到，大多数夫妻都需要经历漫长的成长。在吸引期和形成期，夫妻双方为了达到自己的目的，大多都能自觉地做到互谅互让。当进入婚姻前期，不谅不让就开始出现。进入婚姻中期，大多数人就完全展露了自己的本性，不谅不让的情形不时发生。有的人在事实上也作了原谅和让步，但大多是迫于无奈，行为属于忍让甚至压抑的性质，不是真正的发自内心的互谅互让。

互谅互让能让夫妻关系和谐，充满温馨。不管是发自内心或自然习惯地互谅互让，还是被迫地互谅互让，都会使夫妻关系显得比较稳定，至少从表面上看是这样的。如果没有互谅互让，夫妻关系一定风雨不断或暗潮汹涌。所以，有无互谅互让关系，也是检验夫妻关系是否良好的一块试金石。

5. 第五个层次：婚姻晚期

（1）依赖关系

在夫妻关系形成期，依赖关系就开始萌生。不过从大多数情况看，男女分别依赖对方的情况有所不同。一般来说，女方的依赖比男方相对多一些、强一些。就依赖内容而言，女方大多有情感的、事务的、经济的，男方大多有性的、情感的。在夫妻关系的整个历程中，双方从总体上看，依赖主要是经济的、事务的、情感的。

到了婚姻晚期，双方的依赖关系越加明显。因为双方都老了，基本上不会去考虑离婚和再婚的事了，加之子女们都大了，大多不需要自己了，甚至不在自己身边，生活又重新变成了两个人的生活，一切的一切都成了两个人要去面对的事情。如果生活中没有对方，另一方就可能有失落感、孤独感、无聊感、空虚感、无助感。所以，夫妻关系晚期的主旋律是相互依赖。不管过去彼此的诸多关系如何，只要两人的生活关系还在继续，彼此间的、不同程度的依赖就会成为必然。

当然，对于那些独立性都很强的夫妻来说，在经济上、事务上可能不需要相互依赖，但也应有一定的情感依赖。如果夫妻缺乏情感的依赖，尤其是在婚姻晚期，就说明两人只是"合伙式婚姻"或"同居式婚姻"。真正的恩爱夫妻，是一定存在着情感的依赖关系的。

（2）互助关系

夫妻都存在各有所长、各有所短的情况，因此在家务分担、子女教育、父母赡养、社会事务处理、疾病治疗等若干方面，都常常是需要互相帮助的。毕竟家是共同的家，毕竟两人是夫妻。互助关系也是一种支持关系。支持关系更多强调的是一方对另一方的支持，大多表现在工作或事业上，通常是在中年阶段。互助关系更多强调的是双方的随时相帮，大多表现在生活中，通常是在老年阶段。也可这样说，中年时多强调支持，老年时多强调互助。

互助关系使两人越来越觉得对方重要，越来越依赖对方，越来越和对方融为一体。如果没有互助关系，尤其是在婚姻晚期，那夫妻关系是很勉强的，甚至是非常脆弱的。

（3）亲情关系

爱情发展到一定时候，就自然演变成了亲情。这种夫妻亲情不同于子女和父母的亲情。它没有血缘关系但如同血缘关系。因为它经受了肌肤之亲、责任承担、甘苦与共、长久时间等众多因素的影响与考验，渗透着上述的各种各样的关系。夫妻只有到了有真正亲情关系的时候，才能算是具有灵与肉相融合的夫妻。亲情关系是夫妻关系中的高峰关系。

有爱情不一定有亲情。有亲情，必有感情，但不一定有与性相联系在一起的爱情。

如果夫妻到最终也没建立起亲情关系，说明他们的夫妻关系质量没达到大多数夫妻关系的高度，最终也仅仅是"伙伴式"的关系。

以上所说的层次、时期以及种种关系，都是相对而言的。事实上，很多关系错综复杂，互相交织，互为因果，难以截然划分。

（二）夫妻关系的基本联系与结构

夫妻关系中的种种关系，不是孤立存在的，而是有某种或多种联系的。将这些联系画出来，就会看到它们是呈结构性的。

从总的来看，夫妻中的种种关系与一定的时期有一定的联系。主要情况大致如下：

在吸引期，与之联系相对紧密的，主要是性关系、感情关系、物质关系。

在形成期，与之联系相对紧密的，主要是亲密关系、爱情关系、接纳关系。

在婚姻前期，与之联系相对紧密的，主要是责任关系、信任关系、支配与被支配关系。

在婚姻中期，与之联系相对紧密的，主要是生活关系、同盟关系、互谅互让关系。

在婚姻晚期，与之联系相对紧密的，主要是亲情关系和互助关系。

在每个时期，与夫妻双方联系相对紧密的是感情关系、物质关系、责任关系、支配与被支配关系、互动关系、平衡关系。

从总的来看，夫妻关系中的最基本关系是感情关系、性关系、物质关系、性格关系、互动关系和平衡关系。其他关系基本上都是这六种基本关系的发展或延伸。

六种基本关系中，有四种（感情关系、性关系、物质关系、性格关系）在最初的吸引期就具备了。这四种基本关系的变化，会引起整个夫妻关系的变化。如果它们稳定，夫妻关系就稳定；如果它们良好，夫妻关系就良好。反之亦然。这四种基本关系经互动关系和平衡关系的作用，就形成了整个夫妻关系的能动变化。所以说，夫妻关系既是四种基本关系发展的结果，更是互动、平衡的结果。想要拥有良好的夫妻关系或是要建设良好的夫妻关系，人们从一开始就一定要注意这四种基本关系，关系加深后就一定要注意互动关系和平衡关系。

笔者将夫妻所有主要关系的主要联系画出来，就形成了图10-1"夫妻关系层次及结构"。

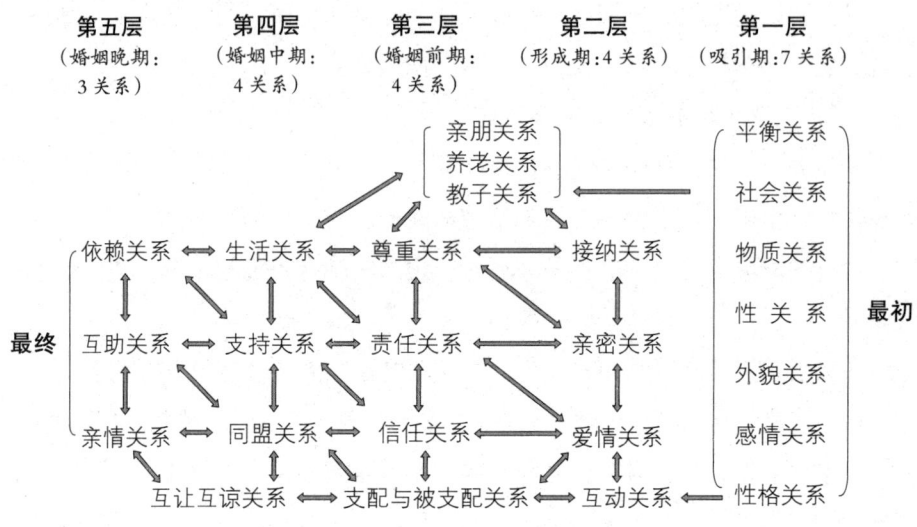

图 10-1 夫妻关系层次及结构

因为婚恋问题非常复杂，所涉及的面非常广，所以关于婚恋问题和矛盾的咨询也日益增多。要想解决这些问题和矛盾，就需要找到原因，对因应对。笔者在长期的心理咨询实践中，总结了婚恋中一些问题与矛盾的原因（图10-2至图10-6）

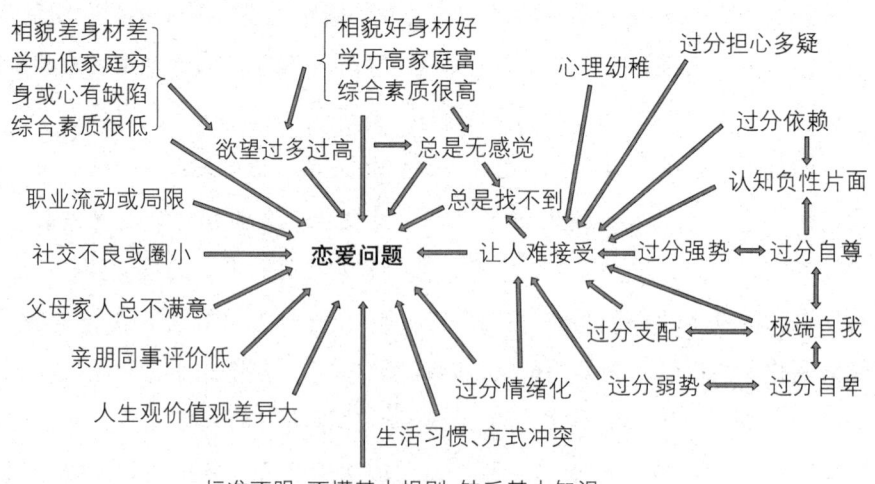

图 10-2 恋爱问题原因结构图

第十章 心络学的婚恋观 281

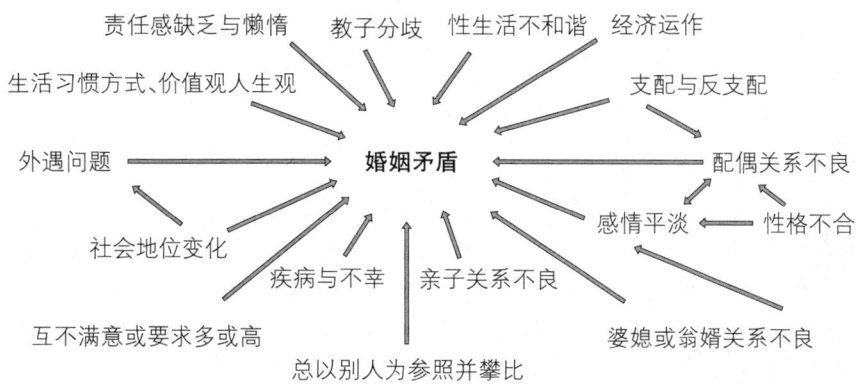

图 10-3 婚姻矛盾原因结构图

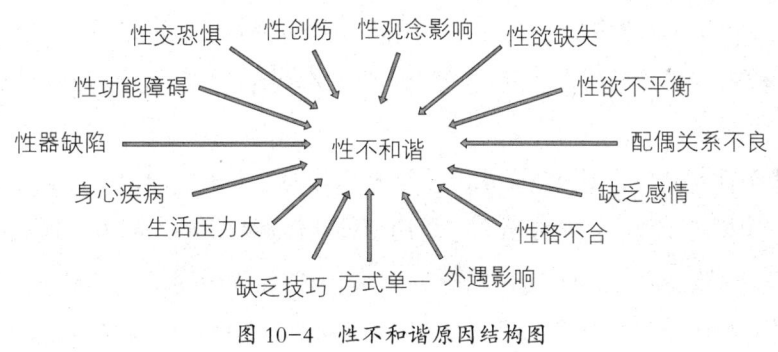

图 10-4 性不和谐原因结构图

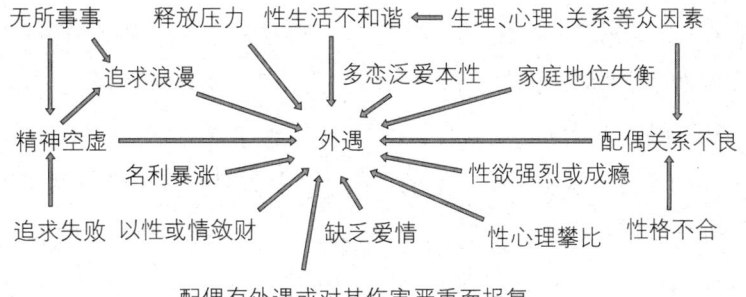

图 10-5 外遇问题原因结构图

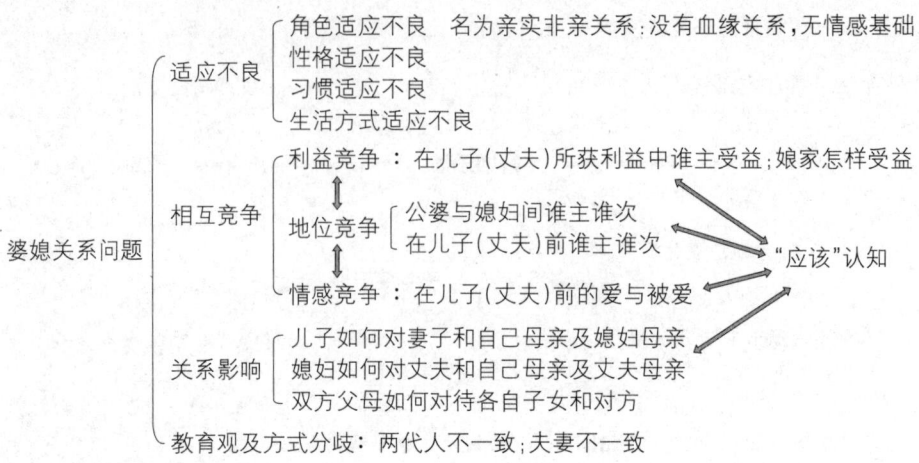

图 10-6　婆媳关系问题原因图

从本节的上述内容可以看出：夫妻关系是众多关系的集合体，是众多关系交互影响的表现和结果。所以，要拥有和建设良好的夫妻关系，就需要拥有和建设这些关系。

从本章中，我们还可概括出心络学婚恋观的以下两个理论：

一是共同体理论：良好婚恋应是两个独立体逐步消融于对方后形成的一个共同体。用数据表达，就是由原来的"1＋1＝2"，逐步变成了"0.5＋0.5＝1"。或者说，婚恋涉及的至少是两个人，它最需要的是两个"系统人"的接纳或互补，形成一个新的"婚恋自我"。简单地说，婚姻就是共同体，讲求的是一致性。共同体理论说明：在婚恋中，每个人都肯定能或多或少地获取一些什么，但要维系，就必须要舍去或付出一些什么。从过程上看，婚恋共同体由"恋爱共同体＋婚姻共同体"组成。有些人能恋爱，但无法结婚，就是因只有恋爱共同体，而无婚姻共同体。

这个共同体包含了若干个亚型的共同体，如性共同体、情感共同体、欲望共同体、性格共同体、认知共同体（含人生观、价值观共同体）、能力共同体、情绪共同体、行为共同体、习惯共同体、关注共同体、兴趣共同体、人际关系共同体、经济共同体、生活方式共同体、应对外界共同体等等。婚姻建设的着力点，就是要维系或发展这些共同体。

纵观种种婚恋模式，笔者认为：良好的共同体是"0.5＋0.5＝1"。这种共同体能尊重个体的一些特点，保持相对的平等，避免了自我在部分失去中带来的扭曲和压抑，使双方都能感受到彼此的被尊重，从而在保持自我部分独立中增强了双方的凝聚力。最好的共同体是两者能因地因时地能动为1。这种共同体能使双方在不同情况下随机互动，你唱我和，你进我退，如同步调一致、和谐优美的双人舞。所以，这样的婚恋就能长期维系，甚至可能历久弥新。

共同体理论认为，不良婚恋基本上都属于非共同体。用数据表示，其中主要有两种模式："1 + 1 = 2"模式；"（1 + 1 + …）+（1 + 1 + …）"模式。"1 + 1 = 2"模式是彼此都非常自我，谁都不愿作任何改变，谁都不愿为对方付出什么，无法形成新的"婚恋自我"。"（1 + 1 + …）+（1 + 1 + …）= 3 或 4 或 5 等"模式是不但双方极端自我，不愿改变，而且还不断扩张自我，不断挤压对方或强迫对方，使原本的两个矛盾体变成了多个矛盾体。其中包括性不和谐、情感冲突、欲望冲突、性格冲突、认知冲突、能力冲突、情绪冲突、行为冲突、习惯冲突、关注冲突、兴趣冲突、人际关系冲突、经济冲突、生活方式冲突、应对外界冲突等，所以，这样的婚恋极难维持下去。

二是爬高山理论：婚恋是两个人爬高山的过程，沿途既有各种各样的美丽风景与奇妙感受，也有无穷无尽的艰难崎岖和风风雨雨。怎样爬，爬得怎样，会遭遇什么，能爬多久，能否爬到山顶……一切都是未知的，但终有结论。具体地说，当两个人开始婚恋后，所涉及的因素很多，并非只是感情、性或钱。同时这些因素还是相互影响的。所以因某个或多个因素，两人热恋、结婚或分手，都是很容易的；要持久地维系婚恋关系是极其艰难的。因为婚恋是相互欲望的满足，而双方的欲望是不断变化的；因为婚恋是双方心络要素的基本平衡，而这些平衡是很难保持的；因为婚恋是双方生理人、心理人、社会人的接纳或互补，而双方要做到这种接纳或互补也是很困难的。所以，成功的婚恋是两个人同甘共苦、攻坚克难、不懈跋涉的结果。

当代很多年轻人为什么不敢恋爱，不敢结婚，或是恋爱、婚姻总是失败？原因固然很多，但主要的往往是不能与对方成为共同体，没有信心或能力和对方一起去爬那座云缠雾绕的婚恋高山。

总之，良好的婚恋都是共同体，两人携手共攀婚恋高山，而不良的婚恋则相反。

从心络学的婚恋观中，我们还可得出婚恋选择和建设的以下要点内容：

婚恋应考虑多个要素，其中尤其要考虑七要素：健康、欲望（情欲、性欲、美欲、物欲）、性格、能力、认知（三观）、兴趣、感觉。

在婚恋中，应尽量考虑双方欲望的满足，而不仅仅是自己欲望的满足；应尽量考虑双方多方面因素的基本平衡，而不仅仅是对方来保持与自己多方面因素的平衡；应尽量考虑双方整体上的接纳或互补，而不仅仅是对方来接纳自己、弥补自己。

婚恋的前期，即恋爱期，应重在选择，不能轻易结婚。选择的重点是从现实出发，看双方是否合适。这如同选鞋，穿起合适就是对的，穿起舒服就是最好的，其他的都是次要的。对于"鞋"来说，适合别人，就能给别人带去满意，实现价值；不适合别人，就会给别人带去痛苦，成为包袱。总之，合适才是重点。所以，感觉很重要。如果只从愿望出发，就极难选到合适的，甚至根本遇不到。

婚恋的后期，即结婚后，应重在建设，不能轻易离婚。建设的重点是双方无条件接纳、减少或放弃支配、适度妥协、在局部共同体方面做文章。只要不接纳，婚姻就会出现矛盾。总想支配，就必然会有受伤与受挫。没有妥协，就必然对立；一味妥协，就可能畸形。连局部共同体方面都不能有所作为，婚姻就难以进行。

心络学的婚恋观是根据心络学"系统人"的理论，对人类婚恋主要方面进行的概括和总结，其应用性也是很强的。笔者在大量婚恋咨询中，基本上应用的都是心络学的婚恋观。

第十一章 心络学的教育观

教育的本质和任务是育人。从心络学的角度看，人实际是"生理人＋心理人＋社会人"的统一体，即"系统人"。"系统人"就像一台计算机，"生理人"是它的硬件，"心理人"是它的软件，"社会人"是它的功能。三者都非常重要，且都缺一不可。所以，心络学的教育观认为：教育应是"系统人"的全面教育。

第一节 教育应是生理人的教育

作为一个生理人，应该知道自己的生理构成和一些主要功能，避免或减少生理疾病的发生，增强身体的健康，做身体健康的人，所以，教育必须要有生理人的教育。

人的生理系统是一个极其复杂的系统。对于这部分内容，医学保健书对此有更为详细、专业的介绍，也有最新的研究发现。本书在这里仅作框架性的介绍，同时着重说一说身体运动教育、性别教育、性教育。

一、身体构成常识教育

要让受教育者知道身体的基本构成。

即使细胞不是物质最小构成，在讲解生理知识时，人们依然习惯于：细胞是构成人体形态结构和功能的基本单位。

人的身体由九大系统组成：消化系统、呼吸系统、泌尿系统、生殖系统、内分泌系统、免疫系统、神经系统、循环系统、运动系统。

系统又由器官构成：有感觉器官（听觉器官、味觉器官等）、呼吸器官、消化器官、循环器官、泌尿器官等。比如我们熟知的：眼、耳、鼻、口、舌、心、肝、脾、肺、肾、胃、肠、胆囊、胰腺、膀胱、输尿管、尿道等。

器官由组织构成。组织有四类：上皮组织、结缔组织、肌肉组织和神经组织。

组织由细胞构成。人体细胞种类很多，分类也很多：按脏器分，有肝细胞、心肌细胞、肾脏细胞、小肠上皮细胞等；按细胞形态分，有扁平细胞、柱状细胞、星形细胞等；按细胞内细胞器的构成分，有核细胞、无核细胞。

知道了身体的构成后，我们还要知道身体健康，在于各系统整体的健康，在于每一个系统的健康。要维护和保证每一个系统的健康，就要维护和保证每一个器官的健康。因此，每个人都应从小爱惜、维护、保护自己的头、眼、耳、鼻、口、舌、牙、心、肝、脾、肺、肾、胃、肠、胆囊、胰腺、膀胱、输尿管、尿道等器官；从小讲究卫生，重视饮食，不乱吃滥喝，保证睡眠，保持锻炼，注意防暑保暖，预防各种疾病，防止各种器官出现问题，决不能让它们受损坏。

二、身体运动教育

身体运动教育，就是要使受教育者能有意识地、自觉地长期坚持适合自己的种种身体运动，增强身体素质，丰富个人生活，不断改善心态。

开展身体教育的目的是要让受教育者明白：生命在于运动，身体运动能强身健体。笔者总结了八点运动的益处。

一是能增强人体的新陈代谢：运动可以增强体内组织细胞对糖的摄取和利用的能力，增加肝糖原和肌糖原的储存。脂肪是人体内含量较多的能量物质，它在体内氧化分解释放出的能量约为同等量的糖或蛋白质的两倍。长期运动锻炼，就能提高机体对脂肪的动用能力。

二是对运动系统有利：坚持运动对骨骼、肌肉、关节、韧带都能产生良好的作用。可以使肌肉保持正常的张力，并促进骨骼中钙的储存，预防骨质疏松，使关节具有良好的灵活性。

三是对心血管系统有利：能使血液在血管里的流速增加，能够让头脑更清醒。有规律地运动，可以减慢静息时和运动时的心率，减少心脏的工作时间，增加心脏的功能。

四是对呼吸系统有利：能使呼吸加深，使每一分钟内吸收的氧气量增多。经常运动，特别是做伸展、扩胸运动，能使呼吸肌力量加强，胸廓扩大。这有利于肺组织的生长发育和肺的扩张，使肺活量增加。

五是对中枢神经系统有利：经常运动可以提高脑细胞的工作能力，使动作更协调准确。

六是对消化系统有利：能增加胃底部的血液循环总量，让消化系统在消化食物的时候速度加快，能加快新陈代谢，让身体运转得更加顺畅。

七是对骨骼系统有利：能增加骨密度，提前预防骨质疏松，让骨骼更加结实，预防骨折。

八是能改善心理状态：释放情绪，愉悦心情，增强信心，培养出坚持力等。

同时，开展运动教育还在于让受教育者明白，运动（如散步、跑步、游泳、登山、滑冰、打球、踢球、打太极拳、骑自行车等）是一种健康的生活方式，同时也是一种娱乐方式。所以，要让运动成为一种生活习惯。

此外，身体运动教育还是对人体进行培育和塑造的过程，是教育的重要组成部分，也是培养全面发展性人才的一个重要方面。

三、性别教育

性别教育就是要让受教育者在心理上、现实中，充分地、完全地认同和悦纳自己的性别，预防出现性别认同障碍，同时要知道不同性别角色应具备什么特点、应符合什么要求、应承担什么责任和义务，使之成为性别健全者、健康者。

性别教育的基本要求是：在日常生活中，男性要充分的男性化，女性要充分的女性化。充分性别化要在称呼、入厕、服饰、玩具、爱好、人际关系、事务要求、角色承担等各方面体现出来。

开展早期性别教育时要帮助孩子通过认识性器官、发型、服饰、声音等来区分性别差异。

要鼓励孩子与异性交往，让他们学习和掌握与异性交往的基本知识与礼仪，同时要学会预防异性伤害，尤其是女孩，譬如不容许任何人侵犯性器官。

性别教育要提倡性别尊重、性别平等、性别互补，促进两性的良性互动与和谐共处，千万不要有性别歧视！

儿童通常在三岁左右有一个性蕾期。这时是儿童认识自己性别的最早期，也是进行性别教育的关键期。

性别教育从零岁开始（如取名、称呼、服饰、留头发等都要符合性别角色），至少要持续到十八岁。

四、性教育

性教育，主要是让受教育者知道一些性生理和性心理方面的基本知识，让他们能正确看待和对待性，能正确应对性困扰，能避免性生理障碍和性心理障碍以及预防性犯罪，防范性侵害，增进性健康。

根据受教育者的不同年龄段（幼儿期、少年期、青年期）和具体情况而开展的性教育，主要内容如下：

一是男女生殖器官的解剖学知识。

二是性生理和性发育（包括身体变化）的知识。

三是正常性行为的知识。

四是性道德规范和有关法律的知识。

五是避孕的知识。

六是生育的知识。

七是性功能障碍表现及预防的知识。

八是性病、艾滋病表现及预防的知识。

九是性变态和性紊乱、性倒退表现及预防的知识。

性教育应是家庭和学校的结合，其中以家庭为主，学校为辅。

性教育的方法很多，其中有：

一是童年伙伴区别法：两三岁时，就可让男女儿童在一起，尤其是在一起洗澡、游泳，让他们自然发现各自的长相、声音、性器官等不同，以此来让他们明白男女不同的生理标志。这时的他们，性意识极其淡漠，甚至就没有，相对而言，是一种较好的自然的方式。

二是故事法：通过向幼儿讲周围男女儿童为什么着装不同、发式不同、如厕不同等故事来让他们自然明白男女性别、性生理、性角色的一些知识。

三是玩具模型法：通过玩洋娃娃（男女皆有）、狗、猫等一些玩具、模型来讲两性不同的有关知识。

四是动物暗示法：可以让受教育者去识别生活中种种动物的雄性和雌性及其特点，甚至可以让他们去看动物的性交、生产、养育，知道小动物是怎么来的，动物是怎么繁衍的。

性教育的重点首先是性知识教育，其次是性尊重和性保护的教育（如性器官绝不能被侵犯，胸部、腹部、腿部、臀部等不能被人有意地触摸等），再次是性接纳教育，即要接纳和适应自己身体的变化。

性教育的原则是适时、适度、适当，需要自然而非刻意，只要能让孩子知道一些常识就行了，千万不能让孩子去在意和恐惧！

在性教育中，母亲对儿子的身体、父亲对女儿的身体，都要有界限感。青春期（12～20岁）同床睡觉、经常拥抱，都有可能导致性别障碍、性心理障碍。

性教育缺乏是问题，但教育过度也是问题，因此性教育的最大难点在于"怎样才是适度"。此外，教育者的性观念和周围文化及环境也会对性教育有很大影响。

第二节 教育应是心理人的教育

心理人教育的主要内容是要在心络要素方面进行教育，主要目的是让受教育者成为自身心理系统整体都健康的人。

一、欲望教育

（一）欲望教育的重要性

心络学认为：人是欲望的复合体。欲望是人的第一动力，是人整个心理的基础，所以欲望教育是最重要、最基础的教育。如果没有良好的欲望教育，就很难有良好的性格教育、认知教育、能力教育等心络要素的教育。

（二）欲望教育的主要内容

简单地说，欲望就是"想"与"不想"，其种类繁多。在孩子成长的不同阶段，主要欲望也有所不同。欲望教育的方式也多种多样，且每种方式都各有利弊。受篇幅的影响，此书对这些都不可能系统地进行阐述，在这里只从心理健康、心病预防的角度上来简单谈谈。

1. 欲望满足方式的教育

不同满足方式的教育会造就不同的人。任何一种满足方式都有其利弊。所以在教育中，应是多种满足方式的灵活应用。

满足方式主要有：主动满足、被动满足、及时满足、延时满足、无条件满足、有条件满足、不予满足。

主动满足，即没要也给。这能体现教育者对孩子的爱、关心、体贴，能增进情感，所以是必须的。但如果一味这样，就会使孩子形成缺乏主动、极端自我中心、别人什么都该等性格与认知，是十分有害的。

被动满足，即要才给，不要不给。这能培养孩子的主动性，体现父母对孩子的爱与支持，并能形成良好互动。但一味这样，有可能刺激孩子的不断索求，认为所得都是自己要来的，父母是被动甚至是被迫才来满足自己的。

及时满足，能及时让孩子满意快乐，增加亲情。但一味这样，就会让孩子形成急躁、"我想即该"的极端自我性格，以后在人生中会总感觉到处不如意，到处受挫，烦恼无穷，所以是特别有害的。很多急躁、脾气不好的孩子往往都是及时满足方式过多所致。

延时满足，能让孩子体验到满足有时是需要过程的，是需要等待甚至是需要忍耐的。但一味这样，有可能让其感到压抑、信心不足，甚至放弃争取。

无条件满足，能让孩子感受到父母对自己爱的真诚和全心全意。但一味这样，会让他们认为自己有什么欲望都应得到无条件的满足，反而可能让他们形成一种痛苦的对生存或生活的"认知——现实"模式：该而不达，即自己的欲望都是应该得到满足的，但现实常常是不能达到的。该而不达，最容易形成不满和仇恨。现在很多孩子最恨的就是父母，原因就是他们已形成了"该而不达"的"认知——现实"模式：父母什么都是应该的，可我总会有不能达到的时候。换种说法是：你已满足了我一千种欲望，那都是应该的，但有一种是没有满足我的，所以就该恨你。

有条件满足，能让孩子明白，有些满足是需要自己做出努力的，是有条件的。如果不努力，达不到一定的条件，就得不到满足。但一味这样，会让孩子觉得缺乏人情味，任何满足都是交换的结果。

不予满足，能让孩子有一定的受挫感，使他们体验到有些欲望是无法得到满足的，即使自己做出了最大的甚至最艰苦的努力，最终也可能得不到满足。欲望不予满足本身是很正常的，是生活的一种常态，人们不必为之去痛苦。但一味这样对待孩子，有可能让孩子受挫严重，缺乏信心和动力，甚至消极、悲观、绝望。

笔者在心理咨询中看到，如今很多家长的教育都是溺爱教育。他们在欲望满足方式上，大多都是主动满足、及时满足、无条件满足，所以导致孩子的成长出现了种种的问题。

为了能让家长们明白欲望的不同满足方式会给孩子造成不同的影响，笔者还专门写过如下咨治诗：

不同满足的结果

一味将就和及时主动满足
会形成极端自私极端自我
还有随心所欲我想即该
以及无能幼稚依赖懒惰
这是盲目溺爱的惨痛后果
这是无知教育的严重过错

满足有及时有延时有条件
才能培养主动积极与随和
有时根本不予满足
才能造就敢于面对不怕受挫
这是理性疼爱的必然选择
这是智慧教育的基本操作

附语

父母给孩子欲望满足的不同方式或爱的不同方式，能构成孩子未来的不同人格模式。具体说，主动满足、及时满足以及无条件的满足，都容易使孩子形成极端自我中心人格模式。这种人格模式的特点是极端自私、急躁暴躁、随心所欲、我想即该、低能、幼稚、依赖、懒惰等。另外，容易使他们在面对别人"给予爱"时，无动于衷，甚至不满。因为他们认为这一切都是别人应该的，且还应是符合他们愿望的，而他们接受这些也是理所当然的。

如果能将主动满足、延时满足、有条件满足，甚至经努力后都不能满足等施爱方式加以灵活应用，就能形成孩子的健全人格，就能让他们形成感恩、付出、利他、冷静、努力、承受、忍耐等人格品质。

孩子在3岁前的各种体验和形成的行为模式、习惯模式、态度模式、人际模式，会影响其一生。这正如俗话所说："三岁看老。"因此，孩子从小就要以不同的满足方式去对待他们的欲望。任何单一方式都可能导致孩子以后出问题。

2. 欲望适度的教育

欲望教育包括了理想教育、志向教育、需要教育等许多方面的教育。

如果没有这些方面的教育，就会让孩子在这些方面的欲望低下，甚至没有。现在很多孩子只知吃喝玩乐，没有人生志向、目标和追求，不知道他们的人生需要什么，不需要什么，就是因为缺乏这些方面的教育所致。

如果在这些方面教育过多，就会让孩子在这些方面欲望过强，脱离现实，成为痛苦的失意者或所谓的人生失败者。现在有些焦虑症患者、强迫症患者、妄想症患者和抑郁症患者等，就是因为个人的志向、目标和追求过高过强，与现实严重背离所致。

心络学的哲学观认为：适度是事物状态的最高法则。所谓的正常、正确等，其实就是适度；所谓的异常、错误等，其实就是不足和过度，其中大多是过度。所以，笔者曾写过下面的咨治诗：

适度正常过度异常

正常不是没有问题
有问题不等于是异常

每个人都会自我
只有过度自我才是异常
每个人都会依赖
只有过度依赖才是异常

每个人都会焦虑
焦虑适度就是正常
每个人都会逃避
逃避适度就是正常

只要过度就异常
只要适度就正常

附语

正常即适度，异常即过度。这个道理很简单，也容易懂，但真正能在生活中产生"应用效果"的人不多。

在家庭教育中，为什么有成千上万的父母溺爱孩子？一个重要原因是不知道过度的爱就是异常的"畸爱"。在日常生活中，孩子想吃什么，父母为什么总想让他们吃个够？一个重要原因是不知道过度地吃够会让孩子对那些食物失去兴趣。他们为什么总想尽量满足孩子这样那样的要求？一个重要原因是不知道过度地满足会导致孩子的病态人格：我想即该、极端自我、依赖懒惰、低能幼稚、只知索取、不知奉献、不懂感恩、自私无情等。

在社会工作中，为什么有很多认真严谨、兢兢业业、成绩斐然的人是强迫型人格障碍患者或强迫症患者？一个重要的原因是他们不知道过度地认真、追求完美会导致心理异常。有些人不断奋进，硕果累累，成功不断，可他们为什么总有挥之不去的危机感或者无意义感？一个重要原因是他们不知道欲望过高或欲望过度满足会导致心灵的扭曲，从而逐步演变为焦虑症或抑郁症。

对孩子不爱和溺爱都是错误。欲望不能满足和过度满足都很痛苦。不认真严谨和过度认真严谨都是问题。做人过刚易被折，过柔易被欺。过度怀疑是疾病，过度相信是愚蠢。没有焦虑无动力，过度焦虑成压力。总是进取精神易受损，总是逃避精神易变异。只有适度才是正常的！

3. 欲望与现实的关系教育

每个人都有自己的种种欲望，但每个人都会生活在一定的现实中。欲望与现实的关系是密切的。采用不同的方式处理它们的关系，会有显著不同的人生结果和生活状态。

笔者在长期的心理咨询以及自己的人生实践中，总结出了欲望现实理论。该理论主要有如下三个观点：

(1) 人生的普遍矛盾和基本矛盾是欲望与现实的矛盾

人想永生，可现实是必然会死亡，于是每个人都存在生与死的矛盾；人都想健康，可现实是都会生病，于是每个人都存在健康与疾病的矛盾；人都想获得成功，可现实是难免失败，于是每个人都存在成功与失败的矛盾；人都想在各方面都安全，可现实是总有这样那样的危险，于是每个人都存在安全与危险的矛盾；人都想被别人肯定，可现实是常常被人否定，于是每个人都存在被人肯定与否定的矛盾；人都想随心所欲，可现实常常是受到种种限制，于是每个人都存在自由与约束的矛盾……

（2）人生的普遍痛苦和基本痛苦是欲望与现实的冲突

死的痛苦是源于不想死与总要死的冲突；病的痛苦是源于不想病与总要病的冲突；失败的痛苦是源于不想失败与失败已成事实的冲突；危险的痛苦是源于不想有危险与危险已来临的冲突；被人否定的痛苦是源于不想被人否定与事实上已被人否定的冲突；受约束的痛苦是源于不想受约束与实际受约束的冲突……

（3）人生的普遍快乐和基本快乐是欲望与现实的一致

长寿的快乐是源自长寿的欲望成了长寿的现实；健康的快乐是源自健康的欲望成了健康的现实；成功的快乐是源自成功的欲望成了成功的现实；安全的快乐是源自安全的欲望成了安全的现实；被人肯定的快乐是源自被人肯定的欲望成了被人肯定的现实；自由的快乐是源自自由的欲望成了自由的现实……

在欲望现实理论基础上，笔者总结出了欲望现实规律。该规律主要有以下三个内容：

一是欲望与现实矛盾，就可能产生五有：有动力、有压力、有痛苦、有成功、有价值；矛盾适度就正常，过度（欲望过高）就异常。

二是欲望与现实一致就可能产生五无：无动力、无压力、无痛苦、无成功、无价值；一致适度就正常，过度（欲望过低）就异常。

三是欲望与现实矛盾后一致，一致后矛盾，无限循环，就可能产生三有三少：有动力少压力、有快乐少痛苦、有成功价值少无为平庸；张欲便矛盾，足欲即一致。

欲望和现实存在这样的关系和规律，对人有如此重大的作用与影响，所以理应成为教育的重要内容。

进行欲望与现实的关系教育，就是要让孩子们在生活中学会：两者矛盾后一致，一致后矛盾，循环无穷；或者是不知足中知足，知足中不知足；又或是尽力后满意，满意后尽力，两者循环无穷尽。

4. 欲望的六调教育

笔者对欲望与人的关系进行长期研究和总结后认为：人都是欲望的复合体；痛苦是欲望的不能满足或过度满足；幸福是适度欲望的适度满足；人生的过程，从欲望调节的角度看，是自觉与不自觉的张欲、践欲、衡欲、降欲、转欲、足欲的过程，即欲望六调的过程。所以育人，就应该让受教育者学会能动地进行欲望六调，始终做欲望的主人，而不做欲望的奴隶。

从局部来看，或从一般情况来看，欲望调节通常是线性的"张欲—践欲—足欲"的过程（简称"欲、行、果"过程）。

从全局来看，则是立体的相互之间有着网络般联系的不断演变的过程。欲望调节的这种不断演变、相互转化的过程，显示了一定的规律。这个规律，笔者把它称为"欲望调节运行律"（图11-1）。

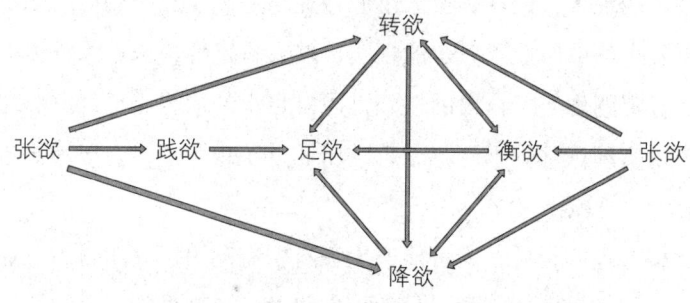

图 11-1　欲望调节运行律

（1）欲望调节运行律的运转机制

欲望的起点是张欲，终点是足欲。没有张欲就没有足欲。如果把人称为"人机"，张欲就是"人机"的发动。所以，人的动力源于张欲。张欲是人生最重要的欲望调节。足欲是"人机"运行的目的，是人快乐、幸福的源泉。张欲过大过多，就难以满足，人就会饱受摧残，因而会痛苦。张欲过小过少，就容易满足，就难有成就感、价值感、意义感，人就会陷入空虚、无聊之中。所以痛苦是欲望的不能满足或过度满足，幸福是适度欲望的适度满足。所以，张欲和足欲应是一个动态的不断调节的过程，人都应该是不知足中知足，知足中不知足，使张欲和足欲形成良性循环。

在张欲和足欲之间，通常要经过践欲。践欲是张欲的实施与延伸，是足欲的前提和保障。没有践欲，通常就没有足欲，张欲就成了空想，就会失去意义。如果只从这三者的线性运行方式看，人生主要就是各种各样的"张欲—践欲—足欲"的过程（"欲、行、果"过程）。由于这三者的实现都很难，很多的心理病就出在这三者上，因此可称之为"人生欲道三大关"。心理的健康和疾病、生活的幸福与痛苦、人生的成功与失败等，都与这三大关紧密相关。笔者在长期的心理咨询实践中发现：许多心理问题，都是欲道三大关过程中的问题。要解决他们的问题，就要解决这个过程的问题；要增进他们的心理健康，就要让他们的这个过程健康。

通往足欲的道路有四条：一是践欲，行动性满足；二是衡欲（平衡性满足，包括内外平衡或综合平衡）；三是降欲（降低性满足）；四是转欲（替代性或补偿性满足）。所以，足欲成功实际是践欲的成功、衡欲的成功、降欲的成功或转欲的成功。

调欲的终极目标是足欲。在已确定几种欲望后，如果要衡欲，就可能要降一些欲，或张一些欲，或转一些欲。

在已确定某个欲望后，如果要另外张欲，就意味着可能转欲，至少可能使原来的欲望降低，所以转欲也可能是一种降欲。

降欲和转欲，通常是通过张欲和衡欲来完成的。

降欲至零，就成了去欲、灭欲、无欲。

明白和掌握了欲望调节运行律，人就会驾驭欲望，在无边无际的欲海中尽享欲望带来的快乐。佛教说：苦海无边，回头是岸。笔者说：欲海无边，调欲是舰。

（2）"欲道三大关"

"欲道三大关"即"欲、行、果"过程。该过程的健康表现和问题表现各自主要有哪些呢？经长期研究，笔者的初步结论如下：

张欲关：在张欲阶段，健康表现是人总是拥有一定的梦想，即欲望。但欲望一定要适度。如果欲望缺乏、过低，就会缺乏人生动力，使生命暗淡；如果欲望过多、过高，就会增加人生负担，使生命饱受摧残。在这个阶段，最大的问题是没有志向，成天盲目瞎过，其次是志向远离自己的实际。

践欲关：在践欲阶段，健康的表现是人能坚持不懈地行动，做到勤奋、耐心，坚定，有恒心。在这个阶段，最大的问题是懒散放任，急于求成，见异思迁或三分钟热情。

足欲关：在足欲阶段，健康的表现是当事人既重结果更重过程，将成功和幸福分为"结果成功""结果幸福"和"过程成功""过程幸福"，做到成之淡然，败之坦然。无论结果如何，都欣然接受，自我满意。

在欲道三大关过程中看人的苦乐，其程度大致如下：

$$最苦\begin{bmatrix}有欲有行无果 \rightarrow 有欲无行无果 \rightarrow 无欲无行无果 \rightarrow 有欲有行有果\\ \downarrow \qquad\qquad\qquad \downarrow \\ (高欲高行无果) \quad (高欲无行无果)\end{bmatrix}最乐$$

欲道三大关的健康过程，也是"三康三病""三成三败""三乐三苦"的过程。

三康（三成、三乐）：总是拥有梦想；能够坚持不懈；重结果更重过程。

三病（三败、三苦）：没有目标方向；缺乏持久行动；不能善待结果。

其图式大致如图11-2：

张欲
├ 一康(成)：总是拥有梦想(用梦想确定人生的方向,用追求充实生活的内容)
└ 一病(败)：没有目标方向(无志生活,每天蹉跎,荒废岁月,一生无果)

践欲
├ 二康(成)：能够坚持不懈(用勤奋谱写命运的篇章,用不懈成就个人的辉煌)
└ 二病(败)：缺乏持久行动(无勤懒散放任,无奈急于求成,无定见异思迁,无恒短暂热情)

足欲
├ 三康(成)：重结果更重过程(尽力即为成功,尽力即为幸福)
└ 三病(败)：不能善待结果(成则自得高兴,败则自卑逃避,只重结果幸福,缺乏过程满意)

朱氏点通调欲法认为：人生是欲望运行的过程；在欲望运行过程中有三大关

图11-2 欲道三大关中的三康三病、三成三败

从上可看出，欲望教育是心络人最重要最基础的教育。

二、性格教育

性格（狭义的人格）是指人在生活、学习、工作、社交等各种活动中表现出来的具有突出性和稳定性的心理特点和言行特点。

(一) 性格教育的重要性

在心络系统中，性格这一要素，属于核心支柱要素。如果把人的心络看作一栋大厦，由本能和需要演变而成的欲望就是基础，性格、认知、能力就是大厦的三根支柱。在三根支柱中，性格是最重要的，是核心支柱。它既要受到整个心络系统、生理系统及外界系统的影响，也要受到欲望、认知、能力、情绪情感、行为与习惯、注意、记忆、兴趣、态度、意志、感知、人际关系等分支系统的影响。反过来，它也会影响这所有的一切，而且影响是巨大的、长期的。因此，性格是心络系统中最重要的一大要素，对整个心络系统及周围各要素都起着至关重要的影响作用。性格决定命运，这恰好说明了性格的重要性。所以，作为育人的教育，必须要把性格教育放在重中之重的地位。

(二) 性格教育的相关因素

性格的形成，与遗传、后天影响紧密相关，其中涉及了太多太复杂的因素。一般来说，家庭早期教育是性格形成的关键因素，学校教育是性格形成的主要因素。

从心络系统方面看，性格的形成主要与欲望的满足方式紧密相关。主动满足、及时满足、延时满足、无条件满足、有条件满足、部分满足、不予满足等多种满足方式的成分比例不同、多种满足方式的能动方式不同，都会形成不同的性格特征。

从外界系统看，人际关系（尤其是亲子关系）、家庭环境、经济状态、各种个人事件和社会事件等，都会严重影响性格的形成。

从生理系统看，父母的性格、自身的体质、有无疾病、相貌、体型、身高等，都会对性格的形成有重大影响。

从年龄上看，零岁到三岁是性格形成的基础和雏形。性格的基本形成，按一般的观点看，至少要到十八岁。所以，性格教育要从零岁开始，并要持续到十八岁。

性格的形成与这么多因素相关，所以在性格教育中要注意和关照方方面面。

(三) 性格教育的重点

1. 积极性

严格说，性格没有绝对的好与坏，关键是要看在什么地方、什么时候、什么对象前体现，但相对而言，性格有积极与消极之别。所以，性格教育应重视积极性格的培养。

积极性格有很多，如：自立、自信、自强、自尊、乐观、上进、认真、负责、乐群、活泼、随和、大度、真诚、谦逊、谨慎、自控、灵活、感恩、幽默、勇敢、正直、善良、公正、宽恕、仁慈等等。其中自立、自信、自强、乐观等特别需要培养。消极性格则是这些的反面，其中的依赖、自卑、悲观、马虎、刻板、偏执、怯懦等需要淡化或避免。

2. 适度性

任何一种性格，只要表现得过度，都容易导致问题，适度才是明智的。如自信过度就可能成为狂妄，自信不足就可能成为自卑。又如认真过度就可能成为刻板，认真不足就可能成为马虎。这个度是不好掌握的，要看场所、对象，也需要人生的经历和经验。

3. 能动性

现实是千变万化的，性格在现实面前，最需要的是富于变化，所以最好的性格是能动的。上面所说的"适度"，也包括适时而变。因此，性格教育也需要培养性格的能动性。

所谓性格的能动性，是指能刚能柔，刚柔相济；能进能退，进退自如；能动能静，动静兼有；能伸能屈，伸屈得当。

性格的能动性培养，需要在日常生活中进行。

三、能力教育

（一）能力教育的重要性

在心络系统中，能力是心络大厦的三大支柱之一。如果能力缺失或低下，人的各种问题包括心理问题，就会随之而来。如果能力皆备，人就很难出现问题，或是即便出现，也会很快得以解决。可以说，能力是人生之本，命运之根。教育就要培养人的各种能力。育能，应该是教育的最重要任务之一。

（二）能力教育的主要内容

能力教育的主要任务是要让受教育者具备基本的生存能力和基本的发展

能力。

在基本生存能力的培养教育中，首先要培养人的自理能力、独立能力、适应能力、应对能力、交往能力，然后要培养竞争能力、承受能力、耐受能力。

在基本发展能力的培养教育中，首先要培养专业能力（如学生的学习能力、工作者的工作能力）、协作能力、判断能力、应变能力，然后要培养预测能力和创造能力。

能力的形成，与欲望、兴趣、行为习惯、生活方式、生存压力等紧密相关，也与认知、关注、意志品质、人际关系等相关。所以，能力的培养教育也需要注意这些方面。

（三）能力教育的关键

一是要有意识、有目标地进行培养，直到受教育者具有或提高到一定水平。

二是要经常练习。经常地练习和重复，是能力获得和保持的最基本、最重要的方法。

三是要坚持修塑。有些能力，如坚持力、承受力、竞争力、应变力等，不是一下就能培养出来的，也不是只靠简单练习就能获得或巩固的，而是需要特定的条件和方法以及很长的过程才行，所以需要进行修塑。

四、认知教育

（一）认知教育的重要性

心络学认为，认知也是心络大厦的三大支柱之一，对人的整个心理的影响都起着至关重要的作用。可以说，没有认知，就没有人的心理。人的所有心理活动，都伴随着一定的认知活动；人的所有心理成分，都融入有认知的成分。认知，还是欲望、人格、能力、情绪、行为等心络要素体现的媒介，或者说，这些心络要素都是通过认知来表达和实现的。所以，对人的教育，认知教育是必不可少的。

（二）认知教育的主要内容

心络学所说的认知，是指人通过感官和大脑去认识人和事物的方式、能力以及产生的结果，内容包括知识、智力、观念、思维方式等。观念中还包括了思想、念头、品德、价值观、人生观、世界观等。所以，认知教育就要围绕这些方面教育受教育者。

1. 知识教育

知识是认知的基础。人的一生需要很多的书本知识和社会知识。所以，一说教育，人们首先想到的就是知识教育。

现在人们都很重视书本知识教育，但从某些方面看，社会知识教育则更重要。在社会知识教育中，怎样做人、怎样与人相处等为人处世方面的知识教育尤为重要。

2. 智力教育

就是要围绕观察力、想象力、思考力、判断力、表达力、记忆力、运算力、类推力、反应力、应用力、综合力等众多智力因素对人进行教育和培养。

3. 观念教育

观念教育，就是要对受教育者进行思想、念头、品德、道德、法律、价值观、人生观、世界观等方面的教育。

价值观教育包括生存价值、生活价值、工作价值、交往价值、行为价值等方面的教育。

人生观教育包括命运观、生死观、为人观、处世观、婚恋观、家庭观、人性观、幸福观、成败观、荣辱观、苦乐观等方面的教育。

世界观教育包括自然观、社会观（政治观、发展观等）、是非观、真理观、文化观（历史观、哲学观、宗教观、艺术观）、科学观等方面的教育。

4. 思维方式教育

主要有三大类：

第一大类是逻辑思维教育，包括演绎思维、归纳思维、类比思维等方面的教育。

第二大类是辩证思维教育，包括对立统一思维、绝对相对思维、静止运动思维、现象本质思维、偶然必然思维等方面的教育。

第三大类是其他思维教育，包括发散思维、聚合思维、形象思维、抽象思维、顺向思维、逆向思维、横向思维、纵向思维、认同思维、质疑思维、平面思维、立体思维、单因思维、多因思维、正性思维、负性思维、理性思维、感性思维、孤立性思维、系统性思维、创造思维等方面的教育。

认知要受到欲望、性格、能力、情绪情感、行为与习惯、注意、记忆、兴趣、态度、意志、感知、人际关系等心络要素的影响，所以在进行认知教育时，也要考虑这若干方面。

五、情绪教育

（一）情绪教育的重要性

情绪既是疾病之源，又是健康之本。有很多研究资料表明：人的身体疾病有 70%～80% 都是由心理因素导致的，且主要是情绪因素。在现行的心理疾病中，有许多都是情绪病，如焦虑症、恐怖症、强迫症、躁狂症、抑郁症、躁郁症等。几乎所有的心理疾病，都伴随某些负性情绪。

情绪既是行为的催化剂，又是行为的加速器。人的行为，无论是良好行为，还是不良行为，往往都伴随着一定的情绪。情绪对行为的影响是巨大的。

情绪不仅与人的身心健康、各种行为息息相关，还与人的事业、恋爱、婚姻、家庭、人际关系，甚至整个命运密切相关。情绪有可能是让人最受益的朋友，也可能是让人最受害的敌人。

所以，情绪教育是非常重要的。

（二）情绪教育的主要内容

1. 识别情绪的性质

从性质上看，情绪有正性、负性、中性三大类。

正性主要有：快乐、幸福、满意、惬意、舒畅、安然、悠然、轻松、感激、友好、真诚、亲切、热情、赞美、兴奋、乐观等。

负性主要有：痛苦、悲伤、不满、抱怨、烦恼、反感、嫉妒、厌恶、困惑、担忧、焦虑、不安、紧张、惊惶、恐惧、失望、苦闷、压抑、沉重、绝望、抑郁、消沉、冷漠、急躁、愤怒、暴躁、疯狂、仇恨、委屈、沮丧、内疚、悔恨、激动、亢奋、狂喜、无聊、寂寞、厌倦、空虚、失落等。

中性主要有：平静、随和、坦然、宽慰、慈祥、宽厚、虔诚、崇敬、安心、无忧无虑、自由自在等。

从总的来看，负性情绪容易导致心理问题，所以要注意识别和避免。

2.情绪适度、稳定的教育

对人有不良影响的情绪主要有三类：负性、过度、紊乱。

每个人在生活中都会有种种的情绪，这既是必然的也是正常的，如都存在焦虑、害怕等。不管是什么性质的情绪，只要过度就属异常，就可能导致不良后果。如高兴，本来是正性的，但过度了，就可能导致精神失常。范进因中举而疯便是典型例子。所以，开展情绪适度教育是必要的。

情绪是最容易波动变化的。波动变化太多或太大，就会影响人的身心和行为，导致种种不良的结果。心理健康的一个重要标志就是情绪稳定。所以，情绪稳定教育是十分重要的。

3.情绪预防的教育

预防、避免不良情绪的发生，是情绪教育的一大重点。

所有心络要素，都可能导致情绪的产生和形成。从一般情况看，主要的情绪源是欲望、性格、认知和人际关系，其中最主要的是欲望。所以，最主要的是要从欲望方面去预防。

预防的主要方法是：凡是想要的，都要事先想到，有可能要不到。若果真要不到就算了，应视为正常，不必太在意，只要尽力争取就行了。凡是不想要的，能避就避，不能避就面对、承受，不能承受就顺其自然。总之，凡事做最大努力，最坏打算，坦然接受所有现实。

4.情绪管理的教育

一是要学会控制：当情绪已经发生后，要进行适度控制，至少要控制在不产生严重危害范围内。

二是要学会转移：当情绪无法控制时，就进行人或心理内容的转移。如立即离开现场，立即去想或做另外的事情等。

三是要学会释放：当无法转移时，就进行及时释放，如深呼吸、大喊、大哭、唱歌、剧烈运动、向人倾诉等。

六、行为及习惯教育

（一）行为、习惯教育的重要性

行为即人，习惯即人。行为和习惯都是人的代表。

行为和习惯对人的生活、家庭、工作以及整个命运都会产生重要影响。人的生活行为和习惯会直接影响人的生活方式、状态及质量。人的家庭行为和习惯会直接影响家庭成员间的关系以及幸福。人的工作行为和习惯会直接影响工作的效率和结果。人的一系列行为和习惯会直接导致命运的顺逆吉凶。总之，人的生活、家庭、工作、命运的状态及结果，都是人一系列行为和习惯的综合反映。人一生的行为和习惯，就是人一生的代表和写照。一生都拥有良好行为和习惯的人，就会是一个一生都良好的人。所以，行为和习惯教育非常必要和重要。

（二）行为和习惯教育的主要内容

1. 行为教育的主要内容

一是要进行生活行为（包括吃、睡、运动、待人接物、娱乐等方面的行为）的教育。其中特别要让受教育者学会行为独立，避免行为依赖；学会冷静，避免冲动；学会能动地面对行为，避免一味地逃避行为。

二是要进行学习行为（包括听、读、说、写、算、实验等方面的行为）的教育。

三要进行社会行为（包括在社交、交通、旅游等方面的规则行为）的教育。其中特别要让受教育者学会文明行为，避免不良行为。

在所有行为教育中，要注意行为的积极性而避免消极性，注意建设性而避免破坏性，注意适度性而避免过度性，注意正常性而避免异常性。

2. 习惯教育的主要内容

一是要进行生活习惯（包括饮食、睡眠、锻炼、清洁、整理、节俭等方面的习惯）的教育。其中饮食、睡眠、锻炼、清洁要做到按时、适度、有规律。

二是要进行学习习惯（包括自觉预习、听讲、思考、提问、作业、查错、阅读、书写、收拾书包和学习用具等）的教育。

三是要进行能力习惯的教育。如：习惯自理和自立、习惯自己选择和追求、习惯自己去面对和承担、习惯自我肯定和鼓励等。

四是要进行语言习惯（如习惯说普通话）、表达习惯（如习惯完整、简洁地表达）、思维习惯（如习惯从两方面或多方面去思考）、情绪习惯（如习惯平静、坦然地面对人和事）、交往习惯（如习惯主动、友好、热情地与人交往）等的教育。

七、兴趣教育

（一）兴趣教育的重要性

在心络学的动力系统中，欲望要素是第一动力，兴趣和人格等要素是第二动力。人在兴趣的作用下，会不自觉地将注意集中在所感兴趣的事物上，并会深入地、持久地投入时间、精力等。有些兴趣会成为人们毕生的追求。为了兴趣，很多人会倾其一生，不惜把其他一切放弃。

兴趣一旦形成，就会成为一个人性格、欲望、行为（尤其是日常行为和交往行为）、注意等的显著特点。它是人心理的一面旗帜。

兴趣能决定人生的方向、内容和方式，能决定人的情趣、认知、性格、态度、意志和与外部世界的关系。不同兴趣，不同人生。很多人的一生，从某种意义上讲，是由其主要兴趣决定的。

有了兴趣，便会有动力，有追求，进而会有成就感和价值感，最后会有意义感。

所以，兴趣教育是必须进行的一项重要教育。

（二）兴趣教育的主要内容

兴趣教育也可叫喜欢教育、热爱教育。能让人打心里喜欢、热爱，就是兴趣教育的成功。

1. 学习兴趣教育

就是要让受教育者喜欢和热爱学习。现在学生都要学习语文、数学、历史、地理、物理、化学、外语等基本学科。除这些外，还要学画画、唱歌、弹琴、书法、计算机等等。怎样能让学生对这些方面感兴趣，而不认为学习是繁重的负担，是家长和教师应承担的一项非常重要的教育任务。

2. 生活兴趣教育

就是要让受教育者喜欢和热爱生活。人在生活方面的兴趣很多，如吃趣（含饮趣）、穿趣、住趣、行趣（含游趣）、玩趣（含歌、舞、棋、牌、钓鱼、打猎、看影视、养宠物、种花草等）等。

3. 职业（专业）兴趣教育

就是要让受教育者喜欢和热爱某些职业或专业。职业（专业）兴趣的类型太多，这需要让受教育者了解这些职业或专业的情况，让其自主选择。其中也需要一定的引导。

4. 社会兴趣教育

就是要让受教育者喜欢和热爱社会的某些方面，如交往兴趣、政治兴趣、经济兴趣、军事兴趣、科技兴趣等。

（三）兴趣教育的注意事项

1. 要有主次

兴趣太多，但教育不可能全方位进行，因此兴趣教育必须有所选择和侧重。无论是学习兴趣还是生活兴趣，无论是职业兴趣还是社会兴趣，应根据受教育者的情况作选择，要有主次，决不能面面俱到。否则就会沦为兴趣的奴隶，荒废时间和精力。

2. 要适度

在有限的主要兴趣中，有些兴趣教育也不能过度，以避免病态的痴迷。适度的痴迷很正常，甚至难能可贵。过度的痴迷有可能让人精神失常。如果因痴迷而不能正常生活、工作、交往，即社会功能遭到了严重损害，就是过度了。

3. 要和现实需要结合

人最基本的需要是生存和发展。所以，兴趣能与生存和发展结合是最好的。如果不能结合，就必须兼顾现实需要。一般来说，需要第一，兴趣第二，两者相互能动，相互促进。只顾兴趣，不管现实需要，就有可能让人生变得暗淡，甚至悲惨。

八、意志教育

(一) 意志教育的重要性

意志是决定达到某种目的而产生的心理状态，是人有意识、有目的、有计划地调节和支配自己行为的心理过程。它是在多种心络要素综合影响下形成并与之紧密相关的，具有状态稳定性和作用广泛性的心理特征与品质。从其体现的过程看，主要有确定目标的能力、明确判断的能力、果断决定的能力、坚定行动的能力、持久进行的能力、灵活变通的能力、有效达标的能力。这些特征、品质，从某个角度上看，既是人格特征、品质的重要成分，也是整个心理特征、品质的重要成分。

意志对人的影响是持久性的。很多人的一生，往往是其意志品质影响的结果。

意志对人的影响是广泛的。它可使人自觉地去确定目标，使行为具有指向性和目的性；可使人去追求和达到目标，使行为具有连续性和价值性；可使人去能动地调节和控制各种行为，使行为具有可变性、灵活性和相对的稳定性；可使人去克服各种困难，使行为具有硬性、韧性和持久性；可使人去改变现实，也可使人去逃避现实，使行为具有进退性和一定的弹性或柔性。人的一切，都与一定的意志品质紧密相关。

所以，意志教育很重要。

(二) 意志教育的主要内容

意志教育就是要使受教育者具有自觉、自律、勤奋、持久、果断、坚定、勇敢、坚强等意志品质。

1. 自觉教育

就是要让受教育者在学习、生活中，有一定的自觉性、主动性。如起床、洗漱、吃饭、做事、出门、上学、上班……都能成为一个人的自觉行为，而不是被要求、被强迫。这样，就会让自己和别人都感到轻松，而不是又累又苦。

2. 自律教育

就是要让受教育者在无穷的自我欲望和外界诱惑中，有一定的自制性和自控性，能根据现实的各种客观情况因时而异地调整自己的欲望和选择，不为欲望所累所困，始终是自己和现实的主人。

同时要让受教育者能在许多社会规则面前自律自控，符合社会规范。

如果缺乏自律自控，就很容易被自己的无穷欲望和现实的种种诱惑及规则所牵制，就总感到处处不如意，人生太不自由，成了自己和现实的奴隶。

3. 勤奋教育

就是要让受教育者在学习、生活中具有勤快、勤奋、勤勉的意志品质。勤为无价之宝。学习优异在于勤，事业成功在于勤。所有的天才在于勤，所有的辉煌在于勤。勤奋的人，会不断拥有成就感、价值感、快乐感。懒惰的人，就容易意志减退，身心俱疲。笔者认为，单纯型精神分裂症，其本质就是懒病。懒是人生最大、最难战胜的身心之敌。勤奋教育，是意志教育中必不可少的教育。

4. 持久教育

就是要让受教育者在各种追求中，有一定的坚持力和耐久力。人的很多活动，哪怕是日常活动，并不是有了行动就行的，都需要一定的坚持。有些人有许多的目标和冲动，但热情往往只有几分钟，所以不断开始，不断放弃。很多人一事无成，不是缺乏行动，而是缺乏坚持。有些人甚至终生奋斗，但往往在最困难最需要坚持的时候放弃了目标的追求，结果使一生的努力功亏一篑。坚持，是达到成功的保障。笔者有一个关于人生的结论：尽力即为成功，不懈便是辉煌。要使人具有不懈的意志品质，就需要进行持久的意志品质教育。

5. 果断教育

就是要让受教育者在各种行为中，有一定的果断性或决断性。在人生的关键时候或重要阶段，特别需要做出果断的决定。就是在日常生活中，很多事情也需要根据主、客观不断变化的情况迅速作出决定。如果缺乏果断性，总是犹豫，就可能失去良机，甚至一事无成。

6. 坚定教育

就是要让受教育者在做出选择或决定后，要坚定而不动摇。

做出任何选择或决定后，都会面临种种的可能，尤其可能有自己不想要的结果。这时就特别需要具有坚定性。事实上，很多事情都是利弊同在，得失并存。如果缺乏坚定性，就很容易动摇，自我怀疑，自我否定，甚至完全放弃。很多人一事无成，一个重要原因就是缺乏坚定的意志品质。

7. 勇敢教育

勇敢教育就是要让受教育者勇敢地去克服内心恐惧，勇敢地去面对现实中的种种困难和挑战。一句话：学会不怕。人从小就会害怕这、害怕那，从小就有种种的不安全感。这与恐惧本能紧密相关，也与不知怎样应对、缺乏应对能力等密切相关。这就需要培养勇敢的意志品质以及方法和技能，不断克服怯懦。具体来说，要让他们逐步学会和做到不怕事、不怕人、不怕苦、不怕累、不怕难、不怕黑、不怕远、不怕陌生、不怕死亡等。

8. 坚强教育

就是要让受教育者能面对和承受住现实中的种种压力和打击。生活在这个世界上，必然面临许多，甚至巨大的压力，种种的任务、责任、事件和复杂的关系，会形成种种的重负压在每个人的身上。尤其是在各种拼搏与竞争中，个体会面临太多的失败和打击。这就特别需要人具备坚强、顽强甚至坚韧的意志品质。如果意志薄弱、软弱、脆弱，那就必然成为生活中的弱者和可怜虫。

总之，意志教育是很重要的教育。它需要有意识地培养、刻意地进行训练，要从小事开始，要从目标出发，要坚持不懈。

九、人际关系教育

（一）人际关系教育的重要性

人是群体动物，都有交往的本能。如果这个本能没获得满足，人就容易产生孤独感和空虚感。

人都有安全的需要和归属的需要。如果没得到满足，就可能失去安全感和归属感。所以人特别需要拥有一定的社会支持系统，必须拥有一定的人际关系。

人都有想得到他人的尊重、肯定、赞扬，甚至关心的心理需要。如果得不到满足，就可能烦恼、苦闷，甚至痛苦。这也是在人际互动中实现的，其中必然产生人际关系。

人的心理也需要"新陈代谢"。在人际交往中去获取与人有关的信息,就是在吸收精神养料。去向他人说出自己内心的种种想法、感受,尤其是焦虑、担心、烦恼等,就是在排出心理废料。实现这种"新陈代谢",就离不开一定的人际互动,其中也必然存在人际关系。

人都会有各种各样的与生活、学习、工作、社交、玩乐等有关的活动。这些活动的产生都离不开人际关系这个平台。

人的命运与人所具有的资源有关,人际关系是一个人非常重要的资源。古今中外的成功人士,他们的成功和命运,都与人际资源紧密相连。

从上可知,人际关系教育也非常重要。

(二)人际关系教育的主要内容

1. 要让受教育者逐步明白人际关系的若干特点

人际交往是一门处世学问,需要长期学习和总结。所以,要让受教育者在实践中逐步明白以下特点:

一是互动性特点:人际关系都是在一定的互动中建立、维系和发展起来的。因此,要善于与人互动。

二是条件性特点:人际关系的建立、维系和发展,都是有一定条件的。如果条件发生变化,关系就可能发生变化。如果条件不具备了,关系也就可能不存在了。因此,要考虑双方的有关条件:共同的愿望、追求、需要、爱好、兴趣、语言、对立面以及有共同可接受的交往规则、方式、时间、地点、经济成本等。

三是变化性特点:人际关系建立后,很容易发生变化。因为人的需求是不断变化的;在利益、荣誉、评价等很多方面,原本的关系一不小心就会导致破裂;有许多新的情况不断涌现,容易使原有的人际关系发生变化;会涉及其他众多的关系,而这些关系有可能是矛盾的。

四是复杂性特点:人际关系通常都比较复杂。因为每个人都有自己的欲求、性格、思想、兴趣、态度、行为及习惯等,很难形成共同的语言,很难达到双方的一致;因为各自交往的内容、方式、规则、目的等往往各异,甚至还不能相容;因为所涉及的对象、内容、性质、范围等十分广泛,且容易变化。另外,人际关系既是个人关系,也是团体关系,还是社会关系;既是物质关系，也是心理关系（包括欲望关系、情感关系、认知关系、性格关系、志趣关系等），还是经历关系。

2. 要让受教育者去主动交往多交往

有社交问题的人，初期交往大多都是被动的。被动，就容易导致相对的交往少和交往成就感少，继而就容易导致不想交往或社交恐惧。所以要鼓励他们主动去交往，多与人接触，多参与团体活动，并争取能发言，能与人交流分享。当主动成为习惯，当与人接触和参加活动增多，就会拥有社交胆量、自信和经验。要争取有一定数量和质量的人际圈，并能和多数人保持关系和谐。

3. 要让受教育者学会基本的交往知识与技能

人际交往困难的人，往往缺乏社交的常识或技巧：不知怎样去打招呼，不知该说什么，缺乏谈资，表达能力低，不知别人的交往需要，缺乏魅力或吸引力等。所以，要让他们学会如何找话说，如何问答，如何积累谈资，如何了解和知道别人的需要和忌讳，如何增强表达和互动的能力等。

4. 要让受教育者学会善待自己和别人以及坦然面对交往中的得失成败

在交往中，很多人都想以自我为中心，总想当主角，否则就不想交往。这是不行的。应该是根据实际情况，能当主角就当好主角，不能当主角就要当好配角。能主能次才是正确的。

有些人总想被人重视。只要不被重视，就无法接受。这也是有问题的。因为参加交往，有时被重视，有时不被重视，都是正常的。我们自己也做不到去重视参加交往的每一个人，为什么要去要求别人都要来重视自己呢？

有些人怕遭人议论或否定，所以不想去交往或恐惧交往。这可以理解但不能赞同。人际交往，遭人议论或否定是完全可能的，甚至是经常的、必然的，所以从某个角度去看也是正常的。事实上，我们有时也会去议论或否定别人，因为我们做不到对别人什么都肯定。

有些人怕别人知道自己的一些问题或隐私。这也是可以理解的。这需要我们注意自我保密，同时也需要我们保持一定的开放度。否则就很难去进行有一定深度的交往。

有些人害怕交往失败。这也可以理解但不敢赞同。别说交往，其实做什么都有可能失败。我们当然应尽量去避免失败，但不能因有可能失败就放弃交往。

总之，在交往中，一定要善待自己和别人以及坦然面对得失成败。

十、态度、注意、记忆、感知的教育

（一）态度教育

态度是对人和事物接受与否、喜欢与否、肯定与否等的反应。

态度教育的主要内容：

1. 要让受教育者知道种种态度的作用和影响

如：你的态度就是你的写照、你的反映，别人通过你的态度就能直接了解到你的一些情况；你的态度能直接迅速影响对方的感觉、看法，能让对方的态度迅速发生变化；你的态度既是你和别人关系的反映，同时也会显著地影响你与别人的关系。要想与人保持良好的关系，就一定要保持良好的相处态度，因为态度是维护双方关系的润滑剂。再好再长久的关系，也会因偶尔的态度不当或态度不好而使关系受影响。要想结束某种关系，最简单的方法就是改变你的态度。

2. 要让受教育者学会、掌握、应用有关态度

态度利弊同在，要学会趋利避害。积极与消极、乐观与悲观、主动与被动、热情与冷淡、粗暴与温和、认真与马虎、肯定与否定、支持与反对、喜欢与不喜欢等，都要因人、因时、因场所而异。在对待人生方面，一定要积极、进取、乐观。在对待人方面，应以热情、友好、肯定为主。在对待事情方面，一定要认真、负责、严谨。

（二）注意教育

注意（关注），是指在一定条件下，人对一定对象的选择、指向和集中，其间伴随着观察、识别、思考、联想、记忆、感受、情绪等一系列心理活动及其反应。

注意教育的主要内容：

1. 要让受教育者知道注意的一些特点

一是选择性特点：人很难同时去注意多个对象，只要注意了什么，就是选择了什么。只要没注意，就是没选择。

二是集中性特点：没有集中就没有注意。只要注意了什么，就会集中于什么。

三是排他性特点：注意什么，就会排斥其他。如果不能排斥，就无法注意。

2. 要让受教育者知道注意的一些类型

一是有意注意（又叫主动注意）和无意注意（又叫被动注意），二是内部注意和外部注意，三是强烈注意和淡薄注意，四是深度注意和表面注意，五是暂时注意和长期注意，六是选择性注意和集中性注意。

3. 要让受教育者知道引起注意的一些因素

心理因素依次是欲望、兴趣、能力（特长）、性格（自尊与自卑）、认知（负性与正性）等。生理因素主要是疾病、健康、吃和性。外界因素主要是重大事件以及个人紧密相关的一系列事情。

4. 要让受教育者知道注意的能量性质

注意是一种心理能量。不同的人，其注意能量有大有小，有多有少，有强有弱。同一个人，在不同的时候、不同的地方、不同的生理状态、不同的外部条件下，其注意能量也是不同的。

5. 要让受教育者知道注意集中具有反向作用

注意是有一定定数的。在定数范围内，越集中，注意力就越能集中，注意力的水平与注意的程度成正比。但如果超出定数范围，就会出现"注意集中的反向"现象，即越集中，注意力反而越不集中，注意力的水平就与注意的程度成反比。

6. 要让受教育者学会正性关注（积极关注）

受教育者一定要学会和善于正性注意并知道注意需要能动、适度和平衡，尤其要知道常见心理疾病与注意（关注）的一些关系。能做到主次兼顾。能做到高度集中，又能做到随时分散和转移。注意的范围能大能小，注意的程度能强能弱。

对正性注意和负性注意、内部注意和外部注意、有意注意和无意注意等都能做到能动适度。

焦虑症患者，大多是问题关注、预期关注。恐惧症患者，大多是恐惧关注。强迫症患者，大多是不安全关注、不确定关注、规则程度关注、完美关注。抑郁症患者，大多是兴趣关注、价值关注、意义关注。疑病症患者，大多是死亡关注、病症关注、健康关注。体像障碍患者，大多是体像关注。精神病人，大多是内部注意严重，外部注意缺乏；在某方面注意过于集中、强烈，在其他方面不注意或难注意或注意过弱。

（三）记忆教育

人的一切知识和经验的获得，都离不开记忆。

记忆是心理内容的仓库。没有这个仓库或这个仓库中没有什么内容，人的心理活动就会严重衰退。如果失忆，就意味着人的智力开始丧失，心理活动开始僵化，成了心理上的植物人。

记忆是心理功能、生理功能中的一种重要的功能。记忆健全与健康，是心理功能和生理功能健全与健康的基石。

记忆就是要对过去所见、所闻、所感知、所经历的事物能记得住、忆得出。

记忆教育的主要内容：

1. 要让受教育者知道记忆的一些特点

一是重复性特点：记忆通常离不开重复。记忆是重复的结果。瞬间记忆如果重复，就能变为短时记忆。短时记忆如果重复，就能变为长时记忆。人的长时记忆，通常都是不断重复或长期重复的结果。

二是及时性特点：记忆都特别讲究及时性。不管什么内容，只要及时再现和重复，记忆的效果就好。如果延时再现和重复，效果就相对差。记忆是及时再现和重复的结果。

三是影响性特点：记忆的内容，在记忆过程中往往会互相影响。首先是顺序的影响。记忆前面的，会影响后面的。记忆后面的，又会影响前面的。所以开头和结尾的内容，比较而言，容易记住，而中间的就最难记住。其次是类别的影响。把同一类别的内容放在一起，就容易记住。把不同类别的内容放在一起，就不易记住。

四是理解性特点：如果对记忆的内容不理解，记忆效果就不好。反之就好。在相同的情况下，理解越深刻的，记忆就越容易，越长久。

2. 要让受教育者知道记忆的一些种类和方法

有意记忆法：有意识地去记，就容易记住。如果不想记，记起来就相对困难。

兴趣记忆法：感兴趣就容易记住，不感兴趣的就不易记住。

关系记忆法：让自己和需记忆的内容有关系，就容易记住。如果没关系，就很难记住。

理解记忆法：理解了的容易记，没理解的就难记。

分散记忆法：把记忆的内容分成若干部分，各个击破。如果是整体记忆，记起来就困难。

分类记忆法：把同类内容放在一起，就易记。把不同内容放在一起，就难记。

多功能记忆法：把看、听、说、做、动等结合起来，就记得快、记得住。单一的视觉记忆、听觉记忆等效果就差得多。

其他的有联想记忆法、比较记忆法、数字记忆法、顺口溜法等等。

（四）感知教育

感知是感觉与知觉的统称，是人的感官对客观事物的直接反映，也是通过大脑对客观事物进行主观加工后的主观结果。

感知是心理活动以及整个人正常生存的前提。人的一切心理活动和生存活动都是从感知开始的。没有感知，人就无法感知客观事物，就无法知道自己的状态，就无法获取任何信息与知识，也无法和外界的人和事物产生和发展关系，就无法正常生存。

感知教育的主要内容：

1. 要让受教育者知道感知的一些种类

一是生理性感知。有三类：内脏感知、感官感知、运动感知。内脏感知主要有：饱感、饿感、胀感、渴感、痛感、酸感、闷感、堵感、不适感、变形感等。感官感知主要有：视感、听感、味感、嗅感、肤感（触感、痛感、痒感、麻感）、性感等。运动感知主要有：动感、静感、快感、慢感、平衡感、失衡感、飞越感、降落感、旋转感等。

二是心理性感知。有很多类。其中，性格感知主要有：自信感、自尊感、自卑感、优胜感、自负感、自责感、倔强感、谦和感、温柔感等。能力感知主要有：高能感、低能感、胜任感、无能感等。认知感知主要有：正确感、错误感、志同感、道合感、理智感、良知感、美感、丑感等。情绪与情感感知主要有：愉快感、兴奋感、轻松感、舒畅感、平静感、不安感、紧张感、恐惧感、焦虑感、抑郁感、寂寞感、绝望感、同情感、内疚感等。兴趣感知主要有：浓厚感、盎然感、无趣感、无聊感、枯燥感等。态度感知主要有：进取感、退缩感、希望感、无助感、自主感、依赖感、责任感等。人际感知主要有：亲密感、亲切感、亲近感、慈祥感、友好感、和谐感、虚伪感、疏远感、冷漠感、嫉妒感、压抑感、厌恶感、对立感、无情感、仇恨感等。

三是社会性感知。主要有：先进感、落后感、富强感、贫穷感、秩序感、混乱感、发展感、停滞感、美好感、丑恶感、满意感、愤怒感、接纳感、排斥感、正义感、公平感、文明感、祥和感等。

四是综合性感知（因生理性感知、心理性感知、社会性感知综合影响而产生的感知）。主要有：快乐感、幸福感、成就感、价值感、意义感、光荣感、自豪感、崇高感、神圣感等。

2. 要让受教育者拥有某些感知

在内脏感知中，有正常的饱感、饿感、胀感。

在感官感知中，有良好的视感、听感、味感。

在运动感知中，有良好的动感、静感、平衡感。

在性格感知中，有良好的自信感、自尊感。

在能力感知中，有胜任感。

在认知感知中，有正确感、理智感、良知感、美感。

在情绪与情感感知中，有愉快感、轻松感、平静感、同情感。

在兴趣感知中，有浓厚感。

在态度感知中，有进取感、希望感、自主感、责任感。

在人际感知中，有亲密感、亲切感、慈祥感、友好感、和谐感。

在社会性感知中，有一定的先进感、秩序感、发展感、满意感、接纳感、文明感。

在综合性感知中，有一定的快乐感、幸福感、成就感、价值感、意义感、自豪感。

3. 要让受教育者的感知保持正常

一是能真实、客观、正确、准确地感知外部世界和自己，并能做出相应的反应。

二是所看到的、听到的、闻到的、触到的以及感受到的，都是客观存在的。

三是正性感知多于负性感知。

四是预防、避免出现感觉、知觉障碍。

第三节　教育应是社会人的教育

一、社会规则教育

社会是有许多规则的。作为社会人，就应该知道并遵守这些规则。否则，就可能寸步难行，甚至可能遭到规则的惩罚。所以，教育就必须有社会规则的教育。

社会规则是由本国、本民族规定的或由一定社会文化、习俗、传统等长期形成的人们生活及行为的规则或规矩。

社会规则教育就是要受教育者建立规则意识，明白和遵守这些规则，并要应用这些规则来约束受教育者的不良行为。

从总的方面看，社会规则有法律规则、道德规则、行业规则、职业规则、团体规则、社交规则、家庭规则、学校规则等等。

法律规则是指规定人们的法律权利、法律义务以及相应的法律后果的行为规范。

道德规则是对人道德行为进行规范的准则，是判断评价人行为对错、善恶、荣辱，是否正当、正义、道德的标准。符合道德规则的，就是对的、善的、光荣的、正当的、正义的、道德的；违反道德规则的，就是错的、恶的、耻辱的、非正当的、非正义的、非道德的。

团体规则，是为保证团体目标实现，为制约团体成员思想、信念与行为而制定的准则，是每个成员都必须严格遵守的行为规则。如团、社、协会、学会、企事业单位等各自规定的章程、规章。不管什么人，只要进入某个团体，就必须明白和遵守该团体的规则。

社交规则，是人们在社会交往中形成的大多数人会接受和应用的规则。社交规则因人群、因场合而异。如外交人员在外交场合，如晚辈在长辈的寿辰庆典场合等等。

社会规则教育要根据受教育者的年龄、一定场合、存在问题等不时进行，最好能结合真人真事，仅仅是空谈说教，就难有理想效果。一般说来，在儿童阶段，主要是家庭规则、幼儿园规则、儿童相处规则等的教育。在小学阶段，要开始增加学校规则、团体规则、社交规则的教育。在中学阶段，要开始增加法律规则、道德规则的教育。在大学和大学毕业后，还要增加职业规则、行业规则等的教育。

二、社会适应教育

从某种意义上讲，人是社会环境的产物。人生活的社会环境是在不断变化的。所以，每个人都需要与时变化，即适应。如果一个人不能适应所处的社会，就可能产生格格不入的心理，长此以往，就容易引起心理变异，成为心理障碍患者。

这里所说的社会适应，是指个体能与不断变化的社会适应，并能与之建立起平衡与和谐的关系。

社会适应的种类通常有如下这些：

学习适应：包括学校环境适应、学校管理适应、学习内容适应、授课教师适应、同学关系适应、考试适应等。

生活适应：包括生活环境适应、生活方式适应、饮食适应、住行适应、业余生活适应、习俗适应、信仰适应等。

工作适应：包括工作环境适应、单位管理适应、工作任务适应、工作关系适应、待遇分配适应等。

社交适应：包括个人社交适应、团体社交适应、职业社交适应、行业社交适应、广泛社交适应。

角色适应：包括各种角色的适应。人往往都有多种角色。每种角色都有不同的要求。角色适应，就是能在不同场合或不同时候，能胜任自己当时的角色，并能达到当时角色的要求。如一位先生，在本单位是一位领导；在上级面前是一位下属；回到家，是妻子的丈夫、孩子的父亲、自己父母的儿子；去孩子学校，是一位家长；去参加同学聚会，是一位同学。

社会适应教育，就是要使受教育者通过一定的学习和实践，增强适应能力，成为社会功能健全的社会人。

社会适应和不适应的表现：对待社会现实，一是面对和逃避，二是接受和排斥，三是忍受和反抗，四是悦纳和煎熬，五是超越和崩溃。

社会适应和不适应的主要原因：

一是能力因素。具备了现实要求的能力，就容易适应，没具备，就很难适应。

二是欲望因素。总想与现实同步或与时变化的，就容易适应，总想脱离或逃避现实的，往往就难适应。

三是认知因素。总认为应该去适应甚至乐于适应的，就容易适应，总认为不该去适应甚至认为适应是扭曲自己的，就难适应。

四是性格因素。他人中心或能动中心的易适应，过分自我中心的难适应；适度自尊的易适应，过度自尊、死要面子的难适应；自信的、不太在意别人评价的易适应，自卑的、过分在意别人评价的难适应。

五是意志因素。勤奋的易适应，懒惰的难适应；善于坚持的易适应，缺乏坚持的难适应；果断的易适应，犹豫的难适应；勇敢的坚强的易适应，怯懦的脆弱的难适应。

六是人际关系因素。善交往、朋友多的易适应，不善交往、朋友少的难适应。

七是身体素质因素。身体好、素质好的易适应，身体差、素质差尤其是多病的就难适应。

知道了以上原因，就知道了社会适应教育的内容：应是从能力、欲望、认知、性格、意志、人际关系、身体素质等方面进行调整或建设。

社会适应教育的方法，主要是学习和践行，尤其是要践行。

学习，主要是要让受教育者知道社会现实的方方面面，包括阴暗面。要让他们明白，自己只是社会现实中的一员，只是社会现实舞台上的某个角色，是一个社会人。要让他们知道，作为一个社会人，就必须具备哪些基本能力，就必须怎样去面对、应对、适应和发展。要让他们清楚，人可以去追求任何梦想，但必须首先生活在现实中，首先要从现实出发，而不是从个人的愿望出发。

践行，就是要在各种家务中、学校活动中、社会实践中去承担责任，去迎接和战胜各种困难，去承受各种挫折和失败，去学会知进退、会刚柔、善应变，去体验酸甜苦辣，人生百味，做成熟、坚强、智慧、永远自信从容的生活强者。

三、社会超越教育

人是社会的人，但社会也是人的社会。从宏观上讲，人既要满足于现存的社会，也要追求更理想的社会。这就需要对现存社会的某些方面进行批判、改造，甚至否定和革新，实现超越。从个体来讲，既要满足于个人的生存环境，也要去追求更好的环境，既要服从于环境，也要在一定上主导环境。所以，无论从社会的发展方面看，还是从个人的发展方面看，超越都是必要的、必须的。

所谓社会超越，从社会方面讲，就是要改造社会，超越社会现存的某些方面，甚至全面革新；从个人方面讲，就是要改变自己的现实环境、现实角色，创造新的环境与角色。

社会超越教育，就是要使受教育者尽力去发挥自己的实践性、创造性，去改造个体现实或社会现实的某些方面，实现对现实的某些超越，争取做超越者。社会超越教育的主要内容：

一是超越的意识教育。激发受教育者的超越欲望，使他们有强烈的超越梦想、超越意识，立志做一个超越者。社会总是在不断变化的，仅仅去适应是不够的，还应在适应的基础上，根据自己的实际情况，进行适度的超越。

二是超越的能力教育。要去培养、训练、提高实现某种超越的能力。如想改变自己学习或工作或生活的现状，就要具备改变的相关能力。如一个学生想在学习上超越自己的现状，那就需要进一步培养和提升他的学习能力，其中包括预习的能力、听课的能力、复习的能力、思维的能力、记忆的能力、应用的能力等。如果这些能力没得到提升，超越就很难实现。

三是超越的可行教育。超越有无可能，超越是否可行，是每个人都必须要考虑的。超越的可行教育，就是要使受教育者明白清楚自己的超越是可行的。其中要明白清楚自己准备超越的对象和范围是什么；自己哪些可能去超越，哪些不可能去超越。是否可行，一般要考虑：自己的现实能力和可提高能力；自己所处的环境和条件；自己的各种资源，尤其是人际资源；是否时机成熟；去实现超越会面临的最大困难和挑战是什么；最坏的结果可能是什么；等等。

四是超越的方法教育。超越是很难的，不仅需要强大的动力、可靠的能力、持久的耐力，而且需要多种多样的方法。超越的方法肯定很多。其中主要有：①创造超越的种种条件，包括物质或经济条件、人脉条件、知识条件、影响条件等。②制定和反复论证超越的方案。最好有多种方案。方案中要充分考虑会遇到的问题及其应对。基本底线是不管面临什么困难和风险，都保证自己能正常生活。因为超越主要是为了提升，能使自己在现实中有更大或更多的主动性，而不是为了超越而不顾一切。③借鉴别人成功的经验，汲取别人失败的教训。社会上有许多人实现了超越，他们的成功经验是很宝贵的，如果能成功借鉴，会让自己少走很多弯路。也有许多人完全失败，他们的失败教训更为宝贵，一定要牢牢记取。尤其要考虑，如果自己也遇到这些情况，该怎样应对才会避免失败。

五是超越的践行教育。这是超越教育的关键。因为再有梦想，再有能力，再有好方案，如果不去践行，这些都会变为无意义。很多人什么都知道，什么都会讲，还会谆谆教导别人，但就是无行动，所以往往是一事无成，更别说什么超越了。践行教育，就是要鼓励、监督受教育者去行动，去不懈努力。尤其要他们学会和践行这样一种处事态度：不管行动结果如何，只要尽力了就要满意，就要认定是自己的成功。这样，就可能持久践行，并有持续的成功感。在践行教育过程中，要让受教育者向社会上那些行动派、实践派的典型人物学习，同时也要让他们看到那些空想派、空谈派的可怜可笑之处。

第十二章　心络学的社会观

心络学的社会观认为：社会是人的复杂集合体，是人与人和团体与团体的互动体、矛盾统一体。由于人是欲望的复合体，所以社会也是团体欲望的复合体。社会的这一本质，决定了团体与团体的关系主要是利益关系、主次关系、成败关系，决定了团体与团体之间的竞争主要是利益之争、主次之争、成败之争。作为一个社会人，就必须明白这些社会现实，必须学会面对、应对、适应或超越，在社会中实现自己的价值，为社会做出自己的贡献。

第一节　社会是人的复杂集合体

心络学的社会观认为：社会是人的复杂集合体，其集合性和复杂性，可以从它的概念、内涵、特性中体现出来。

一、社会的概念

在社会一词中，"社"的本意是指"团体"，"会"的本意是指"用来聚集的地方"，所以"社会"的本意就是"在某个地方聚集而成的团体"。

《现代汉语词典》对社会的定义是：①指由有一定的经济基础和上层建筑构成的整体，也叫社会形态。②泛指由于共同物质条件而相互联系起来的人群。

在社会学中，社会指的是由有一定联系的、相互依存的人们组成的超乎个人的、有机的整体。马克思主义的观点认为，社会是人们通过交往形成的社会关系的总和，是人类生活的共同体。

由于种种原因，人们会对社会有不同的理解和解释，所以会有不同的、种类繁多的社会定义和社会观。如生活在不同社会里的人，会产生不同的社会观；又如生活在同样的社会中，不同的人会有不同的社会观；再如人与社会的不同互动关系，会形成不同的社会观。所以，我们很难说哪些社会观绝对正确或绝对错误，因为有太多的不同，如角度不同、思维方式不同等。如果从多角度去看，用系统性思维方式去看，可能会相对符合事实、相对正确些。

心络学的社会观认为：社会是人在一定空间和时间范围内存在的以生存和发展为核心而形成的支配与被支配的复杂团体。简言之，社会是人的复杂集合体、互动体和矛盾统一体。

二、社会的内涵

首先，社会是团体，是各种各样的"系统人"的集合体，而每个人都只是该团体中的一员。如果只有一个人，或者一群人之间各自完全是孤立的、毫无关系的，就不能称之为社会。人类社会是指在地球上存在的人类团体，每个人都是这个团体中的一员。中国社会或美国社会，是指在这两个不同国家中存在的两大团体，每个中国人或美国人都只是各自国家中的一员。社会主义社会或资本主义社会，是指在这两个不同社会制度下存在的两大团体。宗教社会是指在宗教中存在的团体。没有团体就没有社会。不管什么社会，都是以社会成员的生活、生产及发展等各种需要为导向的，并以一定的制度、规章为行为准则的组织体系。

三、社会的特性

社会作为人的集合体，具有很多特性，反映了社会的复杂性。从这众多的特性和复杂性中，我们会深深地感受到：社会是人的复杂集合体。

社会特性主要有：

（一）组织性

社会从总的方面看，就是一个大的组织。在这个大组织里，还有各种各样的小组织及其众多的分支。这些大小组织及其分支，都存在着一定的类别和等级。人类社会是一个最大的组织，在这个组织里，就有许多的国家。国家也是一个大的组织，在每个国家里，又有政治、经济、军事、文化、教育等方面的各种组织，如政党组织、政府组织、军队组织等。所以，从社会的组织性这点上看，社会就是各种组织的总和。

因为组织性，作为个体，只要存在，就会属于社会的一员，就会处于某种组织的管理之下，就会属于某类人中的某等人。所以，从社会组织性的角度看，作为社会人的个体，无论从理论上讲还是从实际情况来看，都是无法实现人与人的绝对自由和平等的，最多只能在某些方面去追求或达到相对的自由和平等。因为组织性，作为社会人的个体有了一定的归属感和安全感。所以对于很多人来说，他们是既想逃离一定的组织，但又想依附一定的组织。

（二）规则性

任何组织，不管大与小，都有自己的一些规则。如国家有法律、政策和道德等方面的规定，政党有党章，公司有章程，学校有校规，家庭有家规等。没有规则，组织就难以维系，更难发展。

因为规则性，作为个体，不论什么时候，都要知道规则，遵守规则，受规则的约束，否则就会受到规则的惩罚。从社会的规则性方面看，作为社会人的个体，也是无法拥有绝对自由的，最多只能在某些时候或某些方面获得一点相对的、十分有限的自由。作为明智的社会人，只能在某些规则范围内去追求某些自由。

（三）等级性

社会只要存在，等级就必然存在。从不同的角度去看，有不同的等级。从人的角度去看，其中主要有各种权位的等级、财富的等级（贫富的等级）、名望的等级、技艺的等级等。从地域的角度看，有各种不同地区的等级。从国家、民族、人种等角度看，在事实上也存在等级的问题。

因为社会存在等级性，作为个体，就应知道自己现实的位置和层次，并且敢于面对、接受，就应知道应做什么，不应做什么，否则就会心理失衡，在痛苦中长久挣扎。从社会的等级性方面看，其实是很难做到人人平等的，最多只能在某些方面，或在同一等级范围内去做到某种平等。

（四）约束性

社会的组织性、规则性和等级性，决定了社会的约束性。社会的约束性种类繁多，方式复杂。为了强化约束的有力和持久，集权、专制等便应运而生。

这些繁多复杂的社会约束，使社会中的个体和群体都深感压抑和痛苦，于是催生了社会的反约束性。为了反集权和专制，人们提出了民主的主张，为了反不自由和不平等，人们喊出了自由和平等的口号。

因为约束性，社会个体在某些方面的不自由是必然的、永恒的，但也正因为约束性，人们对自由、平等的追求也将是永远的。

（五）互动性

社会在某种情况下虽有相对静态的一面，但更多地，甚至是具有绝对的动态性。不管是人与人之间，还是人与团体之间，抑或是团体与团体之间，互动都是永远存在的。社会，其实就是永恒的互动体。

社会互动的核心是社会成员各自的利益以及由此形成的各自所在团体的集体利益。这是由人的本性是欲性所决定的，价值观和世界观等也起一定作用。

社会互动的内容和形式是无限多样的，于是形成了千千万万种不同的社会生活、社会活动、社会组织、社会规则、社会文化。

社会互动是社会的一大重要功能。如果没有了社会互动，就意味着社会即将终结。如果社会互动少了，就意味着社会在开始衰退。当然，过多过分的互动也会增加社会的矛盾。只有适度的、有质量的互动才是社会良性的互动。社会互动的这些功能性，在一些小团体中也能体现出来。

社会互动是社会发展或进步的必要条件。社会互动的结果往往是多种多样的，既可能是停滞不前或倒退，也可能是发展和进步。但从社会发展或进步的角度看，肯定离不开互动。可以说，没有社会的互动，就没有社会的发展和进步。所以，无论是大社会，还是小团体，要发展进步，都必须有持续的、不断更新的良性互动。

社会的互动性，决定了社会永远充满着矛盾和斗争。当矛盾不可调和时，就会出现不同形式的斗争。所以，从这个角度去看，社会史是一部矛盾斗争史。这些矛盾和斗争，既可能给社会带来灾难，但也可能促进社会的发展。

社会的互动性，决定了作为社会人的个体，必须与人交往交流，必须随着一定团体的变化而变化，必须承担一定的责任和义务，必须要在互动中去体现自己的存在和价值。否则，就很难成为合格的社会人。有些人之所以成为心理疾病患者或精神病人，其中一个重要原因，就是与社会缺乏互动，或者是在互动中存在突出问题。个人与社会互动的最终结果，既有可能是个人的成功，也有可能是个人的失败，但更多的可能是无所谓成功也无所谓失败。

（六）协作性

协作是社会互动的一种重要方式，也是社会赖以发展和进步的最重要方式。可以说，没有协作，就没有社会的发展，甚至就没有社会的存在。所以笔者认为，社会的协作性是永远存在的，这也决定了社会的互动性是永恒的。

从一般情况来看，协作，实际是在双方共同利益的基础上，通过协作方式来实现各自的利益。

协作的方式也是无限多样的。从得失结果方面分，可为双赢型、一赢一输型、双输型。从是否自愿方面分，可为自愿型和被迫型。从项目内容方面分，可为政治型、经济型、军事型、文化型等。从投入内容方面分，可为资财投入型、技术投入型（含科技投入）、人才投入型、劳力投入型等。从参与者多少方面分，可为双方型和多方型。

良好的协作是良好社会互动、良好社会状态的基础。友好双赢的协作就会形成良好的社会互动和社会状态。反之，结果也相反。

社会的协作性，决定了作为社会人的个体，应该具有协作的自觉意识和足够的协作能力以及某些协作技巧，否则，就很难成为一个优秀的社会人或社会的成功者。人的协作能力和水平，决定了人的社会化质量和水平。有些人之所以成为心理疾病患者或精神病人，其中一个重要的原因就是缺乏自觉的协作意识和相应的协作能力。所谓"情商高"的人，几乎都是协作意识和能力都很强的人。

（七）获得性和奉献性

无论是个人还是团体，在社会的协作或互动中，其主观动机和目标都是为了有所收获。所以，获得性就成了社会的显著特点之一。从普遍的情况来看，每个人、每个团体在主观上都是为自己的。这依然是由人的本性是欲性决定的。社会中，也有人或团体提倡利他、利社会，教导人们要为社会作贡献，甚至把对社会的奉献作为了人的最崇高的美德。这与"人的欲性"本身并无冲突。但我们应充分认识到社会具有获得性这一特点，不论是国家决策，还是团体、个人作决策，都应考虑到这一点，即无论是团体还是个体，无论是双方还是多方，协作或互动后，都应有相应的收获。当人们有了收获后，才会对社会有好感，才会继续更好地协作或互动，才会有协作或互动的快乐。

同样，无论是个人还是团体，在社会的协作或互动中，都必须有所奉献。没有大家各自的奉献，团体及社会就难以维系。没有大家相互的奉献，就没有大家相互的收获。你的收获在于别人的奉献，你的奉献就会让别人有所收获。从某种意义上讲，社会性的收获与奉献实际也是社会性交换的结果。人人为我，我为人人。社会不仅是人与人的协作体、互动体，还是人与人的命运共同体。

社会的获得性与奉献性，决定了作为社会人的个体，尤其是普通百姓，首先要有奉献，然后才能有收获。至于奉献与收获的比例是什么，这会因人、因时、因地、因众多情况不同而各异。总之，只想绝对地一味收获、一味索取是不可能的，而只有付出、完全没有收获的情况也基本上是没有的。作为合格的社会人，一般来说，其收获不应大于奉献。作为优秀的社会人，其奉献一定是大于收获的，甚至是成倍地超过收获的。

总之，获得性和奉献性是矛盾的，但也是相辅相成的，在一定条件下，还会相互转化。

上述便是笔者认为的社会的主要特性。在此基础上，笔者认为：一定社会的特性的总和及其相互作用与影响，就形成了一定社会的社会性。一定社会的社会性决定了该社会的性质和状态。

四、人的社会性

社会是人的复杂集合体。这决定了作为其中成员的个体，也具有了一定的复杂性。这些复杂性，从某种角度上看，表现为人的社会性。

社会性既是社会的属性，也是作为个体的社会人的属性。

（一）个体的社会性与社会的特性

一定社会的社会性，决定了作为该社会中一员的每个个体，就应该具有和遵从这些特性。如果个体都具备和遵从了这些特性（组织性、规则性、等级性、约束性、互动性、协作性、获得性和奉献性等），其就具备了完全的、充分的社会性。如果个体只具备和遵从了其中一些，就可称为社会性的不完全或不充分。如果不具备、不遵从而且还反对或悖立这些社会特性，就可称为人的反社会性。

社会的社会性决定了个体的社会性，个体的社会性是社会的社会性的反映。

（二）社会性是社会人必须具备的

从心络图上可看出，人首先是一个生物体（生理人），然后是一个身、心的统一体（生理人＋心理人），最后是一个身、心、物的统一体（生理人＋心理人＋社会人）。所以，作为完整而成熟的社会人，就必须具有三性：生理性、心理性和社会性。

从个体的角度看，社会性是个体作为社会的一员在社会活动中所表现出来的有利于社会的特性，如有组织性、规则性（含法律性、政策性、道德性、纪律性等）、互动性、协作性、获得性、奉献性等。反社会性则是对社会不利的特性。如无视甚至破坏上述的组织性、规则性等。

社会性是社会人必须具备的重要特性。不具备社会性，人就不是一个健全的社会人。

心理健康的人，往往都具有足够的社会性，往往会拥有较强的社会适应性，往往是合格的甚至优秀的社会人。心理不健康的人，尤其是那些心理疾病患者或精神病人，往往都缺乏社会性，所以往往缺乏社会适应性，易被社会现实所淘汰。

（三）社会性的具备有赖于参与和互动

人要具有社会性，首先就要融入人群，参与人群中的一些活动。如果不融入人群，融入后不参与其中的一些活动，就很难具有真正的社会性。

来笔者处咨询的一些心理疾病患者，其社会性就很差。究其原因，主要就是他们离群索居，独来独往，不愿与人交往。有些人即便能和一些人在一起，也是暂时的、勉强的，不会或不愿参与甚至是恐惧参与团体中开展的活动。融入人群，参与活动，是人具备社会性的必要前提。

人要具有社会性，还必须在团体开展的各种活动中进行互动。一些来笔者处咨询的心理疾病患者，虽然没有完全脱离人群，但社会性还是较差。究其原因，主要是他们在团体中缺乏互动。他们虽在人群中，虽有时也参与了一些活动，但他们总是沉默寡言，既不发表自己的看法，也不对别人的言行做出相应的回应，似乎永远都是一个木偶式的旁观者。这样不与人交流，缺乏互动，当然就很难获得较强的社会性。反之，我们看那些在团体中乐于互动、善于互动的人，社会性基本上都是很强的。从某种意义上讲，社会性也是互动性的反映和结果。社会性强的人，都是能够互动、乐于互动、善于互动的人。所以，笔者认为互动性是人具备社会性的基础。

人际和谐是心络学心理健康观的一个重要内容。所以，要心理健康，就要融入人群，参与活动，积极互动，具备一定的社会性，能与他人建立和保持一定的和谐关系。

综上所谈，社会是人的复杂集合体，要了解和认识社会，就必须了解和认识个体与个体、团体与团体之间的复杂性；要了解和认识个体的人，就必须了解和认识其社会性如何；要成为一个合格或优秀的社会人，就必须知道社会的种种特性，具有充分的社会性。

第二节　社会是人与人和团体与团体的互动体

在社会的七大特性中，有一个显著的特性是互动性。纵观人类历史，我们会发现，无论什么时期的社会，都是人与人、人与团体、团体与团体的互动体。互动，是社会存在的重要方式。

一、社会是人与人的互动体

社会是人的复杂集合体，而人与人之间的关系，始终都是互动的，所以，社会是人与人的互动体。那么，人们是在哪些方面进行互动的呢？

从总的来看，人与人的互动主要是各自心络系统的互动。具体来说，主要是如下这些方面的互动：

（一）有的是各自欲望的互动

每个人都是欲望的复合体。欲性是人性的本质和基础。欲望，通俗地讲，就是"想……"和"不想……"无论在哪个人群中，互动的内容往往都与人群各自相同或不同的"想"与"不想"紧密相关。因为任何团体、任何国家都是人的集合体，任何团体与团体、国家与国家的互动，都离不开双方的"想"与"不想"。所以，从实质上讲，个体、团体或者社会的互动，都是各自欲望的互动。

纵观人们的种种欲望互动，其中最多的是八个方面：利欲、权欲、名欲、生欲、食欲、性欲、情欲、安全欲。在这八个方面中，利欲又是最多的。从这个角度看，人的互动，最多是利益的互动。进一步看，社会其实是利益的互动体。

人与人的互动，形成了种种关系，于是形成了种种的人际关系。在种种的人际关系中，各自的欲望关系，或者说利益关系，是其中的核心关系。

社会成员的主流欲望产生互动后，就有可能形成社会欲望，从而形成社会动机。

社会欲望通常会深深地影响社会成员，从而会孕育出一些有一定社会代表性的人物。

（二）有的是各自性格的互动

每个人都有自己的性格。有些人总喜欢和某种性格的人互动，而不愿与另外某种性格的人互动。这因为他们和前者的性格相投，而和后者的性格不相投。

在人们的朋友圈中，性格相似的就容易进行良性的互动，容易形成和谐的人际关系。性格矛盾的就容易进行对立性的互动，容易形成不和谐甚至对立的人际关系。物以类聚，人以群分，其中的一个重要因素就是性格。

在婚姻中，良好的互动往往都与性格相投紧密相关，而不良互动也往往与性格不合紧密相关。家庭的和谐与否，婚姻的质量高低，婚姻的成败等，都往往与夫妻的性格是否相投紧密相关。所以，人们在恋爱婚姻中，都非常重视相互性格的和与不和。

性格相同或相似的人在一起，就形成了群体性格。性格相同或相似的人结合在一起组成家庭，就形成了家庭性格。

各种性格相同或不同的人在一起，不管是和谐还是不和谐，在交互影响后，都会形成团体的某些特征，于是形成了团体性格。

社会是各种各样的人和团体的复杂的集合体，在长期地相互作用影响后，就会逐步形成社会性格。

民族性格、国家性格，也是这样逐步形成的。当一个人明显地表现出自己民族或自己国家的性格特征时，其他民族或国家的人就会说：看，这就是某民族人的性格或某国家人的性格。

社会性格一旦形成，将会对每个社会成员产生深刻的影响。

（三）有的是各自认知的互动

因种种影响，人都有自己的认知，即自己的观念系统和思维方式。人们在互动时，通常都会从自己的观念出发，并通过自己的思维方式来进行互动。

在种种观念中，通常有人生观、价值观和世界观，简称"三观"。其中与这三观有紧密关系的信仰，是非常重要的一种认知。人们的三观和，则互动和谐，并会成为"同道"之人；如果不和，互动就困难，甚至会是冲突式的互动，就会被称为"不同道"。在"物以类聚，人以群分"中，认知也是非常重要的因素。

人与人的矛盾，家庭中的夫妻矛盾，往往也与三观不合密切相关。

在这三观中，价值观的和与不和，对人与人的互动影响特别大。许多团体，尤其是社会性团体，比如政党，价值观就是最大的凝聚力。而团体之间的矛盾，也往往是价值观的矛盾。所以，仅从价值观的角度看，人的互动，其实很多都是价值观的互动。

认知相同或相似的人在一起，就形成了群体认知。

各种认知相同或不同的人在一起，不管是和谐还是不和谐，在交互影响后，最后都会形成团体的某些特征性的认知。这就是团体认知。所以，从社会的角度看，每个社会都有其社会认知。从民族或国家的角度看，每个民族或国家都有相应的民族认知或国家认知。

社会认知一旦形成,都将会对每个社会成员产生巨大的影响。

(四)有的是各自能力的互动

人在社会中生存发展,都必须具备相应的一些能力。但无论人怎样努力,都是不可能完全具备各种能力的。所以,作为社会人,都只能做自己能做的那一部分,如一个人只会教书或只会开车,那么,对于他而言,吃的、穿的和很多用的,都只能靠别的社会人去生产。而其他的人,也同样只能做自己能做的那一部分。大家各自的能力都非常有限,都需要依靠种种协作,取长补短,因此就形成了各种各样的互动。如果一个人什么能力都没有,那就没办法与人互动。只要互动,就会涉及人的种种能力。我们看很多人在多方面寻求合作,就是因为别人在某些方面有能力,有长项,而自己在这方面是需要别人的,所以就要去和别人互动。反过来,别人也有自己的短项,所以也需要与他人互动来达成对自己的弥补。从日常的人与人的互动情况看,如果一个人什么能力或长处都没有,估计就没有什么人愿意去与之互动。

就仅以协作而言,这也是一种能力。有些人有很强的专业能力,但由于缺乏与人协作的能力,所以也难以与人进行良好的互动和交流。

在笔者处咨询的有些来访者,之所以有心理问题或疾病,就是因为他们的人际关系不良,甚至根本无法与人交往。究其原因很多,但其中重要的一点是他们本身缺乏一些基本的能力,或这些能力低下,别人都不想与之交往。尤其是,他们自己连人际交往这一能力都缺乏或低下。

一个团体的各位成员的能力,能汇聚成团体的能力。一个家庭的各位成员的能力,能汇聚成家庭的能力。所以,社会所有成员的能力综合起来,就会形成社会的能力。社会或国家的能力高低,决定社会或国家的强弱。

(五)有的是各自情感的互动

人都是有情感的。情感会伴随着每个人的一生。因为爱情,个人就与恋人或配偶互动,形成了恋人关系或夫妻关系;因为亲情,就与父母、孩子互动,形成了家庭关系;因为友情,就与朋友同学互动,形成了朋友关系;因为乡情,就与老乡互动,形成了老乡关系;因为国仇,就与同胞互动,形成了共同的抗敌关系。人的情感是非常复杂的,除共同情感外,还有太多不同的情感。

所以，人们就需要情感的交流，于是就有了情感的互动。

相同相似情感的互动和不同情感的互动，就形成了社会的一种互动——情感互动。纵观人与人的种种互动，不难发现，有些就是各自情感的互动。

（六）有的是各自兴趣的互动

人总有一定的兴趣。兴趣往往会驱使人去和具有相同兴趣的人打交道，于是就形成了人与人之间的又一种互动——兴趣互动。

政治家们因为有政治兴趣，所以他们互动的内容主要是政治。同理，宗教人士、哲学家、文学家、科学家、军人、商人和各种各样的爱好者，他们互动的内容往往都主要是他们感兴趣的内容。

人的兴趣往往是多方面的，但都肯定有主要、次要之分。在兴趣互动方面，最好的互动，是主要兴趣的互动；最不好的互动，当然就是最次要兴趣的互动。如果在主要兴趣方面互动困难，就要想办法找到相对合适的一些兴趣点进行互动。

因为人与人的互动有的是各自兴趣的互动，所以个人要去和他人打交道，就需要考虑他人的兴趣点。否则就可能互动困难或失败。

（七）有的是各自关系的互动

因为欲望（尤其是利益）、性格、认知、能力、情感、兴趣等，人们自然会形成各种各样的关系，如利益关系、"三观"关系、情感关系、志趣关系等。当这些关系形成，尤其是稳定后，就会成为人们互动的非常重要的因素。由这种关系因素形成的互动，就是关系互动。

纵观人类社会，人与人的互动，相当普遍的都是关系互动。关系互动，往往是前面所讲的六大互动的直接或间接的反映。或者说，从人们的各种关系互动中，我们可看到其背后的欲望互动、"三观"互动等。

总之，社会是人与人的互动体，其中主要的互动是欲望互动、性格互动、认知互动、能力互动、情感互动、兴趣互动和关系互动。在这七大互动中，最多的是欲望互动，其次是关系互动，再次是认知互动。所以，在社会的各种群体中，利益群体、关系群体和三观群体是社会的三大群体。

明白了这些互动，人不但能正确认识社会，而且能从自己的愿望和实际出发，以相对正确的方式去面对、适应和超越社会。来笔者处咨询的很多来访者，他们就不了解不明白这些，既不理解人们的各种互动，也不愿去和人们互动，有的也没有能力去互动。所以就无法与社会建立起正常的、健康的关系。其中有的还总是以自我为中心，要社会来服从他们，围着他们转。所以，他们往往都是社会适应障碍患者。

二、社会是人与团体的互动体

社会是人的复杂集合体，而人往往会归属于一定的团体或群体。这样，就发生了人与团体的互动。

人与团体的互动，可分为三种：与团体内的互动、与团体外的互动、与团体内外的互动。

（一）人与团体内的互动

1. 互动对象

不管什么团体，从总的来看，其内部组织构架都有多层。概括起来，可分为三级：上级、平级和下级。所以，从层级的角度上看，从理论上讲，每个人与团体内的对象的互动，都可能面临三种：与上级的、与下级的和与平级的。当然，如果真是绝对的最上级或最下级，那就会少一个上级的或下级的。

从这里可看出，作为一个社会人，要和一个团体互动，就要学会与上级、平级和下级互动。否则，就会感觉自己与这个团体不和谐。来笔者处咨询的人，有些就深感自己所在单位的人员不好处。仔细分析他们的情况会发现，实际就是他们和自己的上级或平级或下级互动不良。

2. 互动内容

只要是团体，往往会涉及团体目标、团体任务、团体策划、团体制度、团体行动、团体成员间关系、团体管理、团体利益、团体荣誉、团体影响等。所以，互动的内容往往直接是这些或间接与这些相关。

从这里可看出，作为一个社会人，要和一个团体互动，就要在这些方面大致合拍，否则，就可能产生互动不良。来笔者处咨询的人，有些就是因能力有限、业务不精或不熟、不适应那里的管理、对所获报酬或职位或荣誉不满意等而和单位产生了不良的互动，甚至因此离开了单位。

从总的来看，人与团体内的良好互动，都主要源自与互动对象的和谐及与互动内容的合拍。而不良互动则主要源自不和谐及不合拍。

（二）人与团体外的互动

有些人还会面临与团体外的互动。如电视台的记者，就要和很多被采访单位产生互动；另外如采购员、推销员、城市管理者、社区工作者等，都可能要和各种各样的单位打交道。这些人与那些团体的互动，无论从对象上看，还是从内容上看，都将是多样的复杂的。对于他们来说，要有良好的互动，就要拥有一定的互动技能和技巧，尤其要熟悉互动的各种内容。

（三）人与团体内外的互动

对于有些人而言，要面临团体内外的双重互动。对于他们来说，就要具备这两种互动的能力。缺乏任何一种，都可能给自己的生活或生存带来困难。

如果把家庭也作为一个团体，其实每个人都会面临与团体内外的互动。而这两种互动是很不相同的。有些人与家庭的互动好，但与家外的团体互动不好，有些人则完全相反。

不管怎样，人与团体的互动是不可避免的。作为一个健全的社会人，必须无条件地学会与各种团体的互动。心理疾病患者，往往存在着一定的与团体互动不良的问题。尤其是精神病人，往往存在着严重的互动不良，甚至根本没有互动或根本无法互动。

三、社会是团体与团体的互动体

纵观社会，不难看到，社会还是团体与团体的复杂集合体。这些团体都不是孤零零地存在的，而是在一定条件下互动的。

团体的互动主要有两种：内部互动和外部互动。

团体内部的互动，就一定团体来说，主要还是团体内部成员的互动，实际就是前面所讲的人与团体内的互动。就一个国家或一个行业或一个系统内的各个团体而言，既是大团体内部的互动，又是小团体外部的互动。这种内外是相对的。

笔者在这里想讲的，主要是团体外部的互动，即团体与团体的互动。

团体外部的互动，也是社会互动的一种非常重要的方式。从它们的各种互动中，我们不难看出，社会是团体与团体的互动体。

（一）团体与团体互动的本质

一般说来，团体与团体之间互动的本质有两方面的主要内容：

一是欲望的互动。其中主要是利益的互动。每个团体都有自己的欲求，因此都有自己的目标和任务等。团体内可能有很多的分工，但这些都是为团体的目标服务的。在所有的欲求或目标中，最核心的是利益。可以说，每个团体与别的团体的互动，都是为自己的团体利益服务的，都是想达成自己的目标。如果与自己的利益和目标无关，团体间的互动就会减弱甚至停止。

二是关系的互动。人都有好胜本能、老大本能、占有本能、支配与反支配本能等。这些会演变为团体内和团体外的权本能、竞争本能、统治本能与反统治本能等。这些就会让团体之间永远存在着复杂的关系。其中主要有：利益关系、主次关系、支配与被支配关系、协作与竞争关系、同盟关系、敌对关系等。为了这些关系，团体与团体就进行着各种各样的互动。

（二）团体与团体互动的类型

从团体与团体互动的本质中可看出，团体间的互动，主要的类型是利益互动和关系互动。从不同的角度去看团体的互动，可分为不同的类型。如果仅从团体间的关系或某些状态看，还可分为两大类型：

1. 和谐互动型

这类互动从总体上看，关系是相互友好和谐的。其中主要有三种亚型：

（1）互通有无型

即团体之间在资源、信息、技术、管理、人员等方面，互通有无，使双方都能获得一定的满足。

（2）互助互补型

即团体之间，尽力抱团取暖，相互扶持，相互补缺，使双方都能各自获益。

（3）互利共赢型

即团体之间，虽有竞争关系，但在双方利益方面，尽量兼顾对方，在关系方面，尽量保持友好。

2. 对立互动型

（1）你存我亡型

这种类型，从双方关系上看，是存亡关系，从利益方面看，是完全占有和完全被剥夺的关系。

（2）你输我赢型

这种类型，从双方关系和利益上看，还没达到存亡的地步，但存在着谁输谁赢或谁主谁次的情况。

（3）两败俱伤型

这种类型，从双方关系和利益上看，都大致相当，所以互动的结果往往都是两败俱伤。

知道了团体与团体互动的本质和类型，作为个体，不管进入了什么团体，都必须让自己清楚和明白，这是双向选择的结果，在事实上自己已成为团体的一分子。从此，团体的宗旨、信念、目标、任务、规则、利益、对立面等，也是自己的。所以，个体必须要有责任感，与团体一起努力、一起奋斗、一起同甘苦，一起共沉浮。这样，才能成为一个合格的或优秀的团体成员。如果不能，就说明自己在该团体中，是难以与团体内或团体外进行良好的互动的。也说明，你不是该团体理想的或需要的或合格的成员。当然也可能说明，你不适合该团体。

总结本节内容，社会是人与人和团体与团体的互动体，其互动模型如图12-1。

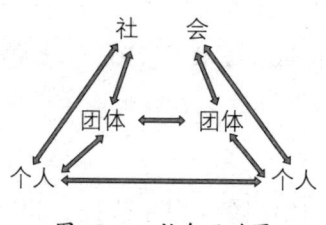

图 12-1 社会互动图

第三节　社会是人与人和团体与团体的矛盾统一体

社会不仅是人的复杂集合体，是人与人和团体与团体的互动体，还是人与人和团体与团体的矛盾统一体。

一、社会是人与人的矛盾统一体

只要人和人在一起，就会形成一个关系体，即统一体。只要互相关系结束，这个统一体就会自然消失。人只要在一起，彼此就必然会出现若干差异，尤其是经过互动后，就会出现这样那样的不同，形成矛盾体。人与人在一起，都是这样既统一又矛盾的。如男女结婚在一起，形成夫妻统一体，然后又会出现这样那样的差异和分歧，成为夫妻矛盾体。所有的夫妻都是在这样的矛盾统一体中生活的。又如几个人合伙开一个公司，形成公司统一体，然后在公司经营、管理、利益分配等若干方面就会出现不同看法，形成公司矛盾体。所有的公司都是在这样的矛盾统一体中生存和发展的。纵观社会中人与人的矛盾统一体，有太多的种类。下面简介其中的几类：

（一）社会是人自私与利他的矛盾统一体

人都是自私的，这是由人的自私本能决定的。所以人无论和谁在一起，首先考虑的是自己而不是别人。但要为了自己或达到自己目的，也往往离不开他人。同时他人也是一个自私体。所以你要和别人建立或保持关系，就需要考虑别人的需要。欲将取之，必先予之。这就形成了利他。主观为我，客观为人，人与人之间往往都是这样的自私与利他的动态关系，形成了一种矛盾统一体。

（二）社会是人支配与反支配的矛盾统一体

人都有支配欲。只要人和人在一起，就一定有主次关系，就会形成某种程度的支配与被支配的关系。在一群人中，一般来说，最大的支配者只有一个，最小的被支配者也只有一个，处于这之间的任何人往往都存在着双重关系：既在支配别人，又在被人支配。这就形成了社会中人与人的支配与被支配的矛盾统一体。

(三) 社会是人攻击与防卫的矛盾统一体

因为人是自私的，具有支配欲，为了自己，往往都想要压住别人、否定别人，于是就会形成某种形式和程度的攻击性。有了攻击，就必然催生防卫甚至反击。这就使人与人之间形成了攻击与防卫的矛盾统一体。

(四) 社会是人依附与独立的矛盾统一体

人要满足安全的本能，就必须依靠他人或团体，从而形成了依附的本能。人有自由的本能，所以就不想被别人或团体约束，即强烈渴望独立。这就使人与人之间形成了依附与独立的矛盾统一体。

(五) 社会是人归属与逃避的矛盾统一体

人是群体动物，有群集本能，所以人人都有归属欲。但人都具有支配性、攻击性，所以作为个体，又想逃避来自他人的这些支配与攻击。于是就使人与人形成了归属与逃避的矛盾统一体。

我们从心络学的本能系统论中可知道，每个人都有自私本能、自恋本能等，由这些本能会衍生出安全本能、攻击本能、防卫本能、恐惧本能、欺弱本能、施虐本能、怕强本能、逃避本能、好胜本能、破坏本能、占有本能、支配本能、反支配本能、贪婪本能、老大本能、自尊本能、自卑本能、嫉妒本能、群集本能、依附本能、趋利避害本能、趋乐避苦本能等等。这众多的本能会使人产生万千的需要，并由此演变为万千的欲望，从而形成人与人之间万千的错综复杂的关系。在这万千的错综复杂的关系中，有一种特别普遍的关系或现象是：既矛盾又统一。由于社会是人与人的复杂集合体，所以心络学的社会观认为：社会是人与人的矛盾统一体。

明白了社会是人与人的矛盾统一体，我们就要学会矛盾地、能动地、适度地去与各种社会人相处：在适度的自私中要学会利他；有时可以勇当主角，但更多时候是要甘当配角；尽量不要去支配别人，也不能让人过分支配；不必攻击别人但必须有防卫或反击的能力；既能乐于群处，又能安于独处。总之，要在维护本能与克服本能的能动适度中从容应世。

二、社会是团体与团体的矛盾统一体

（一）社会是团体与团体间利益多少、得失的矛盾统一体

无论是从地区、国家这样大的团体看，还是从社会最底层的、最小的单位看，团体与团体之间只要发生关系，往往会涉及直接或间接的利益问题。而只要涉及利益问题就会存在多与少、得与失等问题。

每个团体都是为了自身团体的利益而存在、而奋斗的。为了获得自身团体利益，就必须与其他团体进行种种互动。而其他团体同样也是为了自身的利益而存在、而奋斗的。这就迫使每个团体为了自身利益就必须考虑其他团体的需要。这就形成了团体之间的主观为自己，客观为别人的社会团体现象。所以社会是团体与团体之间的利益多少或得失的矛盾统一体。

（二）社会是团体与团体间关系主次的矛盾统一体

国与国之间、一个国家内的各省之间、一个省的各市之间、一个行业的各单位之间，都存在着谁主谁次的问题。每个团体都想在同类团体中当老大，都不想当最小。每个团体都在为名次而奋斗：老大总想永远保住老大的地位，最小的死活都想摆脱这种最卑微的地位，中间的总想往前面挤，老二或老三往往总在力争当老大。放眼世界各国，细观每个国家内部，都会发现，社会是团体与团体之间的关系主次的矛盾统一体。团体都在为自己的利益和地位而战。

（三）社会是团体与团体间成败存亡的矛盾统一体

在国与国之间，在同一行业之间，甚至在不同行业之间，往往都存在着竞争的关系，而竞争的最终结果往往是此成彼败，此存彼亡。团体之间的这种竞争，在国与国之间有时就会演变为战争，在同一行业内就会演变为大吃小，在不同行业之间就形成种种挤压。这些竞争的结果基本上都是有成有败，有存有亡的。

明白了社会是团体与团体的矛盾统一体，就要明白清楚：团体与团体之间，永远是利益的得失之争、地位的主次之争、自身的成败之争。作为个体，就必须非常明智地选择团体，否则会影响自己的整个生活甚至整个人生和命运。一旦选择了团体，就要明白自己等于是加入了团体与团体的得失之争、主次之争、成败之争。因此,自己就要知道自己团体的目标、任务、所面临的威胁和挑战以及可能的结局等,实现从"个体人"到"团体人"的转变,从而使自己与团体同呼吸共命运,甚至为之付出一切。

　　社会是人的复杂集合体,是人与人和团体与团体的互动体,是人与人和团体与团体的矛盾统一体。本章的这些分析和论述充分说明,社会都是团体欲望的复合体。社会的这一本质,决定了社会关系永远都主要是利益关系、主次关系和成败关系,决定了社会之争永远都主要是利益之争、主次之争和成败之争。作为一个社会人,就必须明白这些社会现实,必须学会面对、应对、适应或超越。要在社会中去追求、去承担对自己、对家庭、对单位、对国家的责任,不但要爱自己,而且要爱家、爱单位、爱国家,在不懈地追求、承担、热爱中实现自己的价值,为社会做出自己的贡献。

第十三章　心络学的命运观

命运是指一个人的生死、贫富、吉凶、成败和一切遭遇，其中涉及人的学业和成长、爱情和婚姻、财富与事业、健康及寿命等众多的内容。

千古以来，命运，都是一个难解的谜。命运究竟是由什么决定的？心络学的命运观认为：命运主要是由心络决定的，是人在主客观因素、必然偶然因素作用下的结果。

第一节　心络决定命运

一、命运有些是由欲望决定的

心络学的心络观告诉我们，人的动力主要源自欲望，欲望是人的一级动力。欲望的力量是非常强大的，有时可以主宰人的一切。因此，欲望能决定人的命运。

心络学的心络观还告诉我们，心络要素具有一定的传导性。因此，人的欲望往往能决定人确立什么志向，会影响人选择什么职业、配偶、行动等，因而能决定人的命运。

纵观各种各样的历史人物，有许多人的命运都是由其欲望决定的。

诺贝尔和平奖获得者、南非第一位黑人总统曼德拉，在年轻时不想做酋长继承人，毅然投身民族解放运动，百折不挠，并在狱中度过了27年，其命运就是由其想废除种族歧视政策、消除种族主义、建立一个平等自由的新南非的欲望决定的。元太祖成吉思汗戎马风尘，一生征战，其命运就是由其想征服蒙古各部落、灭夏、灭金、灭宋的强烈欲望决定的。中国近代革命家、民主先行者孙中山一生操劳，奋斗不息，其命运就是由其想推翻清朝、振兴中华的欲望决定的。印度圣雄甘地在南非坚持了长达 21 年的"不合作主义和非暴力"的斗争，多次遭到监禁和毒打而不渝，就是由他想为侨居在南非的八十万印度侨民争取平等权利的欲望决定的。回到印度后，甘地仍坚持深入群众，长期开展"不合作主义和非暴力"的斗争，就是由其想使印度摆脱英国的殖民统治、争取独立自治的欲望决定的。

由于欲望能决定人的命运，所以把握命运或改变命运的一个重要方面就是要把握或改变欲望。

二、命运有些是由人格（性格）决定的

三国时关羽的命运结局就主要是其性格决定的。众所周知，关羽智勇双全，所向无敌，是公认的盖世英雄。当时，关羽一部分兵力在攻打魏方的樊城，一部分兵力为防吴方袭击驻守荆州。吴方将领吕蒙趁此装病，让孙权派无名小将陆逊代吕蒙守军事要冲陆口。这其实是计。而关羽因性格刚愎自用、傲慢自负，且笑孙权"见识短浅"。因没把陆逊放在眼里，加之也不听司马王甫的劝告，关羽就把镇守荆州的主要兵力抽去攻打樊城。结果让吴方轻而易举地夺取了军事要地荆州。在麦城走投无路时，司马王甫认为小路有埋伏，建议他走大路，可关羽还自负地说：虽有埋伏，有何惧哉！结果自己和儿子都被吴军擒获。一世英雄，最后的命运竟是痛失荆州、败走麦城、被吴斩首！究其原因，固然有多个方面，如孙权叛盟偷袭、刘备没发援兵，但其性格的"刚而自矜"肯定是主要的。

三、命运有些是由认知决定的

无论人的欲望、人格、能力和兴趣等如何，都肯定伴随着一定的认知。认知决定选择，决定行为，而选择和行为又往往会决定结果。不同的认知会导致

人们不同的选择和行为，因而会导致不同的结果。由此可见，事情的成败和命运的吉凶也是由一定的认知决定的。

春秋时越国两位著名谋略家范蠡和文种的不同命运就是由其不同的认知决定的。他们两位都是越国的赫赫功臣。当越王勾践最后打败吴国、各路诸侯都承认他是霸主后，范蠡认为，勾践为了灭吴兴越，可以卧薪尝胆，忍辱负重，但此人可与之共苦，不可与之同甘，所以自己应选择激流勇退，隐匿江湖。在即将隐去之时，他劝曾与自己风雨同舟的同僚文种一定要重新考虑未来，并说越王为人，只"可与履危赴汤，不可与居安共福"。但文种认为范蠡想得太多，并认为越王不会这样绝情，因此继续为越王效劳。果不出范蠡所料，越王最后赐剑文种，逼其自杀。

四、命运有些是由能力决定的

一个卓越的领导者，一定具有很强的领导能力。一个成功的商人，一定具有较强的经商能力。一个杰出的专业人士，一定具有杰出的某种专业能力。一个有实际创造成果的人，一定具有某方面的创造能力。每个运动冠军，都是靠自己的能力成功的。作家、歌唱家等也是这样。成功者的命运，几乎都与其具有相应能力紧密相关。诸葛亮原本是隆中的一个农民，可他后来成了蜀国赫赫有名的丞相。为什么？就是因为他有运筹帷幄、决胜千里的统军打仗能力。

很多人有机遇，可因没有能力而无法获得成功，甚至遭到失败。如：三国时代的马谡，自幼饱读兵书，一直是诸葛亮的重要参谋。在诸葛亮北伐时，他请求去守军事要地街亭，并立下军令状。因为没有实际作战能力，也不听有实际作战能力的副将王平的建议，结果一败涂地，痛失街亭，最后被诸葛亮按军令挥泪斩首。马谡的最终命运就是由其缺乏实战能力决定的。

一个人选择什么职业，一个人从什么方向去发展，也往往是由其具备什么能力决定的。这样的实例在我们周围太多。其实，我们自己的个人选择或未来打算，应充分考虑自己的能力因素。

能力不仅能决定人的命运，而且能改变人的命运。所以，我们要想拥有什么样的命运，或改变什么样的命运，就要去培养和增强相应的能力。

五、命运有些是由兴趣决定的

笔者曾研究过兴趣与人生的关系,发现许多人因兴趣而成功也因兴趣而悲惨,从而认为兴趣是命运的恩师,也是命运的敌人。

英国生物学家、博物学家达尔文人生道路的选择和命运方向的确定,就是由其兴趣、欲望和认知决定的,其中主要就是由兴趣决定的。达尔文的祖父和父亲都是当地的名医,父亲还是一位医学博士。全家人都希望他将来继承祖业,16岁时达尔文还被父亲送到了爱丁堡大学学医。可他对学医不感兴趣,更不想当一个医生,而对到野外采集动植物标本有浓厚的兴趣。家人因此都认为他"不务正业""游手好闲"。为了让他以后有理想的职业,不让家族蒙羞,其父在无可奈何的情况下,又将其送进剑桥大学学神学,期望他今后能做一个受人尊敬的牧师。但他对神学也不感兴趣,更不想做一个牧师,而对自然历史有强烈的兴趣,一心想以后从事博物学方面的工作。由于对博物学有强烈的兴趣和欲望,经人推荐,他参加了英国海军贝格尔舰环绕世界的长达五年的科学考察航行,并再经若干年艰苦的努力,写成了划时代的伟大巨著《物种起源》,终于成了进化论的奠基人和伟大的博物学家。如果他对博物学没有强烈的兴趣和欲望,达尔文就不可能成为影响世界的达尔文。

法国喜剧作家莫里哀的父亲是一位商人。他非常希望儿子能继承自己的成功事业。可莫里哀对经商毫无兴趣,反而对戏剧兴趣浓厚。父亲严厉地指责他,还请他的老师劝告他,可莫里哀还是沉浸在感兴趣的戏剧世界里,读了古希腊、古罗马等许多著名剧作家的作品。后他开始创作,写下了许多有影响的作品,其中《吝啬鬼》影响最大。最终,命运使他成为世界著名的伟大剧作家。

六、命运有些是由情绪等因素决定的

情绪、行为(含习惯)、注意、记忆、态度、意志、感觉、知觉等有时也会决定或影响命运。

笔者去过许多监狱，发现杀人犯中有好多属于"激情性杀人"，即他们本身并没有想杀对方，但由于一时情绪冲动而杀了人，甚至是在明知杀人会被判死刑的情况下，控制不住情绪而杀了对方，从而使自己的命运一下发生了根本性的改变。那些冲动、急躁、暴躁的人，就会经常被情绪席卷，从而使命运出现这样那样的问题。

人的行为模式，尤其是行为习惯，很容易影响人的命运。如习惯于攻击或逃避的人的命运，就和不具这两类行为模式的人的命运不一样。习惯于攻击的人易惹事和出事；习惯于逃避的人易被人忽视甚至欺负，难有作为。

从不注意商务信息的人，很难在商场中走运取胜；从不注意配偶需要感受的人，很难有婚姻的顺利和幸福；从不注意交往的人，很难得到别人的大力帮助；从不注意安全的人，就容易出现某些安全问题……从不注意什么，什么就可能与之无缘。人的某些所谓的运气或机遇，就是在密切关注中发现的、遇上的、把握的。

记忆是学习、掌握、应用知识和技能的基本条件之一。我们在学生中会发现，记忆很差的学生通常成绩都不会很好。当记忆出现错构或虚构或严重减退等障碍后，就可能导致人的命运发生显著的变化。如果出现进行性遗忘或记忆丧失，就意味着人生的厄运已经来临。

对自己、别人、家庭、生活、工作、现实、人生的态度是积极的还是消极的，会显著地决定或影响人的命运。尤其是在面临困难、风险的情况下，不同的态度会导致截然不同的结果。所以有人说，态度决定一切。心理疾病患者的命运和心理健康的人的命运往往大不相同。心理疾病患者往往对现实、对他人是消极的、持否定态度的。

自觉性、自律性、果断性、坚强性、坚韧性、恒久性等意志品质强的人的命运，就和这些意志品质差的人的命运是不一样的。尤其是那些特别懒惰的人，其命运往往都是不好的。

感觉、知觉都正常的人的命运，和有感觉障碍（如感觉倒错或感觉过敏等）、知觉障碍（如错觉、幻觉、妄想等）的人的命运，就完全不一样。后者的命运往往是很悲惨的。

七、命运有些是由心理的健康与否决定的

从心络的综合状态方面上看,心理健康者和不健康者的命运往往是不同的。有些人不管在社会的什么时期,不管遇到什么事情,都能善待,都能正确应对,都能牢牢地把握自己命运的航向,因为他们始终拥有健康的心态。而心态不好的人,往往会在各种现实面前,过分不满、过分焦虑、过分恐惧或过分逃避,很容易让自己命运的航船异常颠簸,甚至沉没。看那些有心理疾病的人,尤其是有精神病的人,大多命运都是痛苦的、不幸的。正因为如此,所以笔者在《朱氏诗文疗法》一书中写了题为"心络决定命运"的咨治诗:为何痛苦不幸／心络决定命运／拥有健康心态／才有健康人生。

第二节　机遇决定命运

从心络图上看,人的心络不是孤立的、静止的,而是要受外界系统影响的。外界的种种影响,都可能引起心络某些要素甚至整个心络的变化。因此,人在不同的时代,会有不同的命运,在同一时代而在不同家庭、不同事件、不同人际关系等中,也会有不同的命运。从外界对人影响的角度看,是外界在决定人的命运。

对于一个人来说,有这样或那样的外界条件,就是其有这样或那样的机遇。如果没有这样或那样的条件,就是其无机遇。从这个意义上讲,是机遇决定命运。

一、命运有些是由时代机遇决定的

生活在不同时代的人,往往有不同的命运。

有"澳门赌王"之称的著名港澳企业家何鸿燊,就是遇上了并把握了这样一个时代机遇而完全改变自己命运的:1961年,澳葡政府规定博彩业必须通

过专营制度实施。于是他和霍英东等人合作，一举拿下了赌场的独家专营权，开始走上了"赌王"之路。

中国自 20 世纪实行改革开放政策以来，形成了许多时代性的机遇，从而使许多人的命运发生了根本性的改变。从 1978 年到 1986 年，是文学艺术家的创作黄金时期。改革开放使多年沉寂的文学艺术界迅速活跃，使许多作家、诗人、艺术家成了释放社会多年愤怒、压抑情绪的代言人。

正因为很多的人的命运是由时代机遇决定的，所以有很多人会认为"命由天定"（这里的天主要就是指社会和时代），所以有很多人会认为是"时势造英雄"。

二、命运有些是由家庭机遇决定的

秦始皇打败六国并统一中国后，楚怀王的孙子"心"流落于民间，给人放羊。从这个角度看，"心"的命运是由外界因素决定的。陈胜、吴广起义后，项梁也起兵攻秦。陈胜、吴广失败后，范增对项梁说："当初秦灭六国，楚国最为无辜。自从楚怀王受骗入秦而逝于秦国，楚人无不同情怀念楚怀王……这次陈胜起义，不立楚国后人为王，而自立为王，所以陈胜的势位不能长久。现在您起兵于江东，楚国将士蜂起响应，归附于您，是因您世代都是楚将，大家都认为您会兴复楚国。"项梁认为他的建议很好，于是派人到处寻找楚怀王的后代，后终于在民间找到了"心"。就这样，"心"因是楚怀王的孙子，命运再次发生了逆转，由一个牧羊人一跃而为一方之王（"心"沿用祖先谥号，仍为楚怀王）。

特别值得一说的是，有些人的命运是由家庭教育决定的。如果一个人从小就受到正确的教育，形成了欲望适度、性格良好、能力兼备、认知完善、情绪稳定、行为适当、意志健全、感知正常的良好心理素质，并能达到人际和谐、社会适应、躯体健康，其命运就会是良好的。如果一个从小受到的是心残教育，如唯我教育、依赖教育、懒惰教育、低能教育、逃避教育、幼稚教育、骄横教育、空虚教育、虚荣教育等，其命运往往都是悲惨的。现在有很多的啃老者、心理疾病或精神病患者，都与心残教育紧密相关。

三、命运有些是由事件机遇决定的

人的一生总会遇到这样那样的事件,而有些事件,如遇上地震、火灾、海啸、空难、重大交通事故、战争、瘟疫等,就可能严重影响人的命运。

美国的"9·11"事件,更是让美国、阿富汗等国无数人的命运发生了根本性改变。诺贝尔的父亲的命运曾十分坎坷,因为他遭遇了两次火灾,加上俄国政府不履约,使他遭受了重大损失。李小龙之子李国豪在拍摄《乌鸦》枪战戏时,不幸中枪死亡,年仅28岁。

在心理压力中,有一种是外界事件压力。如果事件压力太大,就可能导致一个人的命运发生改变。

四、命运有些是由人际机遇决定的

达尔文名著《物种起源》的诞生,决定了他一生的命运。《物种起源》能诞生,与他加入贝格尔舰科考队参与了历时五年的环球航海考察的经历紧密相关。而达尔文之所以能去贝格尔舰,则是有了亨斯洛教授推荐的机遇。亨斯洛教授是剑桥大学植物学教授,十分尊重和保护达尔文的自尊心和对大自然的好奇心。由于达尔文和亨斯洛教授关系好,加上自己对大自然现象有特殊的兴趣,所以当贝格尔舰要远航考察时,就得到了亨斯洛教授的推荐。

张良如果没遇上老隐士,就学不到那些兵法,很难成为著名的历史人物。诸葛亮本是一个农民,如果没有徐庶的推荐,就成不了蜀国的丞相。肖邦如果没有遇上著名的演奏家李斯特,就很难一下成名。

此外,在心理压力中,有一种是人际关系不良压力。如果人际关系压力太大,也可能导致一个人的命运发生改变。

人际机遇对人的命运影响有时是巨大的,甚至是起关键作用的。更有甚者,偶然的机遇就决定了命运的走向。

陈胜、吴广可能从来没想过要举行起义,只是偶遇大雨,误了到达时间。因按当时的秦朝法律,误期要被斩首。为了活命,他们只好起义,而起义则彻底改变了他们的命运。

五、命运有些是由创造机遇决定的

越王勾践被吴王夫差打败后，成了吴国的奴隶。彼时，无论从什么方面看，勾践的不幸命运基本上已无法改变了。但勾践以不懈的努力在默默地创造改变命运的机遇：在吴国为奴时，他受尽耻辱但没有自暴自弃，更没有一点反抗，创造了改变命运的第一个机遇：夫差感受到了勾践的忠诚而释放了他。回到越国后，勾践又开始创造改变命运的机遇：卧薪尝胆，富国强兵，经过十年的奋发努力，精心准备，到时机成熟时，便大举进攻，终于灭掉了吴国，彻底改变了自己的命运。

1973年，比尔·盖茨被世界名校哈佛大学录取。1975年，盖茨和他的朋友在得知微电脑的最新发展后，一起成立了微软公司。1981年，当时最大的计算机公司IBM公司因推出新型个人计算机而引起世界轰动，而为IBM公司提供语言程序的正是盖茨领导下的微软公司。此后不久，微软公司便成为个人电脑软件方面的领军公司，26岁的盖茨也因此举世闻名。

纵观大千世界的芸芸众生，弱者或无志者往往是在等待机遇，而强者或有志者往往是在创造机遇。

研究机遇，我们还会发现，在同样的机遇面前，善于创造机遇的人往往能更好地把握机遇，而不善于创造机遇的人，即便遇上了机遇也往往不能改变自己的命运，甚至一无所获。

第三节 身体决定命运

从心络图上看，人的心络除要受外界系统影响外，还会受生理系统的影响。生理系统的种种变化，都可能引起心络某些要素甚至整个心络的变化。因此，人的不同生理状态，也会导致人的不同命运。从生理系统对人影响的角度看，身体状态能决定人的命运。

一、命运有些是由遗传或天赋决定的

因遗传因素，有的人一出生就是残疾人。这些人的家庭条件不管有多好，其命运往往都是悲惨的。这些人的命运，就是由遗传因素直接决定的。而有些人则因遗传因素的良好，一出生就有了比别人优良的生理基础，早早就具有了良好成长和发展的优越条件，所以他们的命运就和前面所说的那些人的命运有天壤之别。仅从这两大类人的命运来看，遗传也在决定命运。

有些人从小就有某种天赋。这些天赋，奠定或决定了他们的命运。

骆宾王能成为初唐著名诗人，就与他的天赋有关。7岁的一天，骆宾王的家里来了客人。因大人们忙着接待客人，所以他就独自跑到池塘边去玩。池塘里有一群白鹅在戏水。他捉了几只虫子朝水里扔去，鹅群就朝他这边游来。他喜欢白鹅，就捡起一根木棍儿，在地面上画起了白鹅戏水图。家人和客人找他来到了塘边，都觉得他画得不错。客人早就听说他聪明有天赋，于是就指着白鹅说：你能不能作一首诗？他看着那些鹅，想了一会儿，就高声吟诵起来：

鹅，鹅，鹅，曲项向天歌。
白毛浮绿水，红掌拨清波。

一首神童诗就这么来了。它代代流传，特别让儿童们喜爱，至今都还是一些儿童读物中的内容之一。

二、命运有些是由长相身材特点决定的

有一定特色长相的人，由于某些原因，有的也会因此而改变命运。古月从小生长在孤儿院。1949年解放军解放广西桂林时，12岁的他成了十三军文工团的一员，从此跟着解放军从广西来到云南。他喜欢画画，所以一直是负责宣传画的绘制。因长相酷似毛泽东，1978年他被叶剑英元帅亲自圈定为演毛泽东的特型演员。从此，古月从影27年，在84部影视作品中出演了毛泽东，终

于成了中国著名的特型演员，彻底改变了自己的命运。还有其他很多特型演员，也是因其有一定特色长相而改变命运的。

也有许多人因其独特的身体条件而在自己的领域取得了相较普通人更大的成功，比如体育明星大多是凭借优越的身体天赋与不懈的努力，才站到竞技体育的巅峰。

三、命运有些是由疾病决定的

纵观古今中外无数人的命运，我们会发现，命运与身体是否有疾病密切相关，也可引申为健康决定命运。

商界巨子、均瑶集团总裁王均瑶，曾事业辉煌，名扬海内外，可因患直肠癌，生命在 38 岁时便戛然而止。

台湾著名歌星邓丽君影响广泛，崇拜者无数，可因哮喘病突发而死，享年只有 42 岁。

……

还有好多好多的名人英年早逝，他们的最终命运都是由疾病决定的。如果他们不患那些病，其命运肯定会截然不同。

相对因患病而不幸或死亡的人而言，身体健康者的命运就和他们的命运完全不同。

疾病和健康不仅能决定一个人的命运，而且还能决定一个家庭的命运。家庭的不幸有很多种类，其中一类就是家有病人。而且，这类不幸往往还是最不幸、最悲惨的。如果家庭本身较为贫困，当有了病人后，无疑是雪上加霜，不幸之至。

综上所述，从心络学的角度看，是心络决定命运。对于具体的个人来说，有些主要是由欲望决定的，有些主要是由人格决定的，有些主要是由认知决定的，有些主要是由能力决定的，有些主要是由兴趣决定的，还有些主要是由心态决定的。事实上，心络要素是互相影响的，所以人的命运往往是它们综合影响的结果。

在心络基础上，外界条件和生理状况对命运也具有重大的影响，有时还具有决定性的影响。

第十四章　心络学的幸福观

幸福是每个人都想拥有的,是每个人都在追求的,甚至有人说,人活着就是为了幸福。关于幸福的话题,千百年来,全世界都有无数的人在探索研究。关于幸福的内涵、本质、要素、结构、类型、种类、原因、路径、指数等,有太多的观点与结论。这里简单介绍的,只是心络学幸福观的主要观点。

第一节　幸福的概念和来源

在心络图中,有一种心络要素叫感知。在心络系统中,幸福属于感知的范畴。因为幸福通常是通过幸福感表现出来的,且人们通常所说的幸福,其实就是幸福感,于是这两个有联系但有区别的词语在本书的这一章里,就成了同义词。

心络学的幸福观认为:幸福主要是指人的一种主观的感觉和体验,一种主观的心理状态。其核心内容是愉悦。正因为它是一种令人愉悦的感觉和体验,所以,有很多人一生都想拥有。

幸福是主观上的感觉和体验,而人的主观感觉和体验,与整个的"人系统"有关,所以,幸福可以无处不在,也可以随时消失,或者说,有无幸福,因素很多,而关键在人。正因为有这样的观点,所以笔者曾写过这首《幸福》诗:迎接清晨的一声哈欠／告别黄昏的一身疲倦／一件最华贵的衣服／一顿最简单的便餐／幸福——就在你身边／和奋斗手挽手／和无为肩并肩／狂欢是它的舞蹈／沉默是它的诗篇／幸福——和生活终生为伴／／紧张的人总是紧张／悠闲的人总是悠闲／痛苦的人永远痛苦／乐观的人永远乐观／幸福——是幸福者的旗帜。

从心络图上看，感知不仅要受整个心络系统的影响，还要受生理系统和外界系统的影响。所以，这三大系统及其构成因素，都可能成为幸福的源泉。

第二节　幸福的分类和根据

心络学的幸福分类主要有三大类：生理性幸福、心理性幸福、社会性幸福。

一、生理性幸福

主要有：感官适度满足的幸福（口福、眼福、性福等）；相貌身材的幸福；年龄的幸福；性别的幸福；健康的幸福。

二、心理性幸福

主要有：

充实的幸福、追求的幸福；适度欲望得到适度满足的幸福（安全欲、情欲等）；性格得到尊重的幸福；认知得到认同的幸福；能力得到发挥的幸福；兴趣得到发展的幸福；态度乐观的幸福、感知良好的幸福等。

三、社会性幸福

主要有：

金钱、财富、地位、荣誉、名声等的幸福；职业、家庭、恋爱、婚姻、交往、平安、顺利等的幸福。这种分类，是根据"人系统"的观点来划分的。

如果根据幸福的主、客观性质来分，可分为客观幸福和主观幸福。生理性幸福和社会性幸福为客观幸福，心理性幸福为主观幸福。

如果根据过程和结果来分，可分为过程幸福和结果幸福。

如果根据受用和拥有来分，可分为受用幸福和拥有幸福。

如果客观幸福和主观幸福、受用幸福和拥有幸福、过程幸福和结果幸福都具备，就为完整的幸福。

不管是什么类的幸福，都与欲望及其程度紧密相关，所以，最核心的幸福是适度欲望的适度满足。

从上面分类中可看出，心络学的幸福观是系统性的幸福观。

归纳起来，大致如图14-1。

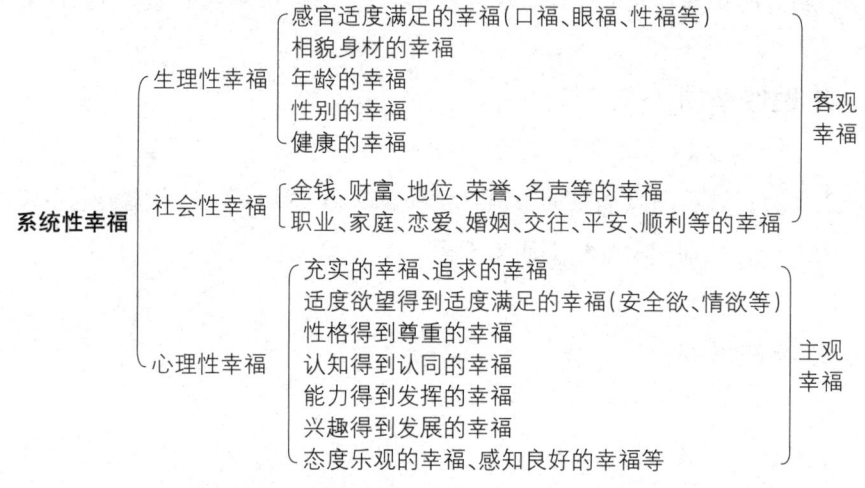

图 14-1 幸福系统图

第三节 幸福的要素与关系

从幸福的来源和种类上看，幸福与太多因素有关系。那么，主要要素有哪些呢？从人们实际的日常生活方面看，生理性幸福主要有饱暖、性和健康；社会性幸福主要有财富、成功、权力和交往；心理性幸福主要有欲望、性格、认知、兴趣。

一、幸福主要要素与幸福

（一）饱暖与幸福

这里的饱暖，指的是基本的吃、穿、住问题得以解决。饱暖是生存的基本条件，是幸福的最基础最重要要素。如果没有饱暖，就没有任何幸福可言。在物质匮乏的国家或年代，对于贫穷的人尤其是饥寒交迫的人来说，能有温饱就是最大的幸福。千百年来，无论中外，最广大民众的幸福就是有吃、穿、住。

（二）性与幸福

性是人的一大生理需要，也是婚姻和繁衍后代的基本前提，还是感官的一种巅峰快乐。这种快乐是其他快乐很难比拟的。所以，它是幸福的一大特别重要的要素。所以，有人把性的满足称为性福。

（三）健康与幸福

如果说饱暖是生理性幸福的基础，那健康就是根本。对于任何人而言，只要没有健康，就没有了幸福。对于那些患了疾病的人，尤其是患了绝症的人来说，健康就是最大的幸福。

很多人尤其是年轻人，通常都体验不到健康的幸福。健康的幸福通常是要在人失去健康时才能体验到。

（四）财富与幸福

人们普遍认为：有足够的财富让自己能吃好、穿好、住好，就是幸福。所以，人们普遍认为：财富与幸福的关系最密切。事实上，对于绝大多数人来说，没有物质财富，就没有吃的、穿的、住的，确实就谈不上有什么幸福。在笔者看来，财富不仅是社会性幸福的基础，而且是生理性幸福的基础。因为没有财富，就没有饱暖和健康。所以，很多人追求幸福，就成了追求财富。

（五）成功与幸福

成功是不容易的。获得成功，人就能产生一种特别的快感，而且成功能给人带来荣誉、名声，甚至财富、权力和地位。这些，都能让人产生满满的幸福感。于是，有些人，特别是那些身体健康、丰衣足食、有一定财富的人，就会淡化健康幸福、饱暖幸福、财富幸福，而认为成功才是幸福。正因为这样，有些人追求幸福，就成了追求成功。如果追求成功失败，就觉得幸福没有了，甚至会很痛苦。

（六）权力与幸福

权力也不容易获得。一旦获得，就可能使人产生兴奋感、愉快感和幸福感。而且权力更容易给人带来财富、成功，从而更能满足饱暖、健康、性等的需要。再则，有了权力就能支配别人，满足本能的支配欲。因此，太多的人都想拥有权力，认为权力才是幸福。这样，就产生了权力幸福。由于权力很不容易获得，所以也有些人就认为，权力幸福才是真正的幸福。

（七）交往与幸福

人是群体动物，所以具有交往的本能。交往能满足人的表现欲、表达欲，尤其能释放情绪，有的还能从中得到别人的肯定、赞扬、欣赏。所以交往往往能使人感到充实和愉快。交往缺乏时，易使人产生空虚感、孤独感、无聊感、寂寞感、无意义感、压抑感、痛苦感、不安全感。对于正常的人，尤其是喜欢交往的人来说，拥有交往就是一种幸福，失去交往就是一种痛苦。

（八）欲望与幸福

人都是欲望的复合体。欲望获得满足，人就能产生幸福感，欲望受挫，人就会产生痛苦感。所以，人们普遍都会认同：欲望既是幸福之源，又是痛苦之源。

欲望如果过高，就难以得到满足，就容易受挫，导致痛苦；如果过低，就容易得到满足，导致厌倦。不管情况怎样，只要感到满足，就会感到幸福，所以人们都爱说知足常乐，而总是不知足，就容易缺乏幸福感，甚至会有痛苦感。

笔者长期研究和证实的一个结果是：适度欲望的适度满足，才能促使人们真正拥有和保持幸福。

笔者还总结过一个欲望调节运行律，其中特别强调追求（张欲）和行动（践欲），因为只有自己追求的并经努力行动后获得的满足才是最幸福的。

（九）性格与幸福

从心络图上看，性格是人心灵大厦的核心支柱，决定着人心灵的状态。性格乐观的人，就常常是积极的、进取的、自信的，所以就容易获得幸福感。性格悲观的人，就常常是消极的、逃避的、自卑的，所以就容易产生痛苦感。有幸福性格的人，无论什么时候，无论在什么情况下，都会感受到一定的幸福。有痛苦性格的人，无论条件多么优越，都会感受到种种的痛苦。人们说性格决定命运，其实，性格也决定幸福。

（十）认知与幸福

认知与幸福密切相关。

首先，幸福观决定幸福。如：认为只有当大官才是幸福的人，其即便很富有、很健康，也难感受到幸福。有位愁苦的处长来咨询时就对笔者说：我干了几十年，至少也应当个省长才是，可运气总是不好，到现在还只是一个处长，这一生太失败了！如果他认为这一生能当个处长，就是最幸福的事，那他就可以成为一个最幸福的人了。

第二，思维导向决定幸福。笔者总结的思维导向规律是：思维导向决定思维结果。思维导向是"自己幸福"的人，总能找到自己幸福的理由或根据，而思维导向是"自己命苦"的人，总能找出许多自己命苦的理由或根据。如，同样面对退休这件事，一个人的思维导向是：这一生等于过完了，成了无用的人了。结果他成天闲散在家，不想出门，睡也不是，坐也不是，两年后就抑郁而死。另一个人的思维导向是：人生最自由、最愉快的阶段开始了，然后开始了旅游、练习书法、学跳老年舞等，活得有滋有味，有声有色，到了80岁都状态良好，成天还在忙这忙那。

（十一）兴趣与幸福

有兴趣的人，幸福感普遍比无兴趣的人强。兴趣得到满足的人，幸福感普遍比未得到满足的人强。所以，幸福的一大秘诀是：拥有兴趣并得到满足。每个人都有这样的体验：做自己感兴趣的，就会感到快乐，反之，就可能没有快乐，甚至是痛苦。所以兴趣幸福是人很重要的一大幸福。

幸福的因素还有很多，如满意、平安、清闲、充实、助人、比较（低比幸福、高比痛苦）等。

二、幸福主要要素间的关系

幸福是感知或感觉。不管什么要素，只要能使人产生幸福感，我们就可以称之为幸福要素。因此，幸福要素与幸福感知呈因果关系。

在生理性幸福中，饱暖与健康是因果关系，健康与性互为因果关系。

在社会性幸福中，财富与成功互为因果因素，成功与权力互为因果关系，权力和交往互为因果关系。

在心理性幸福中，欲望与认知和性格都互为因果关系，性格和兴趣也互为因果关系。

从总的方面看，社会性幸福与生理性幸福和心理性幸福都有密切的关系。如：没有财富幸福，就没有饱暖幸福、健康幸福，难有性幸福，难有欲望满足的幸福，难有幸福的认知导向，难有乐观的性格，难有稳定的兴趣。

生理性幸福与心理性幸福存在着某些因果关系。如：没有饱暖幸福、健康幸福、性幸福，就难有欲望满足的幸福，难有幸福的认知导向，难有乐观的性格，难有稳定的兴趣。

心理性幸福会倒过来影响生理性幸福和社会性幸福。如：再有吃穿住和健康，再有财富、成功和权力，但总是感到不满足（欲望），总是认为这些都不是真正的幸福（认知），总还是感到自卑（性格），总感到无趣（兴趣），就难有幸福。笔者接触过许多世俗意义上的成功者。按理说，他们都具备了生理性幸福和社会性幸福，可他们中有些人就是感觉不到幸福，这就是缺乏心理性幸福导致的结果。因为这些，所以笔者曾写过《幸福与财富成功》的咨治诗：幸福需要一定的财富／但有财富不一定幸福／幸福可以是某些成功／但有成功不一定幸福／幸福是一种主观感受／但离不开一定的客观基础。

生理性幸福和社会性幸福属于客观幸福，心理性幸福属于主观幸福。从上面简析中可以看出，客观幸福决定主观幸福，但主观幸福会反作用于客观幸福。所以笔者认为，完整的幸福是主客观幸福的统一。

概括起来，幸福要素间的关系大致如图14-2。

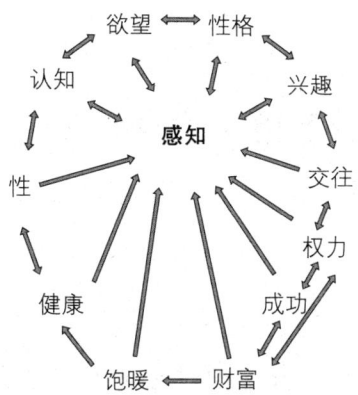

生理性幸福:饱暖、健康、性
社会性幸福:财富、权力、成功、交往
心理性幸福:欲望、性格、兴趣、认知
前两者为客观幸福,后者为主观幸福

图 14-2 幸福主要要素的关系

需要说明的是:幸福感在感知这个层面或范围,还与其他一些感觉如成就感、价值感、意义感、满意感、快乐感等,有着密切的关系(图 14-3)。

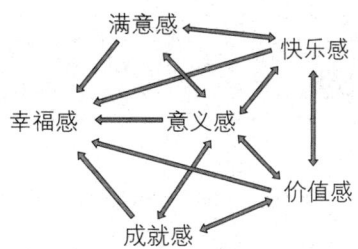

图 14-3 幸福等几种感觉间的关系

第十五章　心络学的人生观

心络学的人生观认为：人生是指"系统人"（"生理人＋心理人＋社会人"的统一体）的一生，是人从生到死的全过程。人生观是人对人生的种种看法和态度。

人生观涉及人生的方方面面，有很多的具体内容，如人生选择、人生目的、人生价值、人生方式、人生态度等，还有家庭观、婚恋观、生死观、苦乐观、荣辱观、归属观、公私观、义利观等。本章因受篇幅限制，只简单谈谈以下四个方面。

第一节　人生目的

心络学的人生观认为：人生的目的无限多样，很多方面都可以成为人生的目的。但纵观人类，其中主要的有四个：

一是活着。

人首先是一个生理人。作为一个生物体，首先是要活着。所以，人生第一是要存在。没有存在就没有人生。存在是人生的基础和前提。

人所生存的现实或环境，往往都充满各种困难、风险和威胁，有时还会异常严峻和残酷。在地震、海啸等自然灾害面前，在政治动乱、经济危机、种种战争中，人的生命都显得非常脆弱。仅从这些方面看，人生就是为了活命。

为了存在，就必须有吃、穿、住等生存的基本条件。要有这样的条件，就必然要去作各种艰苦的努力。这种努力甚至会伴随人的一生。仅从这个意义上讲，人生就是为了吃、穿、住。

为了活着，不管怎样，每个人都应千方百计地维系生命、爱护生命、珍惜生命、避免死亡、顽强活着、拒绝自杀。当然，在某些特殊的情况下（如患绝症、为了人类的真理或正义等）放弃生命，也是值得理解或尊重的。

二是活得健康。

人要活下去，要活得久，就需要有健康的生活方式、合理的饮食、足够的睡眠、适度的锻炼、良好的心态。一句话：就需要有身心的健康。

身心健康是活着、活好的重要条件，是人生质量的基本保障。没有身心健康，人生的许多任务就没法完成，许多的目的就没法达到，许多的价值就没法实现，甚至连维系基本的温饱都困难。所以，尽量维护和保障自己的身心健康，就成了每个人的人生要务。从这个意义上讲，人生就是为了身心健康、活得健康。

三是活得快乐。

人还是一个心理人。作为心理人，就应该拥有愉快的心情和一定的幸福感。所以，快乐是人生的一个重要目的，甚至是某些人的人生终极目的。没有快乐，就没有幸福，就没有人生的品质，就等于是没有人生的阳光。所以，无论如何，都要使自己多少有些快乐。所以笔者在《人生最重要的是心境》一诗中说：生活最需要的是快乐，人生最重要的是心境。在《生存质量在心境》一诗中说：无论你是富与贫，关键要有好心情。

心络学的心理健康观之所以要提出十六个标准（内心充实、欲望适度、认知完善、人格良好、能力皆备、情绪稳定、行为适当、注意能动、记忆保持、兴趣浓厚、态度积极、意志健全、感知正常、人际和谐、外界适应、躯体健康），就是想让人们心理健康，拥有快乐。

四是活得有意义。

人还是一个社会人，还要生活在一定的家庭、社会环境和各种人群中，会和这一切产生各种各样的联系，会成为多个不同的社会角色，会面临各种各样的评价。这些都会涉及意义、价值等问题。尤其是，每个人都有自己的一系列愿望和想法，都有自己的个性，都想成为自己想成为的人。而这些如果受挫，就可能导致失败感和无意义感。因此，对意义的追求就成了人生的必需。从这个角度去看，人生的一个重要目的，就是要活得有意义。

人要活得有意义，就必须有一定的欲望和目标，并伴随相应的、持久的行动。这就构成了人生过程中的一系列行动的内容和具体目标。要达到这大大小小的各种目标，尤其是终极目标，就必然需要奋斗。所以有人说，人生就是奋斗，就是为了实现自己的目标。为什么人生目的是实现自己的目标呢？因为人都有一个普遍的认知：意义在于目标的实现。至于人生的目标是什么，因人而异，有的是有吃、穿、住，有的是拥有亿万财富，有的是成为科学家或思想家等，目标种类不计其数。

意义人生内容广泛，但从总的方面看，主要有：财富人生、权势人生、名望人生、奋斗人生、探索人生、发明人生、革新人生、自我实现人生、兴趣人生、精神人生等。

根据很多来访者在人生目的方面存在的困惑，笔者写了如下咨治诗文，由此形成了心络学的"三有人生观"：

必须拥有身心健康
否则生活痛苦忧伤

必须拥有物质财富
否则生存没有质量

必须拥有精神追求
否则心灵空虚迷茫

附语：

人是"人系统"的产物，所以在"拥有"方面，必须考虑三个要素：生理（身体）、心理（"心"、精神）、外界（物质），而且还要考虑这三要素的综合平衡。在笔者看来，人生最重要的是有"三有"，甚至只需"三有"。因为从"人系统"看，生理系统最需要的是"健康"（身体的健康有赖于心理的健康），外界系统最需要的是"财富"，心络系统最需要的是"追求"。

纵观茫茫人海，许多人都过分强调物质拥有，轻视身体拥有，忽视精神拥有，所以许多人是在物质上富有，在精神上贫困，在身体上非健康。

为活着而活的人生为活命人生，为健康而活的人生为健康人生，为快乐而活的人生为快乐人生，为意义而活的人生为意义人生。以图表示，大致如图 15-1。

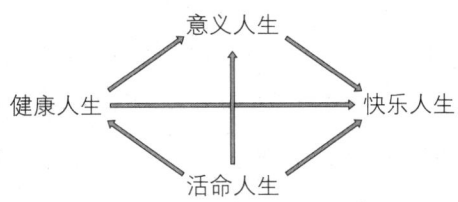

图 15-1　心络学的四种人生

从上图可看出：活命是所有人生的基础。意义人生和快乐人生离不开健康。快乐人生有三种：活命的、健康的、意义的。其实，这四种人生是互为因果的。

除主张这四种人生外，笔者个人还践行从容人生、自信人生、诗意人生。

从容人生是指在对待生死方面，要善待生死，其中强调要不怕死亡，因为越怕死亡越易死亡。用诗歌形式表达，则为：随时可死／每刻求生／死而无惧／生而欢欣。

自信人生是指在性格方面，要不卑不亢。用诗歌形式表达，则为：给自己多多肯定／对别人多多欣赏／将祸福荣辱看作偶然／把得失成败视为正常／／什么都不在乎／凡事往好处想／尽力后顺其自然／浮沉中不卑不亢。

诗意人生是指尽量让生活与人生充满一些诗意，即人生的诗意化。笔者的践行是：走到哪里就把诗写到哪里，走到五洲就把诗写到五洲，所以就有了诗集《五洲行》。笔者家的阳台，就不过是一个普通的阳台，十分简单，没有什么布置。在那栋楼里，家家都有这样一个阳台，可能没有多少人会觉得这样的阳台能充满诗意。可笔者却在这里写了不少诗。其中《阳台的黄昏》如下：阳台的黄昏／悠扬着江天的灵魂／远远近近的灯火／都沉醉为梦幻的倒影／／把不顺化作怡然／怡然就伴随你一生／把生活过成诗／诗就常常与你同行。

第二节　人生价值

　　价值是指人需要的、追求的、向往的、害怕失去的东西，也是指对人有用、有意义的各种事物。对自我有用、有意义的，就具有自我价值。对社会有用的、有意义的，就具有社会价值。所以，价值种类可谓是难计其数。

　　人生的自我价值，是个体人生活动对自己生存和发展所具有的价值，主要表现为对自身物质和精神需要的满足。

　　人生的社会价值，是个体人生活动对社会、他人所具有的价值，衡量标准是个体对社会和他人所作的贡献。

　　心络学的人生观认为：人生的价值有很多方面，其中主要有生命价值、健康价值、快乐价值和实现价值这四大类。这是相对心络学的"四种人生"而言的。

　　在快乐价值中，有吃、穿、住、性、玩、行等众多的生活快乐价值，也有工作、社交等过程中众多的职业快乐、社交快乐的价值。在实现价值中，有各种自我欲望实现、目标达成的众多价值，也有奉献他人和社会甚至人类的众多价值。其中值得推崇的是物质价值中的创造价值（包括发明、革新、创富等的价值）和精神价值中的爱的价值、信仰的价值以及追求崇高的价值。

第三节　人生方式

　　人生方式，是指人生度过的方式，即生存方式，可俗称为"活法"，其中包括生活方式、工作方式、婚恋方式、社交方式、娱乐方式等。

　　生存方式很多。如果从相对应的角度看，至少有如下这些：

　　维系式和发展式：一切都为维系现有生存状态而努力的，为维系式；不满现有生存状态而努力争取有所发展的，为发展式。

　　依赖式或寄生式和独立式或自立式：生存方式主要靠别人的，为依赖式或寄生式；完全靠自己的，为独立式或自立式。

进取式和逃避式：面对现实，总是进取的为进取式；总是逃避的为逃避式。

顺应式和逆反式：面对现实，总是接受、适应、悦纳的为顺应式；总是排斥、总感不适、总是不满怨恨的为逆反式。

严谨式和放纵式：对自己要求严格、言行谨慎的为严谨式；没有要求、随心所欲的为放纵式。

感性式和理性式：总是凭感觉感情行事、习惯冲动等情绪化的，为感性式；总是凭冷静思考后的理性判断行事的、不易产生情绪、不易感情用事的，为理性式。

一致式和矛盾式：恪守自己某种方式决不改变的为一致式；不时将自己某种方式向相反方向转化的为矛盾式。

规律式和混乱式：日常生活、学习、工作等有规律的为规律式；没有规律而紊乱的为混乱式。

心络学的生存方式观认为：人生是一个漫长的过程，情况千变万化，所以生存方式需因时、因地、因客观情况而异，可以一元化，也可以二元化，最好还是多元化，关键是要做到能动和适度。在上述生存方式中，心络学推崇发展式、独立式、进取式、严谨式、理性式、矛盾式、规律式。

除主张"生存方式可多元化，但必须能动适度"外，笔者个人还提倡"三体处世""适应⟷改变"式，尤其主张"尽力⟷满意"式。

"三体处世"，用诗文形式表达，如下：

三体处世

有昼有夜有缓有急
宇宙万物本是矛盾统一体

能刚能柔能进能退就是高人
利弊同在善恶共存便是至理

既能自大自小骄傲谦虚
又能善方善圆善得善失

不能绝对单纯地一味
应是相对能动的三体

附语：

人生活在由大小系统构成的"人系统"中，既是统一的整体，又是分裂的矛盾体，还是相对独立的单一体。所以，人很难以一种固定不变的自我角色去处世。

纵观人和事物的方方面面，都往往存在着三种状态：单一体、矛盾体、统一体。

很多人习惯于单一体，排斥矛盾体，不知统一体。如：他们往往不知足，甚至贪得无厌，结果使自己活得很累甚至很痛苦。这就是单一体处世。若干年后，才发现快乐幸福在于自我满足，于是开始改变。最后终于从"不知足"的单一体走向反面的"知足"（反向的单一体），成为矛盾体。知足处世的结果让自己摆脱了不知足的痛苦，却因安于现状，不求上进，坠入平庸，又导致了另一种烦恼和郁闷。

不知足不行，知足也不行，矛盾体的处世又使很多人陷入了不知所措、纠结万分的痛苦中。笔者告诉他们应把矛盾的两者统一起来，形成统一体的处世：不知足中知足，知足中不知足。

这往往使很多人无法理解，更难操作。当有些人真正悟到后，豁然开朗，觉得这应是处世的最高法则。笔者告诉他们：从层次上来看，单一体是最低级状态，是最容易出心理问题的一种状态。矛盾体是进步后的中级状态，也会使人出现一些心理问题。统一体是高级状态，是将矛盾双方整合为一个整体的状态，相对来说，出现心理问题的极少。

在笔者看来，"三体能动"才是最好的处世法则：既能做到不知足，又能做到知足，还能做到不知足中知足、知足中不知足。三体能动，千变万化，让自己既能适应现实又能超越现实，始终是现实的主人。

这仅是以不知足和知足为例。其他如刚柔、利弊、善恶、方圆、动静、进退、得失、谦虚和骄傲、自大与自小……都存在单一体、矛盾体、统一体这三种状态。如果一个人善于每一种状态，并善于将三种状态随时能动地转换，就形成了完整的"三体处世"。

在笔者看来，单一体处世是不健康的处世，矛盾体处世是亚健康的处世，统一体是健康的处世，三体能动处世是最健康的处世。

"适应⟷改变"式：面对现实，在适应后改变，在改变后适应，无限循环。

"尽力⟷满意"式：面对现实，总是尽力，尽力后总是接受结果并满意，然后再尽力。即"尽力后满意，满意后尽力"无限循环。

第四节　人生态度

这里所说的"人生态度"，是指用什么样的态度去对待人生的方方面面，如得与失、荣与辱、苦与乐、生与死、顺境与逆境、光明与黑暗、真善美与假恶丑、索取与奉献、承担与逃避、奋斗与享乐等。由此可见，人生态度也是无限多样的。

为了心理健康，心络学提倡的态度很多：

一是热爱、悦纳。如《三热爱三悦纳》所写的：热爱生活，拥有乐趣／热爱工作，拥有成绩／热爱家庭，拥有满意／／悦纳自我，拥有自信／悦纳他人，拥有情谊／悦纳现实，拥有活力。

二是淡然、坦然、怡然。如《三然生活》所写的：得之淡然／失之坦然／世态万千／我心怡然。

三是善待、笑待。如《善待癌症》所写的：总怕得癌症／癌症就可能早早来临／相信不会得癌症／癌症就可能远远逃遁／／未得癌症当作已得癌症／锤炼从容之魄坦然之心／已得癌症当作未得癌症／永远积极乐观努力勤奋。又如《笑待人间死与生》所写的：百花开后便凋零／日落西去又东升／万物轮回无穷尽／笑待人间死与生。

四是在乎又不太在乎。如《在乎又不太在乎》所写的：不在乎／就成了人群的另类／肯定无幸福／／太在乎／就成了别人的心奴／必然很痛苦／／要在乎又不太在乎／笑待褒贬／自己做主。

五是一生努力,每天满意。如笔者所信奉的:敢于追求／勇于放弃／一生努力／每天满意。

参考文献

[1]孟昭兰.普通心理学[M].北京:北京大学出版社,2001.

[2]王甦,汪安圣.认知心理学[M].北京:北京大学出版社,2001.

[3]郑雪.人格心理学[M].广州:暨南大学出版社,2001.

[4]陈仲庚,张雨新.人格心理学[M].沈阳:辽宁人民出版社,1986.

[5][美]K.T.斯托曼编著.情绪心理学[M].张燕云译,孟昭兰审校.沈阳:辽宁人民出版社,1986.

[6]国务院学位委员会办公室.同等学历人员申请硕士学位 心理学学科综合水平全国统一考试大纲及指南[M].北京:高等教育出版社,2000.

[7]王建平.变态心理学[M].北京:高等教育出版社,2005.

[8]顾瑜琦.变态心理学[M].北京:人民卫生出版社,2009.

[9]姜乾金.医学心理学[M].北京:人民卫生出版社,2002.

[10]杜文东,吴爱勤.医学心理学[M].南京:江苏人民出版社,2002.

[11]訾非.感受的分析[M].北京:中央编译出版社,2012.

[12]马辛,毛富强.精神病学[M].北京:北京大学医学出版社,2013.

[13]李建明.精神病学[M].北京:清华大学出版社,2011.

[14]王祖承.精神病学[M].北京:人民卫生出版社,2002.

[15]中国就业培训技术指导中心,中国心理卫生协会组织.心理咨询师(基础知识)[M].北京:民族出版社,2005.

[16]中国就业培训技术指导中心,中国心理卫生协会组织.国家职业资格培训教程:心理咨询师(二级)[M].北京:民族出版社,2005.

[17][美]Judith S·Beck.认知疗法:基础与应用[M].翟书涛等译.北京:中国轻工业出版社,2001.

[18]钱铭怡.心理咨询与心理治疗[M].北京:北京大学出版社,1996.

[19]高鸿鸣,刘金华.中国实用心疗大全[M].上海:上海文化出版社,1998.

[20][美]Gerald Corey.心理咨询与心理治疗[M].石林,程俊玲译.北京:中国轻工业出版社,2000.

[21]车文博.心理咨询大百科全书[M].杭州:浙江科学技术出版社,2001.

[22]杨德森.行为医学[M].长沙:湖南科学技术出版社,1998.

[23][美]马斯洛.人的潜能和价值[M].林方主编.北京:华夏出版社,1987.

[24][奥]西格蒙德·弗洛伊德著.弗洛伊德后期著作选[M].林尘等译,陈泽川校.上海:上海译文出版社,1986.

[25][美]卡伦·霍尔奈.我们的内心冲突[M].王轶梅等译.上海:上海文艺出版社,1998.

[26][瑞士]C.荣格.现代灵魂的自我拯救[M].黄奇铭译.北京:工人出版社,1987.

[27]王极盛.心灵时代——心理主宰健康[M].北京:中国城市出版社,1998.

[28]檀明山.新编家庭心理医生[M].北京:中华工商联合出版社,1996.

[29]颜世富.心理健康与成功人生[M].上海:上海人民出版社,1997.

[30]王小章,郭本禹.潜意识的诠释[M].北京:中国社会科学出版社,1998.

[31]任柏良.欲望的力量[M].长春:吉林人民出版社,2000.

[32]杨鑫辉.医心之道——中国传统心理治疗学[M].济南:山东教育出版社,2012.

[33]程士德.内经讲义[M].上海:上海科学技术出版社,1984.

[34][上古]太古真人.黄帝内经[M].敖清田等译.成都:四川科学技术出版社,1995.

[35]朱美云.朱氏点通疗法[M].银川:宁夏人民出版社,2009.

[36]朱美云.朱氏诗文疗法[M].重庆:西南师范大学出版社,2012

[37]朱美云.点通心理治疗学[M].重庆:重庆出版社,2020.

[38]俞大方.推拿学[M].上海:上海科学技术出版社,1985.

[39]王富春,洪杰.经穴治病明理[M].北京:北京科学技术出版社,2000.

[40]侯熙德.神经病学(第三版)[M].北京:人民卫生出版社,1984.

[41]奚从清,沈赓方.社会学原理(第三版)[M].浙江:浙江大学出版社,1994.

[42][英]安德鲁·韦伯斯特.发展社会学[M].陈一筠译.北京:华夏出版社,1987.

[43]刘强,刘滨,刘兰剑.当代中国马克思主义社会观[M].北京:社会科学出版社,2011.

[44]袁华音.西方社会思想史[M].天津:南开大学出版社,1988.

[45]王兰垣.马克思主义概论[M].天津:天津教育出版社,1987.

[46]时蓉华.现代社会心理学[M].上海:华东师范大学出版社,1989.

[47][日]古畑和孝.人际关系社会心理学[M].王康乐译.天津:南开大学出版社,1986.

[48][苏]安德列耶娃.社会心理学[M].蒋春雨等译,曹静等校.天津:南开大学出版

社,1986.

[49][美]帕洛特.快乐人际关系法[M].周卫江译.北京:新华出版社,2001.

[50]金岳霖.形式逻辑[M].北京:人民出版社,1979.

[51]陶伯华.精英思维[M].哈尔滨:黑龙江人民出版社,2002.

[52][美]罗斯·特里尔.毛泽东传[M].胡为雄,郑玉臣译.北京:中国人民大学出版社,2006.

[53][法]多米尼克·弗雷米.法国历届总统小史[M].时波译.北京:新华出版社,1986.

[54]陈鹤鸣,谭元亨.世界著名思想家的命运[M].南宁:广西人民出版社,2003.

[55]丁瑞忠.科海名家[M].北京:群众出版社,1996.

[56]李树喜.人才佳话[M].天津:天津人民出版社,1981.

[57]中国就业培训技术指导中心组织.婚姻家庭咨询师(基础知识).北京:中国劳动社会保障出版社,2009.

[58]柏桦.夫妻心理学[M].北京:西苑出版社,1999.

[59][美]珍尼特·希伯雷·海登,B·G·罗森伯格.妇女心理学[M].范志强,周晓虹等译.昆明:云南人民大学出版社,19866.

[60]权雅之.性爱美与人性美[M].延边:延边大学出版社,1998.

[61]安妮宝贝.艺术家的情欲[M].内蒙古:远方出版社,2002.

[62]马尔登.幸福学[M].西安:三秦出版社,2001.

[63]冯林.中国家长批判[M].北京:中国商业出版社,2001.

[64]王玲.高中生常见心理问题及疏导[M].广州:暨南大学出版社,2006.

[65]唐红波.小学生生常见心理问题及疏导[M].广州:暨南大学出版社,2005.

[66]吴锦骠,郭德峰.家庭教育心理[M].上海:上海教育出版社,1998.

[67]王极盛.让父母远离困惑[M].北京:当代世界出版社,2000.

[68][日]木村久一.早期教育和天才[M].河北大学日本问题研究所教育组译.石家庄:河北人民出版社,1981.

[69][苏]马霍娃.教育子女的艺术[M].龚人放译.石家庄:人民教育出版社,1954.

[70]崔莲华.现代父母育儿全书[M].福州:福建科学技术出版社,1986.

[71]北京科学技术普及创作协会《家庭卫生顾问》编委会.家庭卫生顾问[M].北京:北京出版社,1980.

[72]《家庭医生》杂志社.家庭医生(1999)[M].沈阳:辽宁人民出版社,2000.

[73]赵青,曾新.心态决定命运[M].北京:中国档案出版社,2005.

[74]张钧,杨惠滨.性格与命运[M].长春:时代文艺出版社,2000.

[75]张荣华.中国古代民间方术[M].合肥:安徽人民出版社,1991.

[76]陈琴.手相学大全[M].哈尔滨:黑龙江民族出版社,1991.

[77]高山翁.姓名与人生[M].北京:中国经济出版社,1989.

后 记

断断续续写了 22 年的《心络学》，终于在 2022 年 12 月 18 日完稿。

心络学可谓是笔者在心理咨询实践中探索、总结的集大成，也是《朱氏点通疗法》《朱氏诗文疗法》《点通心理治疗学》以及已写好的还未出版的六七本专著的理论基础。

中国心理咨询师、治疗师都非常渴望有适合心理咨询与治疗实际需要的实战书籍。所以笔者在写作本书时，就充分考虑了它的临床实用性。心理咨询和治疗所涉及的领域十分广阔，不仅要涉及心理病因、心理治疗、心理健康、心理压力、心理症分类等方面，而且要涉及交往、婚恋、教育、社会、人生、幸福等太多的方面。所以，笔者就把自己在这些方面的探索和总结也作了一定的介绍，并希望它也能成为心理工作者们的又一本案头书。

由于受篇幅等限制，本书删去了心络学的宗教观、历史观、哲学观、文艺观，并删去了各章相关内容的简评，如"有关社会观简评""有关教育观简评"等，还删去了大量的案例和举例。

人世匆匆，岁月苍茫。但愿《心络学》能经得起时间的检验，能长久地发热放光！

朱美云
2023 年 6 月 8 日

编后语

朱美云所著《心络学》一书，阐述了作者自创的心理学理论观。一门学科的创立，有着严格的理论体系和严密的实证研究。作为出版单位，限于在该专业领域中的学术水平，我们对"心络学"的相关理论和实践都无法进行学术性的评价，但出于鼓励探索、鼓励创新的目的，我们编辑出版了此书，也希望能为业内的专家、学者提供一个可供探讨的文本。换言之，该书作为个人学术著作，并不代表出版单位的学术观点。

特此说明。